沈体雁 / 主编

北京大学城乡规划与治理研究丛书

# 中国特色小镇规划理论与实践

温锋华 著

THE PLANNING THEORY AND PRATICE OF
CHINESE DISTINCTIVE TOWN

社会科学文献出版社
SOCIAL SCIENCES ACADEMIC PRESS (CHINA)

本书出版得到中国财政发展协同创新中心项目"中国城镇化战略进程中的地方政府行为研究"(项目编号:024050314002/004)、北京市社会科学基金一般项目"街区制下的北京城市空间治理模式创新与政策体系研究"(项目编号:16GLB036)、中央财经大学学术著作出版基金共同资助。

# 北京大学城乡规划与治理研究丛书编委会

**顾　问**（按姓氏笔画排序）

　　　　石　楠　叶裕民　冯长春　吕　斌　李国平
　　　　李贵才　杨开忠　杨保军　赵景华

**主　编**　沈体雁

**副主编**　温锋华

**委　员**（按姓氏笔画排序）

　　　　叶剑超　田　莉　白宇轩　吕　迪　刘　志
　　　　孙铁山　李　成　杨家文　何燎原　汪　芳
　　　　沈　迟　沈雁顺　张　纯　张　波　张学勇
　　　　张耀军　陆　军　林　坚　金　桦　周红云
　　　　赵作权　赵鹏军　姜　玲　贺灿飞　耿德红
　　　　温梓敬　翟宝辉　薛　领

# 总　序

城乡规划是我国新型城镇化战略实施过程中加强发展引领、强化城乡善治的重要手段和实现途径。习近平总书记指出，"考察一个城市首先看规划，规划科学是最大的效益，规划失误是最大的浪费，规划折腾是最大的忌讳"。建立包括新型城市规划在内的现代城市治理体系，探索具有中国特色的城乡规划与治理新模式、新途径和新方法，是当前我国新型城镇化建设的重要任务。

为满足我国新型城镇化发展对城乡规划和治理领域的技术支撑需求，过去十二年来，我们尝试以统一的逻辑框架和技术平台将多种空间层次规划和多要素规划有机融合，提出和建立"系统规划"的工作路径和方法体系，并以此为指导，先后在江苏、广东、山东、辽宁、河南、河北、黑龙江、吉林、广西等地区完成了上百个新城新区、产业园区、经济技术开发区、特色小镇、美丽乡村等不同类型的规划设计项目，为快速发展中的中国城市化进程和面临着快速发展之"痛"的地区政府提供规划治理解决方案，为辽宁（营口）沿海产业基地、河北曹妃甸工业区、天津滨海新区、山东日照临港经济区等国家战略区域的规划发展发出"北大"声音。我们坚持"从实践中来、到实践中去"的基本理念，基于多年的规划实践，集结出版了《北京大学城乡规划与治理研究丛书》。

本丛书定位于推动城市规划模式的转型创新、城市规划与城市治理的协同创新以及村庄发展与善治的经验总结，为美丽中国建设、全面实现小康社会的宏伟目标投智献策，为读者深入理解转型期中国城乡规划与治理提供第一手资料和生动的实践场景。丛书包括《中国产业新城系统规划理论与实践》《中国特色小镇规划理论与实践》《中国村庄规划理论与实践》《产业新城投融资理论与实践》《对外投资园区发展研究》《迈向系统规划之路——系统规划理论与实践论文集》等著作，是过去这些年北大师生和我们规划设计研究团队对城乡规划治理理论与实践工作的思考与总结。

城乡善治是实现中华民族伟大复兴"中国梦"的重要组成和必由之路！实现城乡善治需要规划转型和治理创新，需要不断总结城乡规划治理实践经验，需要探索建立有中国特色的城乡规划治理理论与方法！以这套丛书与城乡规划治理界的同人共勉，希望共同推动中国城乡走向善治！

沈体雁

北京大学政府管理学院教授、博士生导师

北京大学城市治理研究院执行院长

2017 年 1 月于美国夏威夷

# 序 一

特色小镇是按照创新、协调、绿色、开放、共享五大发展理念，结合自身特质，找准产业定位，科学进行规划，挖掘产业特色、人文底蕴和生态禀赋，形成"产、城、人、文"四位一体有机结合的重要功能平台。2016年7月，住房和城乡建设部、国家发展和改革委员会、财政部联合发文提出到2020年培育1000个左右各具特色、富有活力的特色小镇，引领带动全国小城镇建设，不断提高建设水平和发展质量。在政策红利的助推下，特色小镇迅速被业界热炒，各地也纷纷出台推进特色小镇建设的具体政策。

特色小镇是个新事物，在探索和规划建设过程中，在主题理念、规划方法、操作路径、政策协调、体制机制创新等方面都存在一些盲区和难点，亟待学术界的关注和破解。目前传统的城乡规划体系和正统的经济学很难对特色小镇进行准确的描述，因为特色小镇是脱离于主流规划学与经济学之外的，所以我们必须要用到一些新的方法论，我个人一直倡导用第三代的系统论CAS理论对特色小镇进行理解。

复杂适应系统理论的提出者霍兰认为，隐秩序——适应性造就复杂性。第一代、第二代系统论尽管解决了现代科学中的很多问题，但是忽视了一个以人为主题的复杂经济社会系统，这些创业者、企业家、技术人员对周边环境的适应力和创造力、深度学习最终造就了这个系统演化的秩序，然后产生了像特色小镇这样的新的经济模式，这种模式至少具有以下四条规律。

第一，任何复杂的系统总是动态变化的，而且这些变化不仅在数量上，还涉及技术、组织和经济结构这些职能变化，这些变化我们称为颠覆性的创新，正是这些颠覆性的创新造就了各种特色城镇。

第二，知识经济具有新的财富动力。知识经济跟传统主流经济最大的区别在于其核心动力不是资源的配置效率提高，而是新资源的创造，这种新资源的创造是新奇的、是无中生有的，这种创新使得多元化产生和奇特性产生，多元化、奇特性在一个地理空间开始良性循环，特色小镇的新产品、新结构、新业态等多元化的特色产生，是企业家和科技人员借助了城市所提供的丰富的外部性协同创新的结果。

第三，特色小镇作为一种复杂的经济组织，每一个主体都有其变异性、适应性，在这个过程中，应该给这些主体足够的自由度，自由度越大，生命力就越强，所以特色小镇必须超越传统的政府管理模式，政府对特色小镇的管理模式应该是激励而不是取代。

第四，特色小镇的复杂性主要源自各种各样的主体。不同类型的企业家，不同类型的创业人员，不同类型的外来投资者，他们之间是非线性的互动，这些互动是没法用主流经济学来衡量的，特色小镇的产业难以规划，正因为难以规划所以特色小镇的发展是一种涌现的状态，这个涌现的状态不仅在当地，即便进入全球的价值链，也都是自下而上创造出来的。特色小镇充满了不确定性，但在不确定性中也有五个方面是确定的，一是特色小镇无论处在什么发展阶段，必然与城市所在地的周边环境是互补的，有差异的。二是特色小镇必须是新奇的，有深度和广度的新奇。三是特色小镇是绿色发展的。四是特色小镇"确定性"与周边的产业是共赢的。五是特色小镇是多功能的，能体验，是可观、可游、可住的。这五个方面是可以通过外部的力量给予强化和引导的。

温锋华博士是北京大学博士后、中央财经大学政府管理学院从事城市规划与管理教学科研的副教授，也是中国城市科学研究会城市转型与创新研究专业委员会秘书长。作为城市科学研究领域一个年轻的学者，温博士这些年一直活跃在城乡规划一线，努力为我国城市转型与创新的学术研究与地方应用发声，对特色小镇的政策与实践也有比较深入的体会。本书基于温博士的特色小镇规划实践，从规划的视角出发，结合地方政府对特色小镇规划的切实需求，对特色小镇的概念、理论基础、发展脉络、现状特征、类型和实践案例进行了系统的总结和探讨，提出了特色小镇规划的内容和成果体系，对指导地方特色小镇的规划实践，具有一定的指导作用。

正如前面所述，特色小镇是一个复杂适应性造就的新事物，它的规律和特点可能远比本书总结得更加复杂和难解，特色小镇规划的编制及未来的发展，需要更多像温博士这样的尝试和探索。为此，我乐意写此序，借此与奋斗在特色小镇领域的各界同人共勉！

国务院参事
中国城市科学研究会理事长
2018年1月于北京

# 序 二

"特色小镇"建设探索，起源于经济基础较好的浙江省。从该省近几年的实践看，实践效果非常好，不但成了本地产业转型升级和创新的引擎，也成为经济新常态下推进新型城镇化建设的重要抓手，浙江特色小镇的实践引得各地取经学习者辐辏而至。

2016年住建部联合国家发改委、财政部提出要自上而下大力培育特色小镇，特色小镇已成为当前规划界的热门话题之一。行业喧嚣的背后，需要有学者对这个现象进行理性的分析和总结，以使我们政策的实施更加科学稳当，学科理论的发展更加丰富，行业的发展更加理性和规范。

"特色小镇"是经济社会发展到一定阶段的产物。国家政策扶持的初衷，是要对具备条件的小镇，通过自上而下的推力，强化其"特色"，促进小镇成为区域发展的增长极，带动区域经济发展。

编制特色小镇规划是特色小镇从申报评选到开发建设和运营过程中的重要工作之一，由于特色小镇"非镇非区"的特点，其规划的理论和方法与传统的城乡规划差异显著，决定了特色小镇的规划从规划理论、规划目标、规划体系到技术手段、成果内容等均不同于传统的城乡规划。

首先，特色小镇规划的目标应具有五个维度：特色鲜明的产业业态、和谐宜居的美丽环境、彰显特色的传统文化、便捷完善的服务设施及充满活力的体制机制。培育特色小镇的关键在于特色和创新，特色不应是小镇的形容词，而是小镇的关键词，是小镇的核心元素。特色，不仅仅是指风貌特色，也指产业特色，还有发展路径的特色，体制机制的特色。风貌的特色也不仅是指自然风景，还应包括历史人文。产业特色，也不应仅限于旅游产业，应是全方位的，是基于当地自身的自然和人文禀赋，是符合绿色发展、可持续发展理念的。

其次，在规划层面，特色小镇"非镇非区"的特点要求打破传统城市规划的总规—控规—修规的法定程序，在规划内容上要体现"镇乡村统筹"和"多规合一"。特色小镇的培育建设不是一个固化的自上而下的过程，它的规划也不是一个静态的"蓝图规划"，它是一个多元主体共同参与的小镇社区营造的过程，它的规划应充分反映社区、政府、社会机构、企业等多元主体的共同参与机制，所以特色小镇规划应采纳参与式、倡导式或协作式的过程规划以及"共同营造"的理念。

最后，由于特色小镇的空间规模一般不大，基于"多规合一"的规划技术路线和成果体系的要求，特色小镇规划的内容框架应包含特色主题的确立、特色产业的筛选和培育、项目建设方案及投融资支撑保障等内容。

在住建部提出到2020年培育1000个特色小镇的目标指引下，加强特色小镇规划的理论探索和研究，既是丰富城乡规划与管理理论的地方实践，也是美丽中国和新型城镇化路径的现实探索，对推动我国特色小镇的健康、快速和可持续发展具有积极意义。

温锋华博士是中央财经大学副教授，中国城市科学研究会城市转型与创新研究专业委员会秘书长，多家一线规划设计单位的顾问专家。作为一名城乡规划建设领域的研究人员和一线规划师，温博士长期跟踪中国城乡规划的行业进展，并亲自参与了一些特色小镇规划的地方实践，积累了较为丰富的第一手资料。本书围绕特色小镇的规划实践，从基本概念、内涵特征、理论基础、政策脉络、发展现状和类型特征，到不同类型的特色小镇的规划技术路线和对标案例，进行了比较系统的研究，并共享了几个不同类型和区域的典型实践案例。全书理论体系全面，资料翔实，分析透彻，既有一定的理论高度，也具有较强的实践指导价值，是一本对特色小镇概念、本质和理论体系分析比较透彻的著作，体现了一个青年学者对当前政策热点问题的理性思考，对深化我国特色小镇规划的理论研究，充实城乡规划理论体系，提升我国特色小镇规划的水平，具有可贵的理论价值和实践意义。

是为序！

中国城市规划学会副理事长
北京大学城市与环境学院教授
北京大学城市规划设计中心主任
2018年1月于北京

# 目录 CONTENTS

前 言 ......................................................................................... 1

## 第一篇　特色小镇基础理论研究

### 第一章　特色小镇概念与政策脉络 ......................................... 3
第一节　特色小镇概念综述 ........................................................ 3
第二节　我国城镇化与小城镇发展脉络 ................................... 17
第三节　特色小镇的政策脉络 .................................................. 26

### 第二章　特色小镇规划基础理论 ........................................... 34
第一节　产业集群理论 .............................................................. 34
第二节　增长极理论 .................................................................. 37
第三节　中心地理论 .................................................................. 40
第四节　复杂适应系统理论 ...................................................... 42

### 第三章　中国特色小镇发展历程与特征 ............................... 46
第一节　特色小镇发展历程 ...................................................... 47
第二节　特色小镇发展现状与趋势 .......................................... 54
第三节　特色小镇类型划分 ...................................................... 71

## 第二篇　特色小镇规划理论研究

### 第四章　特色小镇规划总论 ……………………………………… 79
  第一节　特色小镇规划的意义与原则 ……………………………… 79
  第二节　特色小镇规划的目标 ……………………………………… 82
  第三节　特色小镇规划的内容 ……………………………………… 84
  第四节　特色小镇规划方法与成果体系 …………………………… 94

### 第五章　农业类特色小镇规划 …………………………………… 99
  第一节　农业类特色小镇的意义与特征 …………………………… 99
  第二节　农业类特色小镇规划的思路与重点 …………………… 103
  第三节　农业类特色小镇典型案例 ……………………………… 106

### 第六章　制造业类特色小镇规划 ………………………………… 114
  第一节　制造业类特色小镇的意义与特征 ……………………… 114
  第二节　制造业类特色小镇的规划思路与重点 ………………… 117
  第三节　制造业类特色小镇典型案例 …………………………… 118

### 第七章　金融特色小镇规划 ……………………………………… 126
  第一节　金融特色小镇的类型特征 ……………………………… 126
  第二节　金融特色小镇规划的思路与重点 ……………………… 129
  第三节　金融特色小镇典型案例 ………………………………… 130

### 第八章　信息产业类特色小镇规划 ……………………………… 135
  第一节　信息产业类特色小镇的特征 …………………………… 135
  第二节　信息产业特色小镇规划的思路与重点 ………………… 137
  第三节　信息产业特色小镇典型案例 …………………………… 138

### 第九章　医疗健康特色小镇规划 ………………………………… 142
  第一节　医疗健康特色小镇的类型特征 ………………………… 142
  第二节　医疗健康特色小镇规划的思路与重点 ………………… 143

  第三节 医疗健康特色小镇的典型案例 …………………………………… 145

## 第十章 文旅特色小镇规划 ………………………………………………… 147
  第一节 文旅特色小镇的类型特征 ………………………………………… 147
  第二节 文旅特色小镇规划的思路与重点 …………………………………… 148
  第三节 文旅特色小镇的典型案例 ……………………………………………… 153

## 第十一章 体育特色小镇规划 ……………………………………………… 159
  第一节 体育特色小镇的类型特征 ………………………………………… 159
  第二节 体育特色小镇规划的思路与重点 …………………………………… 160
  第三节 体育特色小镇的典型案例 ……………………………………………… 162

## 第十二章 特色小镇开发与运营规划 ……………………………………… 167
  第一节 特色小镇的开发模式规划 ………………………………………… 167
  第二节 特色小镇的投融资规划 …………………………………………… 174
  第三节 特色小镇的运营规划 ……………………………………………… 187

# 第三篇 中国特色小镇规划实践

## 第十三章 北京四季花海园艺风情特色小镇规划 ………………………… 199
  第一节 规划背景 …………………………………………………………… 199
  第二节 规划定位与目标 …………………………………………………… 201
  第三节 规划内容 …………………………………………………………… 203

## 第十四章 广东顺德北滘智能制造特色小镇规划 ………………………… 215
  第一节 规划背景 …………………………………………………………… 215
  第二节 规划定位与目标 …………………………………………………… 220
  第三节 规划内容 …………………………………………………………… 224
  第四节 规划效益 …………………………………………………………… 233

## 第十五章 云南西盟佤部落特色小镇规划 ………………………………… 235
  第一节 规划背景 …………………………………………………………… 235

第二节　规划定位……238

　　第三节　规划目标……239

　　第四节　规划内容……241

　　第五节　规划效益……253

第十六章　湖南锁石花之缘特色小镇规划……255

　　第一节　规划背景……255

　　第二节　规划定位……260

　　第三节　规划目标……262

　　第四节　规划内容……264

　　第五节　规划特色……274

附件一：国家特色小镇的相关政策及政策核心目标……276

附件二：国家第一批特色小镇主要特色……278

附件三：国家第二批特色小镇主要特色……287

附件四：国家体育总局首批运动休闲特色小镇试点名单……303

参考文献……307

# 前　言

中共十九大报告提出，中国特色社会主义进入新时代，我国社会主要矛盾已经转化为人民日益增长的美好生活需要和不平衡不充分的发展之间的矛盾。不平衡和不充分的发展体现在诸多方面，其中显著的区域差异和城乡差异，是这种主要矛盾的重要表现形式之一。解决我国城乡发展差异显著这一突出矛盾的方法，是大力推进新型城镇化发展战略。邓小平同志提出，城镇化是实现我国四个现代化的必经之路，我国从改革开放以来，一直大力推进城镇化战略，经过30多年的实践，我国的城镇化取得了显著的成就。自1978年以来，我国城镇化经历了快速发展阶段和加速发展阶段，2016年城镇化率达到57.35%，较1978年大幅提升39.45个百分点。在这种城镇化水平飞速提升的背景下，一方面，我国大城市人口膨胀、交通拥堵、房价飞涨的问题已不利于企业、人才发展，部分大中型企业已经选择搬离一线城市；另一方面，乡村则面临土地大量流失、宅基地废弃、人口大规模转移、产业空心化等诸多问题，高速城镇化导致的"大城市病"和"乡村病"并存并且日益加剧。在此背景下，发展特色小镇、统筹城乡发展已经成为我国新型城镇化发展战略实施的关键一环。

《国家新型城镇化规划（2014~2020年）》指出，目前中国正面临产业升级与转移的关键时期，资本与劳动力在城市间的流动更加频繁，经历了大城市的不断扩张后，中国城市的发展真正进入以城市圈为主体形态的阶段。国家政策层面的直接推动为特色小镇提供了巨大发展契机。

2016年2月，国务院颁发《关于深入推进新型城镇化建设的若干意见》，明确提出加快培育具有特色优势的小城镇，带动农业现代化和农民就近城镇化。

2016年7月，住建部、国家发改委、财政部联合发布《关于开展特色小镇培育工作的通知》，决定在全国范围开展特色小镇培育工作，提出到2020年培育1000个左右各具特色、富有活力的休闲旅游、商贸物流、现代制造、教育科技、传统文化、美丽宜居的特色小镇，将特色小镇建设提升到国家高度。不同层面的政策也相应出台，这些均为特色小镇的发展创造了可遇不可求的发展契机，在全国掀起了特色小镇规划建设的高潮。特色小镇规划实践在"摸着石头过河"，在不断地摸索过程中，由于缺乏系统的理论指导，各层次的规划在内容体系、质量水平等方面参差不齐，亟须一套系统化的规划理论进行指导和规范。

本书正是适应当前特色小镇建设的新形势新任务新要求而编写的。全书坚持理论与实践结合的原则，首先对特色小镇的有关理论进行了系统梳理和总结。其次对特色小镇规划的工作内容、成果要求和技术路线进行总结。最后落实到北京、广东、云南、湖南等省份的具体案例实践，让读者通俗易懂地了解各类特色小镇规划的成果体系和内容特色。一方面丰富我国的城乡规划理论体系，增强城乡规划建设与管理的可操作性理论指导；另一方面又将案例实践进行理论总结，进一步提升我国城乡规划的编制要求和水平。

全书由三篇组成，第一篇是特色小镇基础理论研究，对特色小镇的概念与政策脉络、理论基础、类型特征、发展现状等进行了系统的综述与梳理，便于读者更好地理解特色小镇的政策渊源和历史使命；第二篇是特色小镇规划理论研究，结合特色小镇规划的意义、原则、内容体系、规划方法，从不同层面介绍不同类型的特色小镇的规划思路与重点，并研究了每一类特色小镇的国内外对标案例；第三篇结合特色小镇规划的实践案例，通过不同省份、不同类型和不同发展模式的案例介绍，展示我国特色小镇规划的成果体系和技术路径。

本书得到北京北达规划设计研究院、北京巅峰智业旅游文化创意股份有限公司、广东省珠江发展规划院等单位提供的案例支持。在书稿撰写过程中还得到了很多学术同人与规划同行的大力支持，许立勇、罗小虹、李成、李苏、宋泳辉、周恺、温梓敬以及研究生王翠、刘昊雯、孙韬、张函、张常明、冯羽、郭文文等人为本书的成稿在文献整理、数据处理、初稿撰写、案例整理等方面做出了巨大贡献，在此一并致谢！

本书在写作过程中参考了包括大量同行的学术研究成果、媒体文章及专业网站信息在内的各类文献资料，在向所有本书借鉴及引用的文献成果作者和相关版权所有者表达敬意与谢意的同时，也对有些可能被忽视或遗漏的参考文献的作者和版权所有者表达歉意!

尽管作者在编写过程中非常努力和认真,对书稿和文字均进行了多次的修改与调整,但鉴于作者的水平与能力,本书难免有粗浅疏漏之处,还请各位读者批评指正!

温锋华

2018 年 1 月

于美国加州大学伯克利

第一篇

# 特色小镇基础理论研究

"镇"是中国城乡体系中的重要组成部分，自中央提出要自上而下大力培育一批特色小镇以来，各地政府纷纷将特色小镇的规划与培育纳入政府的工作范畴。特色小镇规划理论基础是来自产业集群与复杂系统适应等理论；规划过程的指导理论是来自系统平衡的控制；规划内容的参考理论是来自经济发展阶段论。

特色小镇规划是指导特色小镇建设的重要举措之一。特色小镇"非镇非区"，与传统小城镇有成熟严谨的法定规划体系相比，特色小镇规划并无成形的可以直接应用的规划理论和方法体系。我国现有的关于特色小镇规划的实践内容虽然已经非常丰富，但在理论体系上还比较零散，较多见于一些地产运营商的概念炒作；地理界的研究多倾向于传统的地理与文化挖掘研究，对于特色小镇规划基础理论的研究略显不足；城镇工程规划设计偏向于工程领域的规划设计，对于特色小镇理论的规划研究不够重视。

特色小镇规划是一个面向实施落地的综合性、整体性、实施性的系统性规划。编制科学的特色小镇规划已成为特色小镇培育过程中需要前置开展的重要工作之一，亟须得到各级政府的高度重视。从城乡规划科学角度看，特色小镇规划也要不断发展，以适应建设特色小镇的迫切需要。

特色小镇基础理论是特色小镇规划需要遵循的基本规律之一。我国关于特色小镇的理论与实践研究视角主要包括产业集群、增长极理论、中心地理论、复杂系统适应理论等。这些理论对于丰富特色小镇规划理论，增强特色小镇规划建设与管理的可操作性都将起到重要作用。

本篇从特色小镇的概念出发，系统追溯特色小镇建设的政策脉络，归纳整理特色小镇发展的历程和现状特征，并根据现有特色小镇发展的实际，划分特色小镇的类型。这是本书理论层面的一个总结，为后续规划实践提供理论基础。

# 第一章

# 特色小镇概念与政策脉络

2016年10月，国家发改委、住建部和财政部三部门联合发文提出支持特色小镇发展，并明确提出2020年前要在全国范围内培育1000个特色小镇。一石激起千层浪，"特色小镇"立刻成为我国各界炙手可热的宠儿。特色小镇的实践最早始于浙江省，早在2003年前后，作为小城镇建设较为发达的浙江省率先发展了一批特色小镇，如乌镇、云栖小镇等，取得了良好的成效。如今这些小镇仍在发挥着良好的社会经济效益，成为国内其他小镇的借鉴案例。

特色小镇并不是中国的独创，发达国家经过数十年甚至上百年的城镇化实践，各类小城镇的建设迈入了成熟阶段，在城镇化过程中，形成了功能各异、形态各具特色的小（城）镇，成为国家产业竞争力的一种重要空间载体，如美国的格林尼治的对冲基金小镇，其对冲基金规模一度占了全美国的1/3；美国硅谷也是由一连串小镇聚集而成；英国世界著名的航空发动机公司罗尔斯·罗伊斯总部在德比的一个小镇上；德国的奥迪全球总部和其名下的欧洲工厂也都在英格尔斯塔特的小镇上……这些发达国家的实践案例表明，高端产业并不一定要集中在大城市，小城镇也可以集聚高端产业并产生巨大的社会效应。

本章通过阐述特色小镇的概念及特色小镇的功能角色，让读者对特色小镇的历史有一个全面系统的了解，并通过解读特色小镇的政策脉络来看我国特色小镇建设的发展历程。

## 第一节 特色小镇概念综述

### 一 特色小镇相关概念

在中国的城镇化进程中，"镇"扮演着极为重要和特殊的角色，无论是宋朝之前的"军事重镇",还是南宋之后的"商贸镇",以及今天的"经济重镇",从某种意义上说,中国的城镇化道路与西方的城镇化道路最大的差别就在于"镇"的区别。

从历史维度看,"镇"最初的功能是军事功能,唐朝初期在边境驻兵戍守称为"镇",镇将管理军务,有的也兼理民政,宋以后称县以下的小商业都市为镇,"镇"由此演变为具备政治、经济和社会等功能的综合空间聚落,其本身一直处于动态变化之中。

在今天的城镇建设与管理过程中,不同的话语体系、不同的管理系统有不同的表述,如从行政与政策维度看,有建制镇、集镇、中心镇、新市镇、城关镇、重点镇等叫法;从产业与特色维度看,有专业镇、文化名镇、特色小城镇、景观镇等称谓;从空间区位特征看,有市郊镇、市中镇、园中镇、镇中镇等不同名称;等等。这些各形各色的概念在不同时期、不同语境、不同部门有不同的内涵和外延,有不同的界定标准和发展重点。下面重点辨析几个比较常见的城镇概念。

**(一) 建制镇**

"建制镇"是行政区划概念,建镇的条件在不同国家和地区各有不同。在同一国家,对不同地区和在不同发展阶段也都有相应规定。中国建制镇自北魏开始逐步形成[1],到宋代商品经济发达,镇成为商业和手工业较集中、县以下的市镇地方行政建制[2]。1909 年清政府颁布的《城镇乡地方自治章程》和《城镇乡地方自治选法章程》,首次规定在 5 万人口以上的村庄、屯集地建镇,设自治组织,议决及办理地方自治事宜,这是明确规定镇建制的首部法规。

新中国成立以来设镇标准变动过多次。1954 年颁布的《中华人民共和国宪法》规定:"县、自治县分为乡、民族乡、镇",镇作为中国县辖基层政权建制被确定下来。1955 年 6 月,国务院颁发了《中华人民共和国关于设置市镇建制的决定和标准》,建制镇被规定为"经省自治区直辖市批准的镇,其常住人口在 2000 人以上,其中非农业人口占 50%"。1958 年 8 月,中共中央发布了《关于在农村建立公社问题的决议》,实行"政社合一"的

---

[1] 北魏孝文帝(471~499 年)时即始"设官将禁防者谓之镇",见《魏书·韩均传》。
[2] 宋代高承所著《事物纪原》卷七《库务职局》:"民聚不成县而有税课者,则为镇,或以官监之。"

体制，一些建制镇被撤消而成立人民公社。1984 年 11 月，国务院转发民政部《关于调整建制镇标准的报告》，进一步促进了广大农村地区、少数民族居住地区、人口稀少的边远地区、山区和小型矿区、小港口、风景旅游区、边境口岸等地建制镇的发展①。

今天我们所说的建制镇，一般是指"经省（自治区、直辖市）人民政府批准设立的镇，是县和县级市以下的行政区划基层单位"，它与乡、街道、苏木、区公所等同级，但是又跟这些称谓的建制在内涵和外延上有差别，如镇与乡在中国行政科层体系中同属于乡科级。镇和乡的区别在于，镇的区域面积大，人口规模大，经济发展较好，以非农业人口为主，并有一定的工业区域。县（县级市）政府驻地如果在一个镇，那么这个镇通常被称为城关镇。

**（二）集镇**

集镇不同于建制镇，它是一个基于商品贸易的自组织经济空间概念，一般是对建制镇以外的自发形成的地方农产品集散和服务中心的统称。集镇产生于商品交换开始发展的奴隶社会，《周易·系辞》记载"列廛于国，日中为市，致天下之民，聚天下之货，交易而退，各得其所"。中国历史上集镇的形成和发展多与集市有关，宋代以后集市普遍发展，集镇也随之增多。乡间集市最初往往依托利于物资集散的地点，进行定期的商品交换，继而在这些地方渐次建立经常性商业服务设施，逐渐成长为集镇。集镇形成后，大都保留着传统的定期集市，继续成为集镇发展的重要因素。

从地理学角度看，集镇属于乡村聚落的一种。通常指乡村中拥有少量非农业人口，并进行一定商业贸易活动的居民点。集镇的形态和经济职能兼有乡村和城市两种特点，是介于乡村和城市间的过渡型居民点，其形成和发展多与集市场所有关。因其具有一定的腹地，有利的交通位置，通过定期的集市和商品交换，逐步发展并建立一些经常性的商业服务设施，在此基础上发展而成②。在中国，县城以下的多数区、乡行政中心，均具有层次较低的商业服务和文教卫生等公共设施，并联系着周围一定范围的乡村，除设镇建制

---

① 1984 年起新规定的建镇基本条件是：县级政府所在地和非农业人口占全乡总人口的 10% 以上、其绝对数超过 2000 人的乡政府驻地，并允许各省（自治区）根据实际状况对建镇条件作适当调整，中国学术界认为，设镇（建制镇）的具体标准为：聚居常住人口在 2500 人以上，其中非农业人口不低于 70%。

② 任清尧：《关于乡村集镇化和集镇建设的探讨》，《经济地理》1985 年第 2 期。

的以外，习惯上均称为集镇。

集镇因为无行政上的含义，所以也无确定的人口标准，1993年发布的《村庄和集镇规划建设管理条例》对集镇的界定为：集镇是指乡、民族乡人民政府所在地和经县级人民政府确认由集市发展而成的作为农村一定区域经济、文化和生活服务中心的非建制镇。因而集镇是农村中工农结合、城乡结合，有利生产、方便生活的社会和生产活动中心，是今后我国农村城市化的重点[1]。

### （三） 中心镇

"中心镇"首先是基于建制镇基础上，因为城镇发展定位的需要，相对于重点镇、一般镇而言的一个城镇体系规划的常用规划概念。一般是指城镇体系中介于城市与一般小城镇之间，且区间较优、实力较强、潜力较大，既能有效承接周围城市的辐射，又对周边地区有一定辐射和带动能力的区域重点镇。

"中心镇"同时也是一个地理概念，它是县（市）域内一片地区中周围若干个乡镇的中心，地理位置相对居中，一般是自然形成、客观存在的，在一个较长的时期内具有相对的稳定性，在周围一片地区中相比较而言其经济实力较强。如在有些曾设置过"管理区"的地方，"中心镇"的地位、作用及区位选择与县的派出机构——"区工委""区公所"所在地的乡镇类似。

在城镇体系规划中明确中心镇，目的是在县以下层次选择上能带动其腹地范围发展的增长极。中心镇的确定需要考虑一定的地域平衡因素，因此其分布一般来说是相对均衡的，如一个县可以选择围绕县城周边不同方向的四个至五个中心镇，地域上兼顾东、南、西、北各个片区。

中心镇与重点镇有可能重叠（既是中心镇同时也是重点镇），但二者之间并没有必然的联系，中心镇不一定是重点镇，重点镇也不一定是中心镇。中心镇与重点镇各有不同的作用。在某个地区中，如果用同一个标准（比如考虑在近期内有可能"建成"）来确定重点镇，因地域条件不同，可能有的县（市）重点镇就会多些，有的县（市）就会少些或没有。而确定中心镇在一定程度上就可以弥补这种因地域经济发展不均衡而带来的弊病，具有促进区域平衡的作用。中心镇的确定可以促进相对欠发达地区的增长中心

---

[1] 中华人民共和国国务院：《村庄和集镇规划建设管理条例》，1993年6月。

的发展①。

### (四) 专业镇

"专业镇"是基于产业集群的经济空间概念，理论上源自产业集群理论②，实践上源于广东省专业镇的实践，是我国行政区域特有的一种经济发展模式。其特点是在我国农业结构调整和乡村城镇化过程中，多以乡镇为基本单位来重点发展名、优、特、新产业和产品，通过开发一两个产业或产品，带动多数农户从事这些产业或产品的生产经营活动，其收入成为农民和乡镇收入的主要来源③。

在概念界定上，学术界从不同角度有不同的认识。学者们认为专业镇经济是基于一种或几种产品的专业化生产的乡镇经济，是发展农村经济，解决"三农"问题的一种模式④，是实现农业产业化和农村城镇化战略目标的依托载体。王珺从产业经济学的角度提出专业镇经济实质上是建立在一种或两种产品的专业化生产优势基础上的乡镇经济，类似于日本在20世纪60年代出现的"一村一品""一镇一品"的专业化区域生产组织形式。并总结出专业镇的四个突出特征：以个体、私营企业为主体；以中小企业为主；以专业市场为依托；以适用、简单技术的应用为主⑤。李新春认为"专业镇作为一种建立在地区竞争优势基础之上的产品制造和服务企业网络，其经济集聚效应吸引大量中小企业围绕特定产业而创业，由此可以认为，专业镇同时也是一种企业创新网络"⑥。余国扬提出专业镇一般要求"双60%"，即指产业或产品能带动60%以上农户参与生产，专业化的产业或产品收入占全镇农民人均纯收入的60%以上，并成为镇财政收入主要来源的乡镇⑦。专业镇一般是指城乡地域中经济规模较大、产业相对集中且分工程度或市场占有率较高、地域特色明显、以民营经济为主要成分的建制镇⑧。

随着专业镇的不断发展，专业镇的含义由单纯追求繁荣农村经济、提高

---

① 晏群：《关于"中心镇"的认识》，《中国城市规划学会2002年年会论文集》，2002。
② 王缉慈：《超越集群：中国产业集群的理论探索》，科学出版社，2010。
③ 石忆邵：《专业镇：中国小城镇发展的特色之路》，《城市规划》2003年第7期。
④ 白景坤、张双喜：《专业镇的内涵及中国专业镇的类型分析》，《农业经济问题》2003年第12期。
⑤ 王珺：《论专业镇经济的发展》，《广东科技》2000年第11期。
⑥ 李新春：《专业镇与企业创新网络》，《广东社会科学》2000年第6期。
⑦ 余国扬：《专业镇发展研究——以狮岭镇为例》，《热带地理》2003年第4期。
⑧ 白景坤、张双喜：《专业镇的内涵及中国专业镇的类型分析》，《农业经济问题》2003年第12期。

农村人口生活水平、实现农村城镇化而发展专业镇，开始向通过企业在镇域内的聚集、协同，从而形成地域品牌优势，直接参与国内外市场竞争并且承担一定的国际分工来发展专业镇。这种变化是一种观念的转变，无论是从理论上还是实践方面都产生了重大的影响。

广东省科技厅将专业镇定义为"是以镇（街道）为行政区域单元，以特色产业集群化发展为主要特征，特色产业集聚度高、专业化分工协作程度高、技术创新活跃、产业辐射带动效应明显的镇域经济发展形式；是鼓励产业链相关联企业、研发和服务机构在特定区域集聚，通过分工合作和协同创新，形成具有跨行业跨区域带动作用和国际竞争力的产业组织形态"。[①]

产业集聚与新型城镇化的联动发展是提高中国城镇化质量、促进经济社会发展的重要途径，专业镇与产业结构转型升级、城镇化建设之间存在密切关系[②]。在我国科技部门的推动下，我国专业镇逐渐发展成为在国内外具有一定影响力的区域品牌，其作用不仅仅体现在带动当地经济增长，更多地体现在区域品牌的战略意义上，如广东中山古镇灯饰、佛山顺德乐从家居、东莞大朗毛织、虎门的服装等……这些专业镇通过比较优势、资源禀赋形成了以某一具有竞争优势的主导产业为依托的专业化产业区，使相同或相关联产业的众多企业集中于特定的区域空间内，并获取深度分工与专业化协作效益，从而提高了区域经济整体实力和竞争力。

**（五）产业园区**

"产业园区"（Industrial Park）是一个推动产业集聚发展的政策区域概念，是指以为促进某一产业发展为目标而创立的特殊区域，是区域经济发展、产业调整升级的重要空间聚集形式，担负着聚集创新资源、培育新兴产业、推动城市化建设等一系列的重要使命。产业园区能够有效地创造聚集力，通过共享资源、克服外部负效应，带动关联产业的发展，从而有效地推动产业集群的形成。在地方实践中，产业园区一般由政府集中统一规划设定区域，并给予进驻的企业一定的优惠政策，区域内规定特定行业、形态的企业进驻，并由产业园管委会或产业园开发商进行统一管理，向园区内企业提供多方面的软硬件服务。

---

① 广东省科学技术厅：《广东省科学技术厅关于加强专业镇创新发展工作的指导意见》，2016年5月。

② 梁永福、宋耘、张展生等：《专业镇、产业结构与新型城镇化建设关系》，《科技管理研究》2016年第21期。

联合国环境规划署（UNEP）认为，产业园区是在一大片的土地上聚集若干个企业的区域。它具有如下特征：开发较大面积的土地；大面积的土地上有多个建筑物、工厂以及各种公共设施和娱乐设施；对常驻公司、土地利用率和建筑物类型实施限制；详细的区域规划对园区环境规定了执行标准和限制条件；为履行合同与协议、控制与适应公司进入园区、制定园区长期发展政策与计划等提供必要的管理条件。

按照产业园区的功能，最常见的类型有物流园区、科技园区、文化创意园区、总部基地、生态农业园区等。按照政策的导向，有发改部门、工信部门主导的工业园区，发改部门主导的经济技术开发区、产业集聚区，科技部门主导的高新技术产业园区，海关及交通部门主导的出口加工区、保税物流园区等。

产业园区不仅承接国内产业转移，也是加快经济结构转型、提高生产效率的重要载体。另外城镇化的发展要由工业化带动，新型城镇化应有新型工业化配套。中国城镇化道路中，产业和城市要融合发展，城镇化、工业化要同步推进，实现产城融合。产业化是城镇化的依托，产业园区则是产业发展的平台。

产业园区和产业集聚区是国内外很多特色小镇的空间本源载体，如浙江云栖小镇，实际上是一个依托阿里巴巴云公司和转塘科技经济园区两大平台的一个以云生态为主导的产业集聚区。

**（六）小城镇**

"小城镇"是相对于城市和乡村而言的一个经济和空间规模概念，在空间上是指规模介于城市和乡村之间的一种聚落组织形态。20世纪80年代以来，我国的小城镇一直是多门学科竞相参与的研究领域，尤其以社会学、地理学、城市规划学和经济学等学科的研究为最[1]。从20世纪80年代费孝通提出"小城镇大问题"[2]到国家层面提出"小城镇大战略"，指明了镇域经济是壮大县区域经济，建设社会主义新农村，推动工业化、信息化、城镇化、农业现代化同步发展的重要力量[3]。

对小城镇概念的覆盖范围，无论是理论工作者，还是实际工作者，往往

---

[1] 冯健：《1980年代以来我国小城镇研究的新进展》，《城市规划学刊》2001年第3期。
[2] 费孝通：《小城镇 大问题》，《江海学刊》1984年第1期。
[3] 费孝通、杜润生、艾丰等：《小城镇建设的深入及西部开发——第二届"小城镇大战略高级研讨会"小辑》，《小城镇建设》2000年第5期。

存在许多不同的看法。费孝通提出小城镇是"新型的正从乡村的社区变成多种产业并存的向着现代化城市社区转变中的过渡性社区，它基本上已脱离了乡村社区的性质，但还没有完成城市化的过程"①。赵燕菁从土地流转制度入手，提出小城镇是中国城镇化过程中实现城乡一体化的重要政策载体②。在小城镇的范畴上，目前主要存在以下四种观点：（1）小城镇=建制镇。这一小城镇概念属于城镇范畴，是建制镇（包括县城镇）在城镇体系中的同义词。（2）小城镇=建制镇+集镇。这一小城镇概念属于城与乡两个范畴，包括小于城市从属于县的县城镇、县城以外的建制镇和尚未设镇建制但相对发达的农村集镇。（3）小城镇=小城市+建制镇。这一小城镇概念指城镇范畴中规模较小、人口少于20万的小城市（县级市）和建制镇。（4）小城镇=小城市+建制镇+集镇，这一小城镇概念分属城与乡两个范畴，是涵括范畴最广的一个界定。

以上观点概括起来，对小城镇的空间范畴可以有狭义和广义两种理解。狭义上的小城镇是指除设市以外的建制镇，包括城关镇。广义上的小城镇，除了狭义概念中所指的县城和建制镇外，还包括作为非建制的集镇。广义的小城镇概念强调了小城镇发展的动态性和乡村性，是我国目前小城镇研究领域更为普遍的观点，也是特色小镇政策出台与实施的一个重要背景和前提。

### （七）特色乡镇

"特色乡镇"是一个基于历史或者产业的文化概念，对乡镇的规模并不注重。特色与创新是镇域经济可持续发展的核心动力③。特色乡镇的特色可以从经济、社会治理、历史文化、生态环境等维度得到体现。

从经济维度来看，外向经济特色乡镇依托外贸、加工、出口等服务型产业发展；专业特色镇则依托某一主导产业，利用专业化分工提升生产效率，利用规模经济增加经济产出；商贸流通特色镇则依托良好的交通条件，大力发展物流产业，为商贸活动提供服务；科技信息特色镇则依托高新技术产业发展；旅游休闲特色镇则依托旅游资源大力发展休闲旅游，并进一步衍生商务会议功能，作为当地的经济支柱。

从社会维度来看，特色乡镇在治理形式、社会服务形式和政治力量等方

---

① 费孝通：《论中国小城镇的发展》，《小城镇建设》1996年第3期。
② 赵燕菁：《制度变迁·小城镇发展·中国城市化》，《城市规划》2001年第8期。
③ 薛红星：《中国特色镇概论》，中国城市出版社，2013。

面较为独特。党建创新特色镇是以基层党的建设为目标,通过党建活动、党建服务打造的小镇。社会管理创新特色镇则是通过创新社会管理模式而闻名。合作服务特色镇通过引入第三方服务提供组织完善的小镇服务系统。科学规划特色镇则是新兴科学规划的实验地,为日后特色镇的发展起到启示、带动作用。

从文化维度来看,一些特色乡镇在历史文化传承、文化创意等方面较为突出。历史文化特色镇和少数民族特色镇依托当地特有的民俗文化,以传统民居、具有历史文化的古城为载体,向游人宣传历史文化与特色传统。品牌特产特色镇以产品、品牌为依托,创造经济价值,如茅台镇以茅台酒闻名。文化创意特色镇是文化的新兴形态,以创意的形式传递文化底蕴,以体验的方式吸引艺术家、摄影爱好者等人群。

从生态维度来看,特色乡镇则是指以生态为发展理念的乡镇。生态环保特色镇以绿化、生态保护为发展理念,积极维护特色镇的市容市貌,为人们提供优美的居住环境。

特色小镇相关概念辨析见表1-1。

表1-1 特色小镇相关概念辨析

| 概念名称 | 概念本质 | 空间范畴 |
| --- | --- | --- |
| 建制镇 | 行政空间概念 | 镇域行政管辖范围 |
| 集镇 | 自组织经济空间 | 非建制镇 |
| 中心镇 | 规划体系概念 | 建制镇 |
| 专业镇 | 产业空间概念 | 建制镇 |
| 产业园区 | 政策区域概念 | 产业功能区 |
| 小城镇 | 经济空间规模 | 建制镇 |
| 特色乡镇 | 文化空间概念 | 建制镇 |
| 特色小镇 | 政策空间概念 | 非镇非区 |

## 二 特色小镇的概念与内涵

### (一)特色小镇的定义

特色小镇是基于上述相关概念的基础上,中央政府为推进有条件的小城镇突出其发展特色,有针对性地进行政策引导的一个政策概念。特色小镇在理论上源自产业集群理论，在实践上是在县域经济基础上发展而来的创新经济模式，是在供给侧改革的浙江实践上基于浙江省特色小镇建设的先行经验，由政府主导下有意识、有目标、有计划推动展开的城镇化进程的一种政策空间组织模式[1]。对于特色小镇的定义与概念，目前社会各界众说纷纭，还没有一个准确的学术定义。

特色小镇的概念首先是由浙江省人民政府于2015年提出的，认为特色小镇是相对独立于市区，具有明确产业定位、文化内涵、旅游和一定社区功能的发展空间平台，区别于行政区划单元和产业园区[2]。这是一个在国家出台特色小镇培育政策之前，地方政府对特色小镇的概念和空间范畴的一个基本界定。

国家发改委颁布的《关于加快美丽特色小（城）镇建设的指导意见》给出了特色小镇的官方定义：特色小镇包括特色小镇、特色小城镇两种形态，特色小镇主要指聚焦特色产业和新兴产业，集聚发展要素，不同于行政建制镇和产业园区的创新创业平台；而特色小城镇是指以传统行政区划为单元，特色产业鲜明、具有一定人口和经济规模的建制镇。特色小镇和小城镇相得益彰、互为支撑，有利于促进大中小城市和小城镇协调发展[3]。

国家三部委出台指导意见后，学术界对于特色小镇的概念与定义进行了很多深化与拓展。如张鸿雁（2017）提出特色小镇是社会发展到一定历史阶段的一种区域性空间与要素集聚的发展模式，其成长和发展过程是需要以社会与经济发展为前提的，这个前提不仅包括区位条件、产业基础、区域社会经济发展水平、区域性产业集聚方式，还包括社区生活环境、日常生活方式、创业与创新土壤及人才机制、政策导向及地方的历史文化基因等要素[4]。

总的来说，我们认为特色小镇是指依赖特色产业或特色资源，打造的具有明确产业定位、文化内涵、旅游产品和特色社区功能的综合开发区域，是产业区、消费区、旅游区、生活区四区合一，产城乡一体化的新型城镇化区域，是按照创新、协调、绿色、开放、共享的发展理念，结合资源禀赋，基于准确的产业定位，在科学合理规划基础上，挖掘产业特色、人文底蕴和生态禀赋，形成产业、文化、环境、人居有机融合和生产、生活、生态协调发

---

[1] 王小章：《特色小镇的"特色"与"一般"》，《浙江社会科学》2016年第3期。
[2] 浙江省人民政府：《关于加快特色小镇规划建设的指导意见》，2015年5月4日。
[3] 国家发展和改革委员会：《关于加快美丽特色小（城）镇建设的指导意见》，2016年10月8日。
[4] 张鸿雁：《论特色小镇建设的理论与实践创新》，《中国名城》2017年第1期。

展的重要功能平台，是我国供给侧结构性改革的积极探索之一，也是我国城镇化发展战略中重要的空间载体之一。

（二）特色小镇的内涵

特色小镇与其他几个相关概念在内涵上有明显差别。在培育目标上，参考住房和城乡建设部、国家发展改革委、财政部《关于开展特色小镇培育工作的通知》，特色小镇要求具备四个特征：产业上要"特而强"，小镇的建设不能"百镇一面"、同质竞争，必须紧扣产业升级趋势，锁定产业主攻方向，构筑产业创新高地；功能上要"聚而合"，小镇围绕特色产业聚合产业、文化、旅游和社区四大功能，突出强镇的产业聚合黏性；形成宜居宜业宜游的特色小镇，形态上要"小而美"，凸显的是在空间内涵上的空间限制，特色小镇不同于卫星城、建制镇和工业园区，是在充分应用产业集群理论的基础上，为解决浙江"块状经济"层次低、结构散、创新弱等问题而提出的，原则上依托建镇制；机制上要"新而活"，这是从制度供给方面给出了特色小镇的特征，即与小镇相关的政策须突出"个性"，服务突出"定制"，运营机制实行"政府引导+市场运作+企业主体"[1]。还要符合"三生（生产、生态、生活）融合"和生产、文化、旅游与社区功能"四位一体"的要求[2]。

---

**专栏 1-1　特色小镇培育的要求**

（一）特色鲜明的产业形态。产业定位精准，特色鲜明，战略新兴产业、传统产业、现代农业等发展良好、前景可观。产业向做特、做精、做强发展，新兴产业成长快，传统产业改造升级效果明显，充分利用"互联网+"等新兴手段，推动产业链向研发、营销延伸。产业发展环境良好，产业、投资、人才、服务等要素集聚度较高。通过产业发展，小镇吸纳周边农村剩余劳动力就业的能力明显增强，带动农村发展效果明显。

（二）和谐宜居的美丽环境。空间布局与周边自然环境相协调，整体格局和风貌具有典型特征，路网合理，建设高度和密度适宜。居住区开放融合，提倡街坊式布局，住房舒适美观。建筑彰显传统文化和地域

---

[1] 屈凌燕：《特而强　聚而合　小而美　新而活——浙江特色小镇成区域经济社会创新发展领头羊》，《湖州日报》2017年2月12日。
[2] 浙江省发改委：《2016年度省级特色小镇创建对象合格标准》，2016年6月12日。

特色。公园绿地贴近生活、贴近工作。店铺布局有管控。镇区环境优美，干净整洁。土地利用集约节约，小镇建设与产业发展同步协调。美丽乡村建设成效突出。

（三）彰显特色的传统文化。传统文化得到充分挖掘、整理、记录，历史文化遗存得到良好保护和利用，非物质文化遗产活态传承。形成独特的文化标识，与产业融合发展。优秀传统文化在经济发展和社会管理中得到充分弘扬。公共文化传播方式方法丰富有效。居民思想道德和文化素质较高。

（四）便捷完善的设施服务。基础设施完善，自来水符合卫生标准，生活污水全面收集并达标排放，垃圾无害化处理，道路交通停车设施完善便捷，绿化覆盖率较高，防洪、排涝、消防等各类防灾设施符合标准。公共服务设施完善、服务质量较高，教育、医疗、文化、商业等服务覆盖农村地区。

（五）充满活力的体制机制。发展理念有创新，经济发展模式有创新。规划建设管理有创新，鼓励多规协调，建设规划与土地利用规划合一。社会管理服务有创新。省、市、县支持政策有创新。镇村融合发展有创新。体制机制建设促进小镇健康发展，激发内生动力。

——住房和城乡建设部、国家发展改革委、
财政部《关于开展特色小镇培育工作的通知》

特色小镇的"特"，主要是产业、历史、环境等诸多因素的独特之处，要求特色小镇本身具有某种文化特质，呈现某种价值追求，从而成为某种产业集中、相应就业者云集的"特色"工作生活区域，也应当是汇集某类资源与技术在此创新创业的"孵化器"和"创客空间"。具体内涵上，一是功能定位的"特"。特色小镇以推进供给侧结构性改革为基本功能定位，是着力打造的地方经济转型升级的试验田，是创新驱动发展的新平台。二是产业业态的"特"。特色小镇所承载的产业业态应该是现代服务业或历史经典产业或者其中的某一业态。三是空间区位的"特"。特色小镇在选址上一般位于城镇周边、景区周边、高铁站周边或交通轴沿线，适宜集聚产业和人口的空间地域。四是聚集人口的"特"。基于特色小镇的产业特征，特色小镇的从业人口要求高学历和高技能者占据一定的比例①。

特色小镇的"小",是指在空间范畴上相对独立于市区,区别于行政区划单元和产业园区,具有明确产业定位、文化内涵、旅游和一定社区功能的发展空间平台。小镇要求突出节约集约,合理界定人口、资源、环境承载力,严格划定小镇边界,规划面积一般控制在3平方公里左右,建设面积一般控制在1平方公里左右,聚集人口1万至3万人,且不受原有行政区划局限的"小"地方。

特色小镇的"镇",不是传统意义上简单的行政区划概念,也非园区的概念,而是一个具有明确产业定位和生活功能项目组合的"非镇非区"概念,是打破了传统行政区划概念的某种特色产业集聚区,它可能是仅包含一个镇的特定区域,也可能是覆盖多个镇的多个区域,但是这些区域在产业上、特色上是有密切的内在关联的。

**(三) 特色小镇的本质**

从大尺度的历史维度来看,特色小(城)镇实际上不是新生事物,在历史时空一直存在,农耕时代的因军事目的而兴起的镇,由此诞生镇,进而集聚人口,再催生商贸和经济,形成空间聚落;计划经济时代因行政目的而催生的小城镇;市场经济时代因经济目的而孕育的特色小镇等。它们的最终形态要么成为城市,甚至大都市,典型如深圳、浦东,从传统的渔民小村成长为一个国家级的大都市;要么逐渐衰败,甚至消失,典型如京杭大运河边上的诸多古镇,随着大运河的衰落而逐渐泯灭众生;要么不温不火,缓步发展,大多数城镇都是这种情况;最后一种就是小而精,特色化、集约化发展,典型如格林威治对冲基金小镇、浙江云栖小镇等。因此,特色小(城)镇本质上是一种产业空间组织形式②,是新的发展主体、新的产业平台、新的和谐家园、新的制度探索和新的理念引领③。

从空间角度看,特色小镇是连接大中城市与农村的重要枢纽,是有效分流农村富余人口的"蓄水池";又能承担对农业农村的辐射带动功能,是促进农民就地就近城镇化和农业现代化的"发动机"。因此,特色小镇是城市和乡村双向渗透、双向发力且最具活力的"社会单元"。

---

① 李茂:《准确把握特色小镇的内涵与外延》,《河北日报》2016年9月2日。
② 盛世豪、张伟明:《特色小镇:一种产业空间组织形式》,《浙江社会科学》2016年第3期。
③ 厉华笑、杨飞、裘国平:《基于目标导向的特色小镇规划创新思考——结合浙江省特色小镇规划实践》,《小城镇建设》2016年第3期。

从经济角度看，特色小镇借力现代交通、通信、云计算、大数据、物联网等技术，能够作为一个相对独立的承载空间在更大范围聚集高端创新要素，形成新的经济增长极，为重塑城乡空间和经济地理创造新的机遇。

从劳动力角度看，当前以"90后"为代表的年轻劳动力在选择就业与生活环境时，已出现将生活环境放在首要位置的倾向，特色小镇要求的宜居生态环境、独特的文化特色、完善的公共服务正好可以满足他们的需求。

对特色小（城）镇的认识，要从城、镇（行政区划中的小城镇）、村之间的差别来分析，同时又要区别于飞地经济、产业集群、产业集聚区、产业新城，之前有类似的类属，比如旅游景区、主题公园；且需要分析与美丽乡村、田园综合体之间的关系。

总之，特色小镇是以特定的产业、环境、文化资源为基础；以创新的体制机制和投融资机制为依托和保障；以产业培育带动人口聚集为推动力；以旅游消费为引擎，实现消费聚集；以产城综合开发运营及PPP架构利用为手段；以城乡结合区域的新型城镇化发展为目标的"产、城、人、文"四位一体的产业、城镇、居民和文化的高度综合体。

### （四）特色小镇的意义

特色小镇建设是一个自上而下的政策推动型发展策略，通过宏观政策的指引，引领地方政府与市场力量参与特色小镇的开发建设，这个过程对我国新型城镇化战略的实施、破除城乡二元结构、促进供给侧结构性改革等具有积极的意义。

#### 1. 促进新型城镇化的发展

《国家新型城镇化规划（2014~2020年）》提出要"发展有历史记忆、文化脉络、地域风貌、民族特点的美丽城镇；具有特色资源、区位优势的小城镇，要通过规划引导、市场运作，培育成为文化旅游、商贸物流、资源加工、交通枢纽等专业特色镇"。特色小镇是在国家新型城镇化战略背景下提出的，已成为推进新型城镇化的一个重要抓手，通过发展特色小镇可以促进、带动农村地区经济发展，实现农民就地就业，从而推动新型城镇化的发展。发展特色小镇是新型城镇化的一个重要内容，丰富了新型城镇化战略的内涵，也是国家和各级地方政府促进城镇化建设的重要支撑。

#### 2. 推动供给侧结构性改革

特色小镇建设是供给侧结构性改革的一个有效途径。特色小镇通过创意、创新、创业、创造活动，使存量资源大幅增值，甚至变废为宝，形成新产业、新业态,实现产业转型升级,并且创造出新的市场需求,特别是能与旅游产业结合,不会产生产能过剩问题,是城镇化建设的新模式、新动能。它通过特色产业的发展,带动人口、技术、资金等要素集聚和城镇基础设施配套。

3. 推进城乡产业转型升级

特色小镇的建设要求以特色产业为核心,借助特色小镇建设的东风,原来已有特色产业的小镇就可以实现产业转型和升级,提高竞争力,同时原来没有特色产业的小镇通过打造特色产业则可以实现产业结构升级,提高产业发展水平。

4. 带动乡村缩小城乡差距

大部分特色小镇是位于农村地区的,住建部公布的全国第一批和第二批特色小镇名单也都是建制镇,因此特色小镇的建设对于带动农村和农业发展具有重要意义,比如农旅小镇的发展,既能促进小镇基础设施和村民生活条件的改善,又能促进农业产业化、现代化发展。特色小镇的建设可以带动一大批村镇的经济发展和设施建设,提高农村居民的生活水平和质量,并为许多农民提供就业岗位,增加他们的收入,从而有利于缩小城乡差距,促进社会公平。

5. 保护传承传统历史文化

优秀的历史文化、民俗文化、古代建筑遗迹等是中华民族的宝贵财富,这些财富很多都位于农村地区,有的地方位置比较偏远、交通不便、经济落后,通过特色小镇的建设就可以加强对这些地区文物古迹的保护、修复、开发和宣传,弘扬优秀文化,传播优秀思想。

## 第二节 我国城镇化与小城镇发展脉络

相比于大中城市和乡村地区,小城镇作为一种过渡型的聚落形态,其本身处于不断的发展变化之中,在经济上既可能极具活力,但又因为规模所限极具不确定性[1]。纵观新中国成立以来我国城镇化发展的历程,小城镇在其中起着举足轻重的作用,但是在我国城镇化发展的政策上,小城镇究竟应该在城镇化中充当何种角色,国家和地方的定位并不清晰连贯。由改革开放之

---

[1] 常青:《发展小城镇应成为中国经济进步的大战略》,《经济与管理评论》2000年第3期。

前的严格控制人口向城镇迁移,到改革开放之后大力发展乡镇经济,再到城乡统筹时期的大中小城市和小城镇协调发展,国家对小城镇的定位一直在摇摆和改进。

特色小镇是我国新型城镇化在新时期、新常态下的"新举措、新模式",在形态上包括了特色小城镇和特色小镇两种形态①,这些小(城)镇的规划定位与发展和当前城镇化发展背景、政策关系及发展前景如何,是当前特色小(城)镇研究和规划编制的核心问题。"读史可以明鉴,知古可以鉴今",为更好地理解特色小镇建设的政策背景和政策目标,了解特色小镇的形成发展过程,本节通过历史文献分析法,系统追溯新中国成立以来我国城镇化发展的政策演变过程以及特色小镇政策出台的具体过程,通过再现城镇化以及与小城镇相关的重大政策的具体历史和时代背景及其对当时小城镇建设的影响,总结我国特色小镇政策出台的历史脉络。

新中国成立以来,我国城镇化进程在不断"摸着石头过河"的探索中向前发展,总体上经历了恢复起步建设、波动徘徊、停滞发展、恢复发展、快速发展、城乡统筹和创新发展等阶段;存在城镇人口数量不断增长、城镇人口比重不断提高、城镇用地规模不断扩张和城镇不断向高层次发展的总体趋势,但也存在长期滞后于工业化和非农化、波动性较大、政府主导色彩较浓和二元结构性特点比较突出等显著特点②。在这个过程中,乡镇级别(含建制镇、乡和街道)行政区划单元的数量受政策影响波动极大,对我国城镇化不同发展阶段小城镇的定位、规模、发展特点的归纳总结和分析判断,有助于促进小城镇健康发展规划的编制。

## 一 阶段Ⅰ:恢复起步阶段(1949~1957年)

新中国成立后,经过短暂而全面的土地改革,中国成为最大的小农经济体③,随着遭受战争严重破坏的国民经济逐渐得到恢复(1949~1952年)以及其后"一五"计划的顺利完成(1953~1957年),我国经济建设取得了较大进展,城镇化水平得到稳步提高。城镇化水平由10.64%提高到15.39%。

---

① 国家发展和改革委员会:《关于加快美丽特色小(城)镇建设的指导意见》,2016年10月8日。
② 杨风、陶斯文:《中国城镇化发展的历程、特点与趋势》,《兰州学刊》2010年第6期。
③ 张立:《户籍制度与中国城镇化:1949—2009——户籍改革方向刍议》,载《中国城市规划年会》,2011。

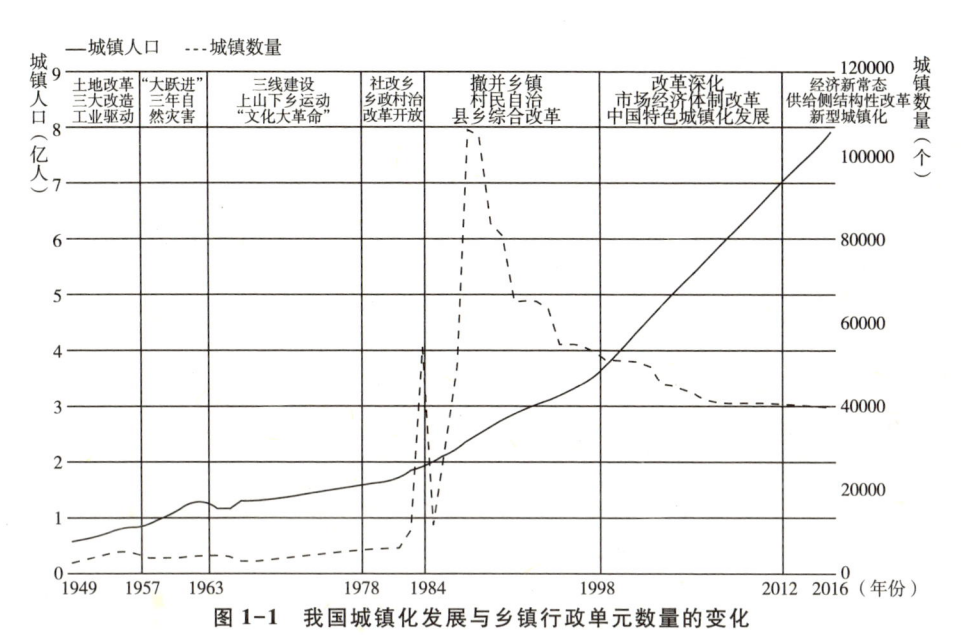

图 1-1 我国城镇化发展与乡镇行政单元数量的变化

资料来源：《中国统计年鉴》（1979~2017），《中国城市建设年鉴》（1986~1987），历年中华人民共和国分县市人口统计资料，公安部三局编《中国城镇人口资料手册》，地图出版社，1985。

这个阶段我国城镇化的重心是恢复生产，尤其是"一五"时期的苏联援建项目基本集中在我国传统的工业城市，对城镇化人口的管理重心也是通过户口管理制度并集中体现在城镇地区，1951年颁布了《城市户口管理条例》，1953年进行了第一次全国人口普查，并将户口登记和迁移管理正式扩展到农村。1954年《中华人民共和国宪法》规定中华人民共和国公民拥有居住和迁徙的自由。总体上，这一时期自由迁徙的城镇化政策，加上经济快速恢复和"一五"计划"大跃进"的全面展开，中国的城镇人口迅速膨胀。

## 二 阶段Ⅱ："虚假"城镇化阶段（1958~1965年）

1958年《户口登记管理条例》正式颁布，登记办法区分了城市和乡村，依据是否吃商品粮将户口类别划分为农业户口和非农业户口，影响我国几十年的城乡二元体制逐步形成，粮食供给、就业、教育、社会保障、婚姻等全面以城镇为导向。

受"大跃进"思想的影响，我国经济发展在此后开始盲目追求"超英赶美"，经济发展起伏波动大，城镇化发展也表现出大起大落。其中1958~1960年三年"大跃进"时期，由于受急于求成和主观随意性强的经济建设指导思想影响，我国工业化和社会经济建设政策方针违背了经济发展的基本规律，一大批工业项目在无视农业发展基础和市场需求的情况下盲目上马，致使农村人口大规模涌入城镇，年均约新增城市8座，城镇化水平迅速提高。到1960年城镇人口比重达到历史高峰，几乎是新中国成立初期的两倍，给城市就业、居住和社会治安等公共服务带来极大的压力。

这种由"跃进"式国民经济建设所导致的超越经济社会发展的"虚假城镇化"[①]并不能持续。1960年起我国国民经济进入困难时期，1961年中央对整个经济实行"调整、巩固、充实、提高"方针，我国城镇化进入"三年调整时期"，其间停建和缓建了一大批工业项目，在这一过程中，面对快速增长的人口，城市无法提供充分就业和相应的公共服务，政府动员大量城镇人口"上山下乡"返回农村。

城乡户籍政策对城镇人口的限制抑制了城镇化水平，但也在一定程度上避免了中国的"拉美化"现象[②]的出现。在城市与城镇规模上，一部分新设市恢复到县级建制而一部分地级市则降级为县级市，3年间城市总数合计减少25座，1963年一年就撤销城市24座，城镇化水平也骤降2.46个百分点为16.84%，出现了极不正常的"逆"城市化现象。

---

① 所谓"虚假城镇化"，是指城市化水平超过经济发展和工业化水平，城市基础设施落后，又称过度城市化、超前城市化。城市化的速度大大超过工业化的速度，大量农村人口涌入少数大中城市，城市人口过度增长，城市建设和公共服务的供给步伐赶不上人口增长速度，城市不能为居民提供就业机会和必要的生活条件，农村人口迁移之后没有实现相应的职业转换，造成严重的"城市病"。虚假城市化形成的主要原因是二元经济结构下形成的农村推力和城市拉力的不平衡（主要是推力作用大于拉力作用），而政府又没有采取必要的宏观调控措施。相当数量的发展中国家基本上是这种城市化模式，如墨西哥的工业化与经济发展水平远远不如发达国家，但1993年其城市化水平已达74%，明显高于同期欧洲发达国家。

② 自19世纪20年代美国发表《门罗宣言》提出"美洲是美洲人的美洲"后，拉美就成了美国的后院。自20世纪50年代起，经济开始发展，如巴西、墨西哥等，连续30年保持6%~7%的年均增长速度。到1980年时，人均GDP墨西哥达1316美元，巴西为1925美元，智利为2057美元，阿根廷超过4000美元，各国大体上超过1000美元。但从此就一蹶不振，经济增长乏力，其后20年中基本维持在1%~2%的低速增长水平，而贫困差距日益扩大，治安混乱，社会失衡，政局动荡。经济快速发展，在人均越过GDP1000美元后，就出现经济与社会严重失衡、经济停滞不前、贫富分化、社会动荡、人与自然不和谐等现象，这种现象被称为"拉美现象"，也有人称之为"拉美化"，如今已成发展中国家的前车之鉴。

## 三 阶段Ⅲ：徘徊停滞阶段（1966~1978年）

经过三年调整后，我国的城镇化经历了一个短暂的发展期，但是随着中苏关系恶化和"文化大革命"的开始以及国家在其后政治经济社会领域出现一系列重大失误，我国城镇化发展进入了徘徊停滞阶段。

此阶段全国有3000多万名城镇青年学生、知识分子到农村去安家落户和"接受贫下中农再教育"①，而且以备战为目的的"三线建设"②使得基建投资在很大程度上与原有城镇脱节从而导致城镇建设大大滞后，加上三线地区社会经济落后，导致建设起来的企事业单位在之后很长一段时期内经营发展都极为困难，许多小城镇日益衰败。

总体上，此阶段全国城镇化水平基本保持不变，城市和城镇数量也基本停滞。虽然建制镇人口有较大增长，这些大幅度的变化并不是人口流动和自然增长造成的，更多的是与行政区划调整相关，因为这一时期更多的建制镇转变为县级政府驻地和县辖区公所，造成人口身份上的变化，但城镇数量和规模实质性变化不大。

## 四 阶段Ⅳ：恢复增长阶段（1979~1984年）

1978年后，农村土地制度改革带动了沿海发达地区乡镇企业的迅速转

---

① "上山下乡"一词最早见于1956年10月25日中共中央政治局关于《1956年到1967年全国农业发展纲要（修正草案）》的文件中，第一次提出知识青年"上山下乡"的这个概念，这也成了知青上山下乡开始的标志。真正有组织、大规模地把大批城镇青年送到农村去，则是在"文化大革命"后期。1968年12月，毛泽东下达了"知识青年到农村去，接受贫下中农的再教育，很有必要"的指示，上山下乡运动大规模展开，1968年当年在校的初中和高中生（1966年、1967年、1968年三届学生，后来被称为"老三届"），全部前往农村。"文化大革命"中上山下乡的知识青年总人数达到1600多万人，1/10的城市人口来到了乡村。这是人类现代历史上罕见的从城市到乡村的人口大迁移，对我国中小城市和小城镇的发展造成了深远的影响。

② "三线建设"是中共中央和毛泽东于20世纪60年代中期作出的一项重大战略决策，是在当时中苏交恶以及美国在中国东南沿海攻势的国际局势日趋紧张的情况下，为加强战备，逐步改变我国生产力布局的一次由东向西转移的战略大调整，建设的重点在西南、西北。所谓"三线"，一般是指当时经济相对发达且处于国防前线的沿边沿海地区向内地收缩划分的三道线。一线地区指位于沿边沿海的前线地区；二线地区指一线地区与京广铁路之间的安徽、江西及河北、河南、湖北、湖南四省的东半部；三线地区指长城以南、广东韶关以北、京广铁路以西、甘肃乌鞘岭以东的广大地区，主要包括四川（含重庆）、贵州、云南、陕西、甘肃、宁夏、青海等省份以及山西、河北、河南、湖北、湖南、广西、广东等省份的部分地区，其中西南的川、贵、云和西北的陕、甘、宁、青俗称为"大三线"，一线、二线地区的腹地俗称为"小三线"。

型和崛起。这些发达地区的乡镇企业延续了人民公社时期的社队企业，包括地方"五小工业"。但由于社队企业"三就地"的限制（就地取材、就地加工、就地销售），以及不允许社员个人联户办和户办等限制，社队企业更多是在地化的"自给自足"，作为农业附属产业，并没有释放更多的发展空间①。

党的十一届三中全会后，中央要求"社队企业要有一个大发展"，国务院在1979年和1981年相继颁发了《关于发展社队企业若干问题的规定（试行草案）》和《关于社队企业贯彻国民经济调整方针的若干决定》，鼓励农村地区大力发展加工业、建筑业、运输业和各种服务业②。1979年9月，中共十一届四中全会通过了《中共中央关于加快农村发展若干意见的决定》，第一次提出了农村城镇化思想和加强小城镇建设的问题。

在中央一系列鼓励支持乡镇企业的政策和地方主创性的互动下，乡镇企业的生产力得到了极大释放，农村出现大量剩余劳动力，极大地促进了我国的城镇化进程。这个阶段的政策导向以增加城镇数量、鼓励城镇人口上升为主，国家放宽建镇制的标准，小城镇数量迅速增加，城镇化发展恢复增长，城市化水平也得到极大的提升。小城镇的就业居住人口也得到迅速提升。农村工业化得到实践检验，费孝通"小城镇、大战略"的构想也得到初步实践。

1980年10月，全国城市规划工作会议召开，会议提出了"控制大城市规模，合理发展中等城市，积极发展小城市"的总方针，为我国城镇化道路的发展给出了大体方向。1983年10月，中共中央发布《关于实行政社分开建立乡政府的通知》，提出建立乡镇政府作为基层政权组织，城镇化得到中央政策支持。1984年国务院转发民政部《关于调整建制镇标准的报告》，报告放宽了建镇的标准，为今天我国建制镇的总体格局奠定了基础。

### 五 阶段V：加速发展阶段（1985~2000年）

1985年后，随着改革开放不断向纵深发展，城镇化问题、城乡二元问题以及大中小城市与小城镇的结构关系问题等逐渐显现。1985年中共中央

---

① 颜公平：《对1984年以前社队企业发展的历史考察与反思》，《当代中国史研究》2007年第2期。
② 国务院：《国务院关于发展社队企业若干问题的规定（试行草案）》，1979年7月3日。

提出应当根据我国的实际情况,对城市发展的结构和布局进行合理规划,坚决防止大城市过度膨胀,重点发展中小城市和小城镇[①]。1987年,国务院发布了《关于加强城市建设工作的通知》,提出要着重发展中等城市和小城镇,加强各项基础设施和公共服务的建设,要求各级政府要搞好城镇建设的规划、建设和管理。1989年《中华人民共和国城市规划法》颁布,提出我国实行"严格控制大城市规模,合理发展中等城市和小城镇"的方针,促进生产力和人口的合理布局,城镇规模在此阶段得到了快速的增长。1990年6月,国务院颁布实施《中华人民共和国乡村集体所有制企业条例》,从法规上保障乡镇企业发展,表明中央对乡镇企业的方针、政策没有变,具有一贯性、坚定性和稳定性。

1992年的邓小平南方谈话以及1994年党的十四大确定了市场经济改革的总体方向,此阶段的政策导向以经济制度继续向市场经济转轨为主,城市相关改革进一步深入,重点发展中小城市,此后一系列的"城市倾向"的政策直接导致了小城镇和乡镇企业发展的衰退。一方面,1994年推行的分税制改革,使得中央与地方财政的关系从"分灶吃饭"恢复为"中央主导",这导致了财力分配在乡镇和县级以上的不均、财权和事权的高度分化、地方土地财政的兴起等[②]。另一方面,从20世纪90年代后期开始,所有制结构发生了巨大变化,城市中的国有企业大规模改制,乡镇集体企业大多数实行产权制度改革,这使得大量的农民转移到县级以上城市就业生活。在这一系列变革中,小城镇和中小城市的发展缓慢甚至收缩,资本、劳动力开始向大城市和特大城市集中。

2000年,国家出台《中共中央、国务院关于促进小城镇健康发展的若干意见》,提出"发展小城镇,可以加快农业富余劳动力的转移;可以有效带动农村基础设施建设和房地产业的发展;发展小城镇,可以吸纳众多的农

---

① 中共中央:《关于制定国民经济和社会发展第七个五年计划的建议》,1985年9月23日。
② 改革开放后,我国开始实行"分灶吃饭":地方不再主要统一从中央财政分钱,有了相当大一部分自收自支的权力。这样的结果是,地方有了发展经济的积极性,地方经济发展很快,同时,为了有利于地方财政收入,各种地方保护主义兴起,而且中央财政迅速吃紧,中央财政收入在全部财政收入中只占到了两三成。由于中央财政收入严重不足,从20世纪80年代末到90年代初,甚至发生过两次中央财政向地方财政"借钱"并且借而不还的事。80年代中期的"能源交通基金",1989年的"预算调节基金",都是为了维持中央财政正常运转而采取的非常措施。1993年11月14日,中共中央召开十四届三中全会全体会议,顺利通过《关于建立社会主义市场经济体制若干问题的决定》。其中最突出的功绩在于,通过分税制理顺了中央和地方的关系,具有现实和深远的意义。

村人口，降低农村人口盲目涌入大中城市的风险和成本，缓解现有大中城市的就业压力，走出一条适合我国国情的大中小城市和小城镇协调发展的城镇化道路；是实现我国农村现代化的必由之路①"，首次对小城镇在我国城镇化发展中的作用进行了官方的定性，为小城镇的发展指出了方向，提供了政策保障。此后城镇人口继续以超过全国总人口增速的态势在不断增加，城镇化水平一路攀升，城市数量1993~1996年年均增加37座，仅1993年新设市就达到53座，建制镇的数量增加到2002年的20601座，其后开始逐步稳定在20000座左右。

## 六 阶段Ⅵ：城乡统筹发展阶段（2001~2011年）

21世纪以来，随着城镇化建设取得新的成效以及面对新的机遇，城镇化也面临不同的政策诉求。随着国际国内发展环境的变化，为解决此前城镇化过程中产生的土地资源和土地管理等方面的矛盾以及城乡发展水平不断扩大的差距，此阶段我国城镇化发展的主旋律是在科学发展观指导下的城乡统筹发展②。在科学发展观的执政理念下，设立了"国家城乡统筹发展综合改革试验区"③，并顺利培育了类似成都"五朵金花"④、上海九大欧陆风情小镇等示范项目。

从政策的颁布看，2001年中国加入WTO，正式参与国际经济大循环，珠三角和长三角相继成为外向型经济的集中地，资本、劳动力进一步向成熟的城市群区域集中。乡镇企业虽然凭借之前的积累仍在增长，但势头已大幅放缓。随后，"三农"问题全面凸显，成为中央不得不重视的问题，乡镇企

---

① 《中共中央、国务院关于促进小城镇健康发展的若干意见》，2000年6月13日。
② 李兵弟：《关于城乡统筹发展方面的认识与思考》，《城市规划》2004年第6期。
③ 2007年6月7日由国家发展和改革委员会下发通知，批准重庆市和成都市设立国家级综合配套改革试验区。要求重庆市和成都市要从实际出发，根据统筹城乡综合配套改革试验的要求，全面推进各个领域的体制改革，并在重点领域和关键环节率先突破，大胆创新，尽快形成统筹城乡发展的体制机制，促进城乡经济社会协调发展，也为推动全国深化改革，实现科学发展与和谐发展，发挥示范和带动作用。
④ "五朵金花"，指成都市锦江区三圣街道（原三圣乡）的一个区域，包括红砂村的"花乡农居"，幸福村的"幸福梅林"，驸马村的"东篱菊园"，万福村的"荷塘月色"，江家堰村的"江家菜地"五个区域。三圣乡自清代乾隆以来就是有名的花乡，而五个区域均以花为主题，形成了设施配套比较完善的乡村旅游区域。在统筹城乡发展、推进城乡一体化、建设社会主义新农村方面做出了极大的贡献，十多年来，"五朵金花"一直是各地研究新型城镇化建设、城乡统筹以及乡村旅游发展的一个重要示范项目。

业主要有"两个引导",即引导乡镇企业在建设新农村和现代农业中发挥作用,加快发展方式转变;引导农民能人、外出务工人员和外来投资者在农村创办乡镇企业。同时坚持发展农产品加工业,努力形成产业集群。

2002年,党的十六大首次提出中国特色的城镇化道路的概念,并提出走中国特色的城镇化道路。2005年,党的十六届五中全会通过了《中共中央关于制定国民经济和社会发展第十一个五年规划的建议》,继续强调坚持大中城市和小城镇协调发展,提高城镇综合承载能力。

此后中央开始新一轮城乡统筹发展的战略部署,全力推进新农村建设、城乡统筹发展、取消农业税、农村土地增加挂钩[①]等,开始逐步扭转20世纪90年代对"三农"和小城镇发展的欠账,小城镇的发展得到了一定程度的提高。

## 七 阶段Ⅶ:新型城镇化阶段(2012年至今)

2012年11月,党的十八大报告将中国特色新型城镇化作为"新四化"重要内容之一,并明确指出新型城镇化是大中小城市和小城镇协调发展、互促共进,以统筹城乡为主,推动城乡共同发展。2012年12月,李克强总理在中央经济工作会议上首次提出"新型城镇化"。2013年11月,党的十八届三中全会通过了《中共中央关于全面深化改革若干重大问题的决议》,决议提出推进"以人为核心"的城镇化,推动大中小城市和小城镇协调发展、产业和城镇融合发展,促进城镇化和新农村建设协调推进。

2013年12月,中央城镇化工作会议指出,要促进大中小城市和小城镇合理分工、功能互补、协同发展。要传承文化,发展有历史记忆、地域特色、民族特点的美丽城镇,并提出城镇化工作的六大任务[②]。2014年3月,国家印发《国家新型城镇化规划(2014~2020年)》,提出了推进新型城镇化的主要任务和路径。2016年2月6日,国务院印发《关于深入推进新型

---

① 国土部2008年6月颁布了《城乡建设用地增减挂钩管理办法》,依据土地利用总体规划,将若干拟整理复垦为耕地的农村建设用地地块(即拆旧地块)和拟用于城镇建设的地块(即建新地块)等面积共同组成建新拆旧项目区(简称"项目区"),通过建新拆旧和土地整理复垦等措施,在保证项目区内各类土地面积平衡的基础上,最终实现建设用地总量不增加,耕地面积不减少、质量不降低,城乡用地布局更合理的目标。也就是,将农村建设用地与城镇建设用地直接挂钩,若农村整理复垦建设用地增加了耕地,城镇可对应增加相应面积建设用地。

② 《中央城镇化工作会议在北京举行》,新华社,http://www.gov.cn/ldhd/2013-12/14/content_2547880.htm,2013年12月14日。

城镇化建设的若干意见》，全面部署深入推进新型城镇化建设。

党的十八届三中全会后，我国小城镇又迎来了新一轮的发展机遇。2015年底，习近平、李克强等党和国家领导人对特色小镇和特色小城镇建设做出批示，要求各地学习浙江经验，重视特色小镇和小城镇建设发展，着眼供给侧结构性改革培育小镇经济，以特色小镇带动小城镇全面发展，走出新型的小城镇之路。

总之，中国城镇化发展过程中，小城镇发挥着重要的城—乡矛盾的调节阀的作用，是城市化人口的蓄水池、城乡沟通的桥梁、新型城镇化建设的关键载体、"三农"政策落地的支点，同时也是缓解农村"三留"问题的突破口。以特色小镇政策出台为起点的新一轮小城镇建设为整个供给侧改革释放了庞大内需和势能，是继改革开放之后新一轮制度改革的起点。

## 第三节 特色小镇的政策脉络

特色小镇从浙江起步，成为从中央到地方都热衷填充概念并积极背书的热词，有其特定的历史背景。从中央的角度看，旨在通过特色小镇的建设，一方面促进供给侧结构性改革；另一方面通过示范，为更大范围的小城镇发展提供样板。从地方来看，在宏观经济进入新常态，GDP增速以及实体经济进入下行通道的背景下，寻求中心城市以外的新的增长极，大力推进体验经济，是推进地方供给侧结构性改革、发展地方经济的重要选择。

### 一 政策出台的历史背景

任何一项政策的出台，都有其特定的时代和历史背景。特色小镇建设是一种新的新型城镇化模式，对于出台培育特色小镇的政策，主要基于如下几个方面的背景。

1. 中国宏观经济进入新常态

我国经济之所以30年保持两位数的快速发展，是因为存在着快速发展的特定内外条件，如发展基础一穷二白，充分发挥后发优势，信息产业与网络经济的刺激，环境与人口的红利等[①]。目前，中国经济的规模位列世界第

---

① 齐建国、王红、彭绪庶等：《中国经济新常态的内涵和形成机制》，《经济纵横》2015年第3期。

二，面临着新的历史任务，既有的经济发展方式的历史使命已经完成。我国经济进入到一个新的历史时期，即人们所讲的"新常态"。新常态下的经济增长是由创新推动的，我国当前阶段的主要任务是通过创新调结构，追求经济增长的结构效应，即通过经济结构、产业结构、产品结构的提升带动经济发展。特色小镇在产业特色、文化特色以及体制机制创新等方面的目标，正是新常态下经济发展的重要路径。

2. 新型城镇化战略进入攻坚期

党的十九大报告指出，我国社会的主要矛盾已转化为"人民日益增长的美好生活需要和不平衡不充分的发展之间的矛盾"。中国城镇化格局区域差异显著，在"让一部分地区先富起来"战略的指导下，地区之间发展极不平衡，城镇化过程中的资本、人才等资源都向大城市、超大城市集中，如果放任这种趋势发展必将出现中小城市的弱化、小镇功能的退化以及乡村的凋敝。所以无论是从区域均衡产业布局，还是从振兴乡村角度，特色小镇都是一个承上启下的战略支点，是连接大中城市与农村的重要枢纽，能够承接中心城区人口和功能疏解，是有效分流农村富余人口的"蓄水池"；又能承担对农业农村的辐射带动功能，是促进农民就地就近城镇化和农业现代化的"发动机"。因此，特色小镇是城市和农村的双向渗透、双向发力且最具活力的"社会细胞"，也是新型城镇化战略进入攻坚期的"新样本"。

3. 央地财税改革进入深水区

新时代中国特色社会主义理论明确提出，要深入推进财税体制改革，加快建立现代财政制度。推动中央与地方财政事权和支出责任划分改革，加快制订中央与地方收入划分总体方案。例如作为税制改革中的一条主线索，"营改增"直接牵涉地方主体财源结构的重大变化。这种变化，当然要以央地财政关系的同步调整为前提。

针对当前中央与地方财政事权和支出责任划分不尽合理，通过减少并规范中央与地方共同的财政事权，保障和督促地方履行财政事权，并各自承担与事权相应的支出责任等举措，来合理划分中央与地方的财政事权和支出责任[①]。特色小镇的建设，一方面是中央财政转移支付的一种政策手段；另一方面也是央地财税改革在新的产业领域的试水，通过PPP等模式的试点支

---

① 楼继伟：《央地管理责任及支出责任划分与财税改革》，《中国发展观察》2014年第4期。

持特色小镇建设①，能发现并对未来央地财税改革的深层次问题进行有效的预警和制度完善。

4. 产业业态创新谋求新动能

著名美国未来学家阿尔文·托夫勒在《未来的冲击》一书中指出：未来经济将是一种体验经济，未来的生产者将是制造体验的人，体验制造商将成为经济的基本支柱之一。当前，随着智能技术的广泛应用，消费从传统的生存型、物质型开始走向发展型、服务型、体验型的消费阶段，娱乐、通信、教育、医疗、保健等领域的消费出现了裂变性增长，社会对物质文化生活提出了更高要求，"体验经济"已经成为重要的生产力，特色小镇已成为"体验经济"发展的重要平台之一。中国体验经济总量占GDP的比重超过5%，参照2016年中国GDP总量，体验经济总值估计近4万亿元人民币，这说明体验经济具备庞大的市场空间。特色小镇的发展自然成为消费升级的重要载体之一，这恰好顺应了中国经济发展的时代"脉搏"。

5. 乡村传统文化传承面临危机

多年快速城镇化以及市场经济的高速发展，城市文化、现代文化、西方文化对我国乡村地区传统文化的冲击历史罕见。由于农村劳动力均向大中城市集中，农村地区普遍留下留守老人和儿童，生产力严重下降，导致我国乡村地区的各种古村落、古建筑得不到有效的保护，民俗民风、非物质文化遗产等面临凋敝之危。通过特色小镇尤其是旅游特色小镇的建设，能够在一定程度上截流或者回流部分投资与劳动力，农村地区的民俗民风也有其发挥的空间，实现传统文化的被动保护为主动保护。

## 二 政策出台的发展脉络

特色小镇的政策体系，总体上可以划分为政策的酝酿与准备期、中央政策出台期和地方政府的响应期三个阶段（见图1-2）。

### （一）政策酝酿与准备期

2003年，习近平在浙江工作期间，便提出要抓好一批全面建设小康示范村镇。2005年，习近平在浙江乌镇调研期间，提出要着力发展浙江省的一些具有地方特色的村镇。这些工作为今后特色小镇的发展奠定了实践经验基础。

---

① 郝杰：《特色小镇：PPP的新战场》，《中国经济信息》2017年第7期。

第一章　特色小镇的概念与政策脉络 | 29

**政策酝酿和准备期**

- **2014年10月**：特色小镇概念提出
- **2015年4月**：浙江省政府出台《浙江省关于加快特色小镇规划建设的指导意见》
  - 习近平总书记在中央财办《浙江特色小镇调研报告》上作出重要批示
- **2015年12月**：党中央、国务院《关于深入推进新型城镇化建设的若干意见》中，提出要发展特色县域经济，加快培育中小城市和特色小城镇，发展具有特色优势的魅力小镇
- **2016年2月**：《中华人民共和国国民经济和社会发展第十三个五年规划纲要》明确提出要发展特色小城镇

**中央政策的出台期**

- **2015年3月**
- **2016年7月**：国家住建部、发改委、财政部联合发布《关于开展特色小镇培育工作的通知》，提出在全国范围内开展特色小城镇培育工作，到2020年要培育1000个左右各具特色、富有活力的特色小镇
  - 住建部公布了第一批127个中国特色小镇名单并与中国农业发展银行联合发布《关于推进政策性金融支持小城镇建设的通知》
- **2016年10月**：由国家发改委、国家开发银行、中国光大银行等6个单位联合下发《关于实施"千企千镇工程"，推进美丽特色小城镇建设的通知》
  - 住建部、国开行发布《关于推进开发性金融支持小城镇建设的通知》
- **2016年12月**
- **2017年2月**：住建部、中国建行共同发布《关于推进商业金融支持小城镇建设的通知》
- **2017年4月**

**地方政府的响应期**

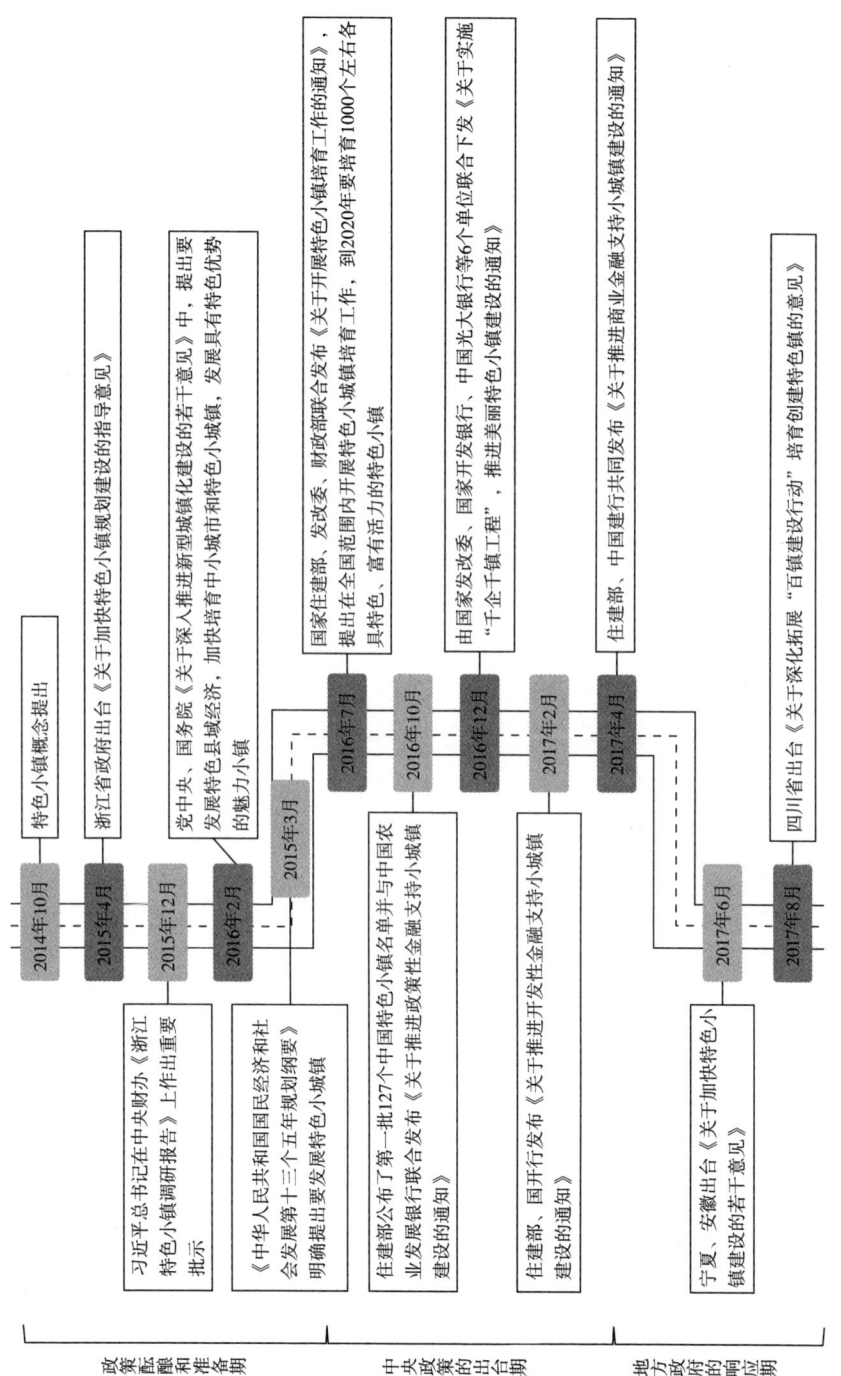

- **2017年6月**：宁夏、安徽出台《关于加快特色小镇建设的若干意见》
- **2017年8月**：四川省出台《关于深化拓展"百镇建设行动"培育创建特色小镇的意见》

图 1-2　特色小镇政策脉络

"特色小镇"的概念是在 2014 年 10 月由时任浙江省省长的李强在参观云栖小镇时首次提出。2015 年，浙江省在召开"两会"期间，正式提出了特色小镇的概念，并将打造一批特色小镇作为全省的重点工作①。同年 4 月，浙江省政府出台《关于加快特色小镇规划建设的指导意见》，明确了特色小镇规划建设的总体要求、创建程序、政策措施、组织领导等内容，并提出将在全省重点培育和规划建设 100 个左右的特色小镇。

2015 年 5 月，习近平总书记前往浙江进行调研，要求抓住"特色小镇"，总结一些可供全国推广的经验。2015 年 12 月，习近平总书记在中央财办《浙江特色小镇调研报告》上作出批示，强调抓特色小镇、小城镇建设大有可为，对经济转型升级、新型城镇化建设，都具有重要意义②。

2016 年 2 月，党中央、国务院在《关于深入推进新型城镇化建设的若干意见》中，提出要发展特色县域经济，加快培育中小城市和特色小城镇，发展具有特色优势的魅力小镇。为特色小镇培育的文件出台奠定了基调。

2016 年 3 月，《中华人民共和国国民经济和社会发展第十三个五年规划纲要》明确提出要发展特色小城镇，"发展具有特色资源、区位优势和文化底蕴的小城镇，通过扩权增能、加大投入和扶持力度，培育成为休闲旅游、商贸物流、信息产业、智能制造、科技教育、民俗文化传承等专业特色镇"③。

**（二）中央政策的出台期**

经过前期充分的酝酿与浙江多年的实践，国家正式出台关于培育特色小镇的相关政策，并迅速出台了第一批国家级特色小镇名单。此后，中国农业银行、国家开发银行、中国光大银行、中国建设银行等金融机构纷纷与住建部联合发声，积极提供特色小镇的金融支持。

2016 年 7 月，住建部、国家发改委、财政部联合发布《关于开展特色小镇培育工作的通知》，提出在全国范围内开展特色小城镇培育工作，到 2020 年要培育 1000 个左右各具特色、富有活力的特色小镇，并对特色小镇的产业、环境、文化、设施服务和体制机制提出了五大培育要求。

2016 年 10 月 14 日，住建部公布了第一批 127 个中国特色小镇名单。同

---

① 在 2015 年的浙江省"两会"上，浙江省政府工作报告提出，要以新理念、新机制、新载体推进产业集聚、产业创新和产业升级。
② 金娅倩：《特色小镇成新型城镇化浙江样本，国家发改委开发布会推经验》，《浙江在线》，2016 年 3 月 4 日。
③ 《中华人民共和国国民经济和社会发展第十三个五年规划纲要》，新华网，2016 年 3 月 15 日。

一天，住建部、中国农业发展银行联合发布《关于推进政策性金融支持小城镇建设的通知》。通知指出，中国农业发展银行各分行要积极运用政府购买服务和采购、政府和社会资本合作等融资模式，为小城镇建设提供综合性金融服务，并联合其他银行、保险公司等金融机构以银团贷款、委托贷款等方式，努力拓宽小城镇建设的融资渠道，进一步明确了农业发展银行对于特色小镇的融资支持办法。建立贷款项目库，申请政策性金融支持小城镇时，编制小城镇近期建设规划和建设项目实施方案且经政府批准后，可向银行提出建设项目和资金需求。

2016年12月12日，国家发改委、国家开发银行、中国光大银行等6个单位联合下发了《关于实施"千企千镇工程"，推进美丽特色小镇建设的通知》，要求各地发展改革部门强化对特色小（城）镇建设工作的指导和推进力度。要求国家发展银行、中国光大银行各地分行要以特色小（城）镇建设作为推进新型城镇化建设的突破口。号召企业事业单位与地方政府开展合作，积极进行特色小镇建设，强调要发挥市场的导向作用，鼓励社会组织和资本有效地参与到特色小镇建设上来。

2017年《政府工作报告》首次提出，要扎实推进新型城镇化，支持中小城市和特色小城镇发展。特色小镇建设由此上升为国家战略。

2017年2月，住建部、国家开发银行发布《关于推进开发性金融支持小城镇建设的通知》，重点支持以农村人口就地城镇化、提升小城镇公共服务水平和提高承载能力为目的的设施建设；支持促进小城镇产业发展的配套设施建设；支持促进小城镇宜居环境塑造和传统文化传承的工程建设。

2017年4月，住建部、中国建行共同发布《关于推进商业金融支持小城镇建设的通知》，表示中国建行将推出至少1000亿元意向融资额度，用来支持特色小镇、重点镇和一般镇建设。主要包括基础设施建设、工程建设和运营管理融资，以充分发挥中国建设银行的综合金融服务优势。

**（三）地方政府的响应期**

经过前期浙江的成功实践和国家的政策引导，特色小镇建设已成为现阶段新型城镇化建设中最为突出的载体和模式，是新一轮城镇化的"综合实验区"。随着国家对特色小镇的支持力度愈来愈大，地方政府纷纷响应，结合本地实际情况出台了一系列加快促进地方省市特色小镇建设的政策文件，大力推进特色小镇的建设，各地特色小镇建设进入高峰期。

河北省于2016年8月率先作为省级单位出台《关于建设特色小镇的指

导意见》，提出要培育建设 100 个产业特色鲜明、人文气息浓厚、生态环境优美、多功能叠加融合、体制机制灵活的特色小镇，并明确要坚持高强度投入和高效益产出，每个小镇要谋划一批建设项目，原则上 3 年内要完成固定资产投资 20 亿元以上；广东省出台《广东省示范性特色小镇认定办法》，提出到 2020 年广东将建成约 100 个省级特色小镇，特色小镇的产业发展水平、创新发展能力、吸纳就业能力和辐射带动能力显著提高，成为新的经济增长点；甘肃省政府办公厅印发《关于推进特色小镇建设的指导意见》，明确重点建设 18 个特色小镇；福建省政府印发《关于开展特色小镇规划建设的指导意见》，要求建成一批产业特色鲜明、体制机制灵活、人文气息浓厚、创业创新活力迸发、生态环境优美、多种功能融合的特色小镇；贵州省委省政府提出建设 100 个示范小城镇的战略，建设一批旅游小镇、白酒小镇、茶叶小镇等各具特色的小城镇；2017 年 12 月 29 日，浙江省质监局批准发布了全国首个"特色小镇"评定省级地方标准《特色小镇评定规范》，该标准提出了特色小镇的评定指标体系，由共性指标和特色指标组成，其中共性指标由功能"聚而合"、形态"小而美"、体制"新而活"3 个一级指标构成；特色指标由产业"特而强"和开放性创新特色工作两个一级指标构成；等等。在各省区市党委和省市政府的支持下，各地市政府也相应作出响应，制定了一系列的落实措施、办法和标准，从规划、评定到运营，从产业项目招商到建设资金落实，从财政转移支付到 PPP，确保特色小镇建设取得实效（见表 1-2）。

表 1-2　全国各省份特色小镇政策一览

| 编号 | 文件名称 | 发布部门 | 发布时间 |
| --- | --- | --- | --- |
| 1 | 《关于加快特色小镇规划建设的指导意见》 | 浙江省人民政府 | 2015.4.22 |
| 2 | 《西藏自治区特色小城镇示范点建设工作实施方案》 | 西藏自治区人民政府 | 2015.5.8 |
| 3 | 《关于推进电子商务特色小镇创建工作的通知》 | 浙江省电子商务工作领导小组办公室 | 2015.6.29 |
| 4 | 《关于加快推进特色小镇建设规划工作的指导意见》 | 浙江省住房和城乡建设厅 | 2015.9.2 |
| 5 | 《浙江省特色小镇创建导则》 | 浙江省特色小镇规划建设工作联席会议办公室 | 2015.10.9 |

续表

| 编号 | 文件名称 | 发布部门 | 发布时间 |
| --- | --- | --- | --- |
| 6 | 《关于金融支持浙江省特色小镇建设的指导意见》 | 中国人民银行杭州中心支行、浙江省特色小镇规划建设工作联席会议办公室 | 2015.10.15 |
| 7 | 《浙江省特色小镇建成旅游景区的指导意见》 | 浙江省发展和改革委员会、浙江省旅游局 | 2015.12.25 |
| 8 | 《关于高质量加快推进特色小镇建设的通知》 | 浙江省人民政府办公厅 | 2016.3.16 |
| 9 | 《福建省人民政府关于开展特色小镇规划建设的指导意见》 | 福建省人民政府 | 2016.6.3 |
| 10 | 《关于培育发展特色小镇的指导意见》 | 重庆市人民政府办公厅 | 2016.6.23 |
| 11 | 《关于推进特色小镇建设的指导意见》 | 甘肃省人民政府办公厅 | 2016.8.2 |
| 12 | 《关于推进特色小镇建设的指导意见》 | 辽宁省人民政府 | 2016.8.9 |
| 13 | 《中共河北省委河北省人民政府关于建设特色小镇的指导意见》 | 河北省人民政府 | 2016.8.12 |
| 14 | 《山东省创建特色小镇实施方案》 | 山东省人民政府办公厅 | 2016.9.6 |
| 15 | 《天津市加快特色小镇规划建设指导意见》 | 天津市发改委 | 2016.10.20 |
| 16 | 《江西省特色小镇建设工作方案》 | 江西省人民政府 | 2016.12.20 |
| 17 | 《江苏省人民政府关于培育创建江苏特色小镇的指导意见》 | 江苏省人民政府 | 2016.12.30 |
| 18 | 《关于加快特色小（城）镇规划建设的指导意见》 | 湖北省人民政府 | 2017.1.13 |
| 19 | 《云南省人民政府关于加快特色小镇发展的意见》 | 云南省人民政府 | 2017.4.1 |
| 20 | 《湖南省人民政府办公厅关于推进集镇建设的意见》 | 湖南省人民政府 | 2017.4.17 |
| 21 | 《西安市加快推进特色小镇建设指导意见》 | 西安市人民政府 | 2017.4.19 |
| 22 | 《关于加快特色小镇建设的若干意见》 | 宁夏回族自治区人民政府 | 2017.6.28 |
| 23 | 《安徽省人民政府关于加快推进特色小镇建设的意见》 | 安徽省人民政府 | 2017.6.30 |
| 24 | 《关于深化拓展"百镇建设行动"培育创建特色镇的意见》 | 四川省人民政府 | 2017.8.18 |
| 25 | 《特色小镇评定规范》 | 浙江省质监局 | 2017.12.29 |

资料来源：根据各省份地方政府官网及网络资料整理，截至2017年12月。

# 第二章

# 特色小镇规划基础理论

## 第一节 产业集群理论

### 一 理论简介

"产业集群"（Industrial Cluster）理论是 20 世纪 80 年代出现的一种西方经济理论，由美国哈佛商学院的竞争战略和国际竞争领域权威学者迈克尔·波特创立。其理论的核心是：在一个特定区域的特别领域，集聚着一组相互关联的公司、供应商、产业和专门化的制度和协会，这种区域集聚形成有效的市场竞争，构建专业化生产要素优化集聚洼地，从而使企业共享区域公共设施、市场环境和外部经济，降低信息交流和物流成本，形成区域集聚效应、规模效应、外部效应和区域竞争力[1]。

集群作为一种经济现象在西方出现得比较早，最早可以追溯到亚当·斯密和马克思的分工协作理论[2]，马歇尔（Alfred Marshall）的规模

---

[1] 安虎森、朱妍：《产业集群理论及其进展》，《南开经济研究》2003 年第 3 期。
[2] 亚当·斯密目睹了工业化初期生产分工和专业化生产所产生的效率。他认为，劳动分工是国民财富增进的源泉，是经济生活的核心现象。他在《国富论》中分析道：劳动生产率上最大的增进，以及运用劳动时所表现的更大的熟练、技巧和判断力，似乎都是分工的结果。斯密不仅一般论述了采取分工生产的方式可以提高劳动生产率，而且，深入分析了产生分工效率的原因。他将分工分为三种：一是企业内分工；二是企业间分工，即企业间劳动和生产的专业化；三是产业分工或社会分工。第二种分工形式实质上是企业集群形成的理论依据。正是因为这种分工，企业集群才会具有无论是单个企业还是整个市场都不具备的效率优势，过细分工和市场分工都有一系列弊端。而企业集群保证了分工与专业化的效率，与此同时，还能促进分工与专业化进一步深化，反过来又促进了企业集群的发展。

经济理论[1]，韦伯（Alfred Weber）的产业区位理论和新产业区位理论[2]，熊彼特（Schumpeter）的技术创新理论[3]等。用"产业集群"一词对集群现象进行分析，首先出现于波特的《国家竞争优势》一书中。波特把产业集群定义为在某一特定领域内互相联系的、在地理位置上集中的公司和机构的集合，它包括一批对竞争起着重要作用的、相互联系的产业和其他实体经常向下延伸至销售渠道和客户，并侧面扩展到辅助性产品的制造商，以及与技能技术或投入相关的产业公司，还包括进行专业化培训、教育、信息研究和技术支持的政府和其他机构[4]。产业集群是工业化过程中的普遍现象，所有发达经济体中都明显存在各种产业集群。国家竞争优势的获得关键在于产业的竞争，而产业发展往往体现为国内形成的有竞争力的产业集群。为此，波特从组织变革、价值链、经济效率和柔性方面所创造的竞争优势角度重新审视产业集群的形成机制和价值[5]。波特认为产业在地理上的集中主要是竞争的结果，并提出了钻石模型。钻石模型的构架主要由四个基本的因素（要素条件；需求条件；相关及支撑产业；企业的战略、结构与竞争）和两个附加要素（机遇和政府）组成（见图2-1）。

国内对产业集群的研究主要集中在对其机制、技术创新[6]、组织创新、社会资本以及经济增长与产业集群的关系、基于产业集群的产业政策和实证研究等方面。值得注意的是，产业集群的缘起可以回溯到该地在特定历史情

---

[1] 马歇尔在1890年出版的《经济学原理》中提出了"内部规模经济"和"外部规模经济"两个重要概念。外部规模经济概念是指在特定区域由某种产业的集聚发展所引起的该区域内生产企业的整体成本下降。外部规模经济与企业集群之间关系密切，企业集群是基于外部规模经济而形成的。外部规模经济与内部规模经济同样具有产业组织效率，这种经济往往能因许多性质相似的小型企业集中在特定的地方——即通常所说的工业地区分布——而获得。

[2] 德国经济学家阿尔弗雷德·韦伯在其1909年的著作《工业区位论》中从产业集聚带来的成本节约的角度讨论了产业集群形成的动因。他认为费用最小的区位是最好的区位，而集聚能使企业获得成本节约。一个企业规模的增大能给工厂带来利益或节约成本，而若干个企业集群在一个地点同样也能给各个企业带来更多的收益或节省更多的成本，技术设备发展的专业化、搜寻劳动力的相关成本的降低，也都促进了企业集聚。他把集聚带来的好处视为成本的节省和收益的增加，正是成本的节约促使企业产生了集聚的动因。

[3] 熊彼特认为，技术创新及其扩散促使具有产业关联性的各部门的众多企业形成集群。因为创新不是孤立事件，并且不在时间上均匀分布，而是相反，它们趋于群集，或者说簇地发生。这仅仅是因为，在成功的创新之后，首先是一些，接着是大多数企业会步其后尘；其次，创新甚至不是随机地均匀分布于整个经济系统，而倾向于、集中于某些部门及其邻近部门。

[4] 王坤：《基于"钻石体系"的资源型产业集群成长的分析》，《北方经济》2006年第13期。

[5] 刘欢：《日本、意大利产业集群竞争优势分析》，吉林大学硕士学位论文，2004。

[6] 王缉慈：《创新的空间：企业集群与区域发展》，北京大学出版社，2001。

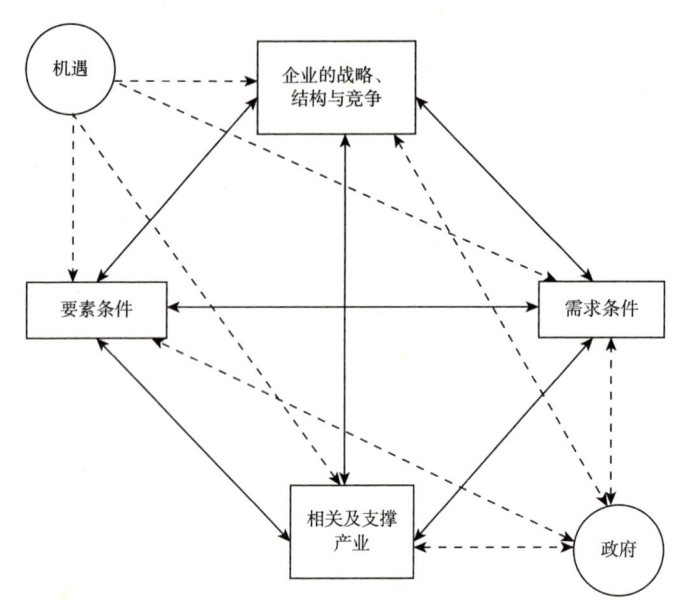

图 2-1 波特"钻石模型"

景下,产业集群一旦形成,就会出现连锁反应,因果关系也很快变得模糊①。整个流程大量仰赖钻石体系中各个箭头的效能,或回馈功能的表现。在一个健全的产业集群中,企业数目达到最初的关键多数时,就会触发自我强化的过程②。这种自我强化的效应出现是在产业集群的发展具备一定的深度和广度后,通常需要 10 年甚至更长的时间。因此,政府不能试图创造全新的产业集群,新的产业集群最好是从既有的集群中萌芽③,这也为特色小镇的产业发展提供了一个理论思维,即特色小镇不是凭空造出来的,一定是基于一定的资源禀赋或者市场偏向,在市场的不断发育过程中孕育出来的,过分强调政府的培育,可能并不能达到政策的预期。

## 二 对特色小镇的意义

产业集群作为一种组织形式,其发展与产业结构调整、技术创新以及国家和地方经济发展关系十分密切。我国已经进入产业集群与产业竞争力密切

---

① 岳鹏:《江西产业集群研究》,江西财经大学硕士学位论文,2004。
② 陈剑锋、唐振鹏:《国外产业集群研究综述》,《外国经济与管理》2002 年第 8 期。
③ 姜凌:《产业集群演进中的竞争优势探析》,《集团经济研究》2007 年第 1 期。

关联的阶段，这种关联将随着时间的推移而逐步加强①。随着我国产业结构的调整和升级、较高技术含量和附加价值高的制造业的发展，装备产业将迎来重要的发展机遇，特色小镇能否抓住这个历史机遇取决于地方政府能否通过改革、市场发育、技术创新，形成新的专业化分工体系，实现由传统工业区向市场经济意义上的产业集群的转变②，因此在对特色小镇进行产业规划时，一定要考虑产业集群效果，在区域经济发展上要从产业集群创新方面探寻新思路。

从特色小镇的特点来看，正是基于某一特色产业的优势才得以推进实施，它的理论基石是产业集群理论。从本质上说，产业集聚理论为特色小镇对区域经济的推动作用提供了规范的理论基础和科学的解释。特色小镇与传统的行政区块划分或者单独设立产业园区不同，它强调的是以产业集聚区或者产业集群作为空间边界。产业集群是特色小镇建设的核心概念之一，产业集群理论是特色小镇建设的核心理论之一。特色小镇的特色是产业特色。特色小镇的建设，应该依托当地的产业资源以及当地的特色产业，升级传统的产业集群。特色小镇的核心仍是企业竞争，根据波特提出的钻石模型，政府应扮演好优化企业环境的角色，可以通过招商引资，合理引导具有一定规模的企业、组织等加入特色小镇建设，也需要做好特色小镇宜居环境的建设，引入大学等研究机构，吸引创新人才的进入，为产业营造更好的创新环境，从而促进产业创新，突破发展的瓶颈。此外，政府要赋予企业、组织足够的自由度，破除企业在发展过程中的各种制度性障碍，保障组织发展的科学性。

## 第二节 增长极理论

### 一 理论简介

"增长极"（Growth Pole）理论也与产业集群的形成紧密相关。增长极概念及其理论是由法国经济学家朗索瓦·佩鲁（F. Perroux）在20世纪50年代提出来的③。佩鲁在其1950年的《经济空间：理论的应用》和1955年的《略论发展极的概念》等著述中，提出以"增长极"为标志的不平衡

---

① 魏守华、王缉慈、赵雅沁：《产业集群：新型区域经济发展理论》，《经济经纬》2002年第2期。
② 徐康宁：《开放经济中的产业集群与竞争力》，《中国工业经济》2001年第11期。
③ 安虎森：《增长极理论评述》，《南开经济研究》1997年第1期。

增长理论①。他指出"增长并非同时出现在所有地方，它以不同的强度首先出现在一些增长点或增长极上，然后通过不同的渠道进行扩散，并对整个经济产生不同的最终影响"。②

在这一理论里，佩鲁引入了"推动性单位"和"增长极"的概念。所谓"推动性单位"就是一种起支配作用的经济单位，当它发展或创新时，能诱导其他经济单位增长。推动性单位可能是一个工厂或者是同部门内的一组工厂，或者是有共同合同关系的某些工厂的集合③。佩鲁认为推动性单位具有三个特点：（1）新兴的、技术水平较高的、有发展前景的产业；（2）具有广泛市场需求直至国际市场需求的产业；（3）对其他产业有较强的带动作用的产业④。而所谓"增长极"是集中了推动性单位的特定区域。增长极本身具有较强的创新能力和增长能力，并通过外部经济和产业关联的乘数扩张效应，推动其他产业的增长，从而形成经济区域和经济网络。增长极的形成至少应该具备三方面的条件：一是在一个地区内存在具有创新能力的企业群体和企业家群体。因为经济发展的重要动力是少数有冒险精神、勇于革新的企业家的创新活动。二是必须具有规模经济效益。增长极地区除了有创新能力及其主体外，还需要有相当规模的资本、技术和人才存量，通过不断投资扩大经济规模，提高技术水平和经济效益，形成规模经济效益。三是要有适宜经济发展的外部环境。外部环境主要包括完善的基础设施条件、良好的市场环境和适当的政策引导。只有良好的投资和生产环境，才能集聚资本、人才和技术。在此基础上形成生产要素的合理配置，使经济得到快速增长进而成为起带动作用的增长极。⑤

佩鲁的增长极理论将增长极构筑在抽象的经济空间基础上，忽视了增长的地理空间；同时只强调增长极的正面效应，而忽视了它的负面效应。在佩鲁之后，布代维尔、赫希曼、缪尔达尔以及弗里德曼等人对增长极理论做了修正与完善。1972年，布代维尔把佩鲁增长极概念的内涵从经济

---

① 王缉慈：《增长极概念、理论及战略探究》，《经济科学》1989年第3期。
② 姜鑫、罗佳：《从增长理论到产业集群理论的发展述评》，《山东工商学院学报》2008年第6期。
③ 施宝宏：《上海市信息服务企业集群初步研究》，华东师范大学硕士学位论文，2011。
④ 刘楠：《产业集群理论视角下的盘锦市绿色蔬菜产业发展研究》，延边大学硕士学位论文，2015。
⑤ 褚淑贞、孙春梅：《增长极理论及其应用研究综述》，《现代经济：现代物业中旬刊》2011年第1期。

空间拓展到地理空间,并从经济理论延伸到经济政策。布代维尔认为,经济空间既包括经济变量之间的结构关系,也涵盖经济现象的地域结构或区位关系;增长极可以是部门的,也可以是区域的,并正式提出"区域增长极"概念[1]。

1958 年,赫希曼提出了区域非均衡增长的"核心区—边缘区"理论。赫希曼指出,经济进步并不同时在每一处出现,而一旦出现,巨大的动力将会使得经济增长围绕最初出发点集中,使该地区的经济增长加速,最终形成具有较高收入水平的核心区,与核心区相对应的周边的欠发达地区称为边缘区[2]。赫希曼认为核心区对边缘区同时具有正面和负面的影响,即增长极对周围欠发达地区发展具有推动和促进作用,称为"涓流效应",而增长极对周围欠发达地区发展的阻碍作用或不利影响,称为"极化效应"[3]。1944年,缪尔达尔指出,经济发展在地域上并非同时产生和均匀扩散,而是通过回波效应和扩散效应以平衡的形式实现[4]。回波效应指劳动力、资本、技术等要素因报酬差异由欠发达地区向发达地区流动[5];扩散效应体现在前向、后向、旁侧经济关联效应以及产业外迁、资金、科技、文化、信息等"外溢"对周围地区的带动和示范效应上[6]。

## 二 对特色小镇的意义

特色小镇建设是经济新常态下加快区域创新发展的战略抉择,也是推进新型城镇化和供给侧结构性改革的创新载体,特色小镇应被打造成区域的增长极。特色小镇的打造应尊重其经济基础,利用好资源优势,政府应高起点规划,要努力将特色小镇打造成区域的增长极,避免被其他增长极边缘化。为此,政府要提供全方位的保障,充分发挥政策的集成效应和激励导向,加大土地、资金、人才等方面的政策扶持力度,在资源有限的情况下,将人才、资金等资源要素吸引到特色小镇里。同时,特色小镇应发挥其扩散效应和涓流效应,促进周边地区的发展。

---

[1] Boudevil le J. R.. *Problems of Regional Development*, Edinburgh University Press, 1996.
[2] 颜鹏飞:《经济增长极理论述评》,载《西方经济学与世界经济的发展》,中国经济出版社,2003。
[3] 薛艳杰:《增长极理论及其应用》,《地理教学》2004 年第 10 期。
[4] 韩纪江、郭熙保:《扩散—回波效应的研究脉络及其新进展》,《经济学动态》2014 年第 2 期。
[5] 向敏:《建造回波效应阻抗 缩小东西部地区差异》,《探索》1994 年第 6 期。
[6] 李冬冬:《增长极模式选择的比较研究》,首都经济贸易大学硕士学位论文,2012。

## 第三节 中心地理论

### 一 理论简介

中心地理论产生于20世纪30年代初西欧工业化和城市化迅速发展时期，是1933年由德国地理学家克里斯泰勒在《德国南部的中心地》一书中提出的[1]，是通过对南部德国的城市区域空间分布的实际状况进行概括和提炼而提出的。该理论的核心思想是：中心地的等级层级结构，即城市是其腹地的服务中心，根据所提供服务的不同档次，各城市之间形成有规则的等级均匀分布关系[2]。

克里斯泰勒创建中心地理论是建立在"理想地表"之上，这一地表为均质区域，一点与其他任一点的相对通达性只与距离成正比，而不管方向如何，均有一个统一的交通面；同时生产者和消费者都属于经济行为合理的人，即生产者为谋取最大利润，寻求掌握尽可能大的市场区，致使生产者之间的间隔距离尽可能大；消费者为尽可能减少旅行费用，都自觉地到最近的中心地购买货物或取得服务[3]。基于这一假设，克里斯泰勒认为城市体系在空间上构成一个正六边形的关系，上一等级的中心地处于下一等级的中心地的中心，与下一等级的中心地构成一个蜂窝状的空间关系，而各级中心地的数目亦有所不同，高等级的中心地数量多于次级中心地[4]。

中心地可以表述为向居住在它周围地域（尤指农村地域）的居民提供各种货物和服务的地方。中心地提供的商品和服务的种类有高低等级之分。根据中心商品服务范围的大小可分为高档消费品、名牌服装、宝石等高级中心商品和小百货、副食品、蔬菜等低级中心商品。提供高级中心商品的中心地为高级中心地，反之为低级中心地。克里斯泰勒提出：（1）中心地的等级由中心地所提供的商品和服务的级别所决定。（2）中心地的等级决定了中心地的数量、分布和服务范围。（3）中心地的数量和分布与中心地的等

---

[1] Christatller, W., *Die Zentralen Orte in Suddeutschland*, Jena: Gustav Fischer, 1933.
[2] 罗柏宇：《基于自主体（Agent）的中心地空间结构演化模拟研究》，北京大学硕士学位论文，2009。
[3] T. R. 威利姆斯：《中心地理论》，张文合译，《地理科学进展》1988年第3期。
[4] 陆玉麒、袁林旺、钟业喜：《中心地等级体系的演化模型》，《中国科学：地球科学》2011年第8期。

级高低成反比，中心地的服务范围与等级高低成正比。(4) 一定等级的中心地不仅提供相应级别的商品和服务，还提供所有低于这一级别的商品和服务。(5) 中心地的等级性表现在每个高级中心地都附属几个中级中心地和更多的低级中心地，形成中心地体系[1]。

克里斯泰勒还提出了支配中心地体系形成的三个原则，分别是市场原则、交通原则和行政原则（见图2-2)[2]。在不同的原则支配下，中心地网络呈现不同的结构，而且中心地和市场服务区大小的等级顺序有着严格的规定，即按照所谓K值排列成有规则的、严密的系列。按照市场原则，高一级的中心地应位于低一级的三个中心地所形成的等边三角形的中央，从而最有利于低一级的中心地与高一级的中心地展开竞争，由此形成K=3的系统[3]。按照交通原则，次一级中心地会位于联结两个高一级中心地的道路干线上的中点位置[4]。行政原则这种布局方式与上述两种布局方式相比最大的不同点在于：各中心地的服务地范围具有明确界线，互不补充，经济区和行政区保持一致。各级行政区都由断六边形中心点的行政中心管理，基层行政中心位于六边形的各角[5]。在三原则中市场原则是基础，而交通原则和行政原则可看作是在市场原则基础上形成的修改。

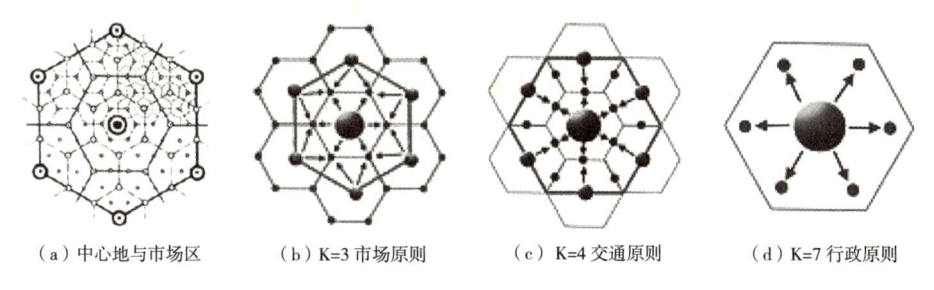

(a) 中心地与市场区　　(b) K=3 市场原则　　(c) K=4 交通原则　　(d) K=7 行政原则

图2-2　克里斯泰勒的中心地体系

---

[1] 赵建军：《中心地理论在实践中的应用》，《山东高等教育》2001年第2期。
[2] 张贞冰、陈银蓉、赵亮等：《基于中心地理论的中国城市群空间自组织演化解析》，《经济地理》2014年第7期。
[3] 周艺、戚智勇：《基于中心地理论的乡村聚落发展模式及规划探析》，《华中建筑》2016年第5期。
[4] 郑佳丽：《浅析中心地理论在中国都市圈布局中的实现》，《经济研究导刊》2010年第10期。
[5] 马志和、马志强、戴健等：《"中心地理论"与城市体育设施的空间布局研究》，《北京体育大学学报》2004年第4期。

中心地理论的另一个开创者是廖什。1940年，德国经济学家廖什发表了《经济空间秩序》一书①，提出了与克里斯泰勒中心地理论极其相似的中心地模型。两个理论虽然有许多相同之处，但也存在差别②。假设方面，克里斯泰勒只强调人口有规律地分布，但廖什的模型中市场区六边形结构具有经济理论基础，同时考虑了人口和需求因素，通过商品的显性成本和需求曲线来界定市场区，从而获得每个部门的空间均衡③。廖什的模型属于非等级系统，并且高级中心地不一定具有低级中心地所有的职能，即使是同一等级的中心地供给的商品也可能不同④。故商品的流向并不一定全是从高级中心地流向低级中心地，也有可能从低级中心地向高级中心地供给商品，并且同一等级的中心地由于中心职能的专业化，可以互相供给商品。

### 二　对特色小镇的意义

我国在城市化发展的过程中也出现城市人口密集、空气污染、交通不便、物价高等现象。同时还存在乡村发展停滞、农村人口大量流入城市、土地闲置、村庄荒芜、城乡差距增大等问题，这些问题也亟待解决。我国城镇体系是在传统城市基础上发展起来的，而传统城镇兴起是符合中心地体系的，为此特色小镇的发展将是连接城乡均衡发展的重要节点。特色小镇可以结合城乡的优点，发挥城市、乡村各自的吸引力，以较小的规模，集中所有的土地，以特色的产业、优美的环境，为各阶层人民打造健康舒适的生活。特色小镇要建设完成配套的饮食、住宿、娱乐、交通等基础设施满足小镇居民食、住、行、乐的生活要求，同时应提供高效、快速的互联网等配套公共服务设施，便于特色小镇与周边区域的联系。

## 第四节　复杂适应系统理论

### 一　理论简介

复杂适应系统（Complex Adaptive Systems，CAS）理论，也被称为复杂

---

① Lsch, (A)., *The Economies of Location*, New Haven, Cornn: Yale University Press, 1954.
② 赵建军：《克里斯泰勒理论和廖什理论的对比研究》，《山东高等教育》1997年第2期。
③ 薛领：《商业中心地的微观机理与动态模拟：基于agent的探索》，《中国地理学会2011年学术年会》，2011。
④ 王耀中、贺辉：《基于中心地理论的服务业空间布局研究新进展》，《湖南财政经济学院学报》2014年第4期。

性科学（Complexity Science），是 20 世纪末兴起的前沿科学之一。它由比利时科学家普利戈津首先把"复杂性科学"作为经典科学的对立物和超越者提出来的，"在经典物理学中，基本的过程被认为是决定论的和可逆的"①。"复杂性科学"的概念对复杂适应系统的定义也是"复杂"的，至今尚无统一的公认定义。对复杂适应系统的研究将实现人类在了解自然和自身的过程中认知上的飞跃。其基本思想是：CAS 的复杂性起源于其中的个体的适应性，正是这些个体与环境以及与其他个体间的相互作用，不断改变着它们的自身，同时也改变着环境。CAS 最重要的特征是适应性，即系统中的个体能够与环境以及其他个体进行交流，在这种交流的过程中"学习"或"积累经验"，不断进行着演化学习，并且根据学到的经验改变自身的结构和行为方式。各底层个体通过相互间的交互、交流，可以在上一层次，在整体层次上凸显新的结构、现象和更复杂的行为，如新层次的产生、分化和多样性的出现，新聚合的形成，更大的个体的出现等②。

复杂适应系统是由适应性主体相互作用、共同演化并层层涌现出来的系统。霍兰围绕适应性主体这个最核心的概念提出了复杂适应系统模型应具备的七个基本特性，分别是聚集、非线性、流、多样性、标志、内部模型以及积木。其中前四个是复杂适应系统的通用特性，它们将在适应和进化中发挥作用；后三个则是个体与环境进行交流时的机制和有关概念。

复杂适应系统理论是现代复杂系统科学的一个新的研究方向，为第三代系统观，突破了把系统元素看成"死"的、被动的对象的观念，引进具有适应能力的主体概念，从主体和环境的互动作用去认识和描述复杂系统行为，开辟了复杂系统研究的新视野③。20 世纪 70 年代，第一代系统观被提出，这一时期所说的"系统"，是以机器为背景的，部分是完全被动的、"死"的个体，其作用仅限于接受中央控制指令，完成指定的工作。任何其他动作或行为都被看作只起破坏作用的消极因素（噪声），在应当尽量排除之列。这保证了它在工程领域的成功应用，但也使得它在生物、生态、经济、社会这类以"活的"个

---

① 普里戈金：《从混沌到有序》，斯唐热译，上海译文出版社，1987年。
② 谭跃进、邓宏钟：《复杂适应系统理论及其应用研究》，《系统工程》2001年第5期。
③ 陈禹：《复杂适应系统（CAS）理论及其应用——由来、内容与启示》，《系统科学学报》2001年第4期。

体为部分的系统中的应用遭遇瓶颈①。20 世纪 90 年代以来，人们认为个体的运动不是随机的布朗运动，而个体是有自己的目的、取向，会学习和积累经验，会改进自己的行为模式的"活的"主体，由此形成第三代系统思想。1984 年在美国新墨西哥州成立了以研究复杂性为宗旨的圣塔菲研究所，研究人员把社会经济、生态、神经及计算机网络等的系统称为"复杂适应系统"，认为在这些进化系统中存在一般性的规律控制系统的行为和演化②。

1994 年在圣塔菲研究所成立十周年之时，霍兰在多年复杂系统研究的基础上，提出了以进化的观点认识复杂系统，形成了复杂适应系统比较完整的理论③。其基本思想可以这样来概括：把系统中的成员称为具有适应能力的主体，简称为主体；所谓具有适应性，就是指它能够与环境以及其他主体进行交互，在这种持续不断的交互过程中，不断地"学习"或"积累经验"，并根据学到的经验改变自身的结构和行为方式，整个宏观系统的演化，包括新层次的产生、分化和多样性的出现等，都是在这个基础上逐步产生出来的④。他认为复杂适应系统都有通用的 4 个特性和 3 个机制。4 个特性是聚集、非线性、流、多样性；3 个机制是标识机制、内部模型机制、积木机制。通过这 7 个基本点的适当组合可以派生出复杂系统的其他性质和特征⑤。聚集指个体可以相互粘住，形成更大的多个体的聚集体，新聚集体如同个体般运动，如在市场经济条件下消费习惯与消费群体的形成。非线性指个体以及它们的特性在变化时，不完全遵循线性关系，涉及非线性因素。流指个体之间在信息、能量和物质交换过程中以及市场主体的经济交换过程中出现的信息流、能量流、物流、货币流等。多样性指个体之间存在差异性，而且有不断分化和扩大的趋势。标识指帮助进行信息识别和选择的指示。内部模型指复杂系统内部可分为多个层次，由低级层次组合产生高级层次，每个层次都可视为一个内部模型。积木指形成复杂系统的基本构件和简单

---

① 陈禹：《复杂适应系统（CAS）理论及其应用——由来、内容与启示》，《系统科学学报》2001 年第 4 期。
② 徐玉华、谢承蓉：《基于复杂系统的企业家激励分析》，《集团经济研究》2006 年第 8 期。
③ 伍喜良、陆小左：《对中医舌色之复杂适应系统的探讨》，《中华现代中西医杂志》2005 年第 1 期。
④ 林德明：《适应性 Agent 图及其在复杂系统脆性分析中的应用》，哈尔滨工程大学博士学位论文，2007。
⑤ 石云龙：《基于 CAS 理论的地震紧急救援系统模型构建与模拟仿真》，中国地质大学（北京）博士学位论文，2010。

个体①。

复杂适应系统理论认为系统演化的动力本质上来源于系统内部，微观主体的相互作用生成宏观的复杂性现象，其研究思路着眼于系统内在要素的相互作用，所以它采取"自下而上"的研究路线；其研究深度不限于对客观事物的描述，而是更着重于揭示客观事物构成的原因及其演化的历程②。复杂适应系统建模方法的核心是通过局部细节模型与全局模型的循环反馈和校正，来研究局部细节变化如何凸显整体的全局行为，其模型组成一般是基于大量参数的适应性主体，其主要手段和思路是正反馈和适应，其认为环境是演化的，主体应主动从环境中学习③。正是由于以上这些特征，CAS 理论具有了其他理论所没有的、更具特色的新功能，提供了模拟生态、社会、经济、管理、军事等复杂系统的巨大潜力。

## 二 对特色小镇的意义

复杂适应系统理论的核心是主体。在特色小镇这个系统中，主体就是人。特色小镇能够脱颖而出，优于其他城市模式，是小镇的人和外部环境共同作用的结果。在特色小镇中，各种各样的异质主体之间存在非线性作用，甚至是无序的互动，因而会产生各种"隐秩序"，从而形成"特色"，这一过程充满"不确定性"。浙江省所有的特色小镇都不是政府规划出来的，而是涌现出来的，它也有一些能够"确定"的东西，即它们必定存在"差异"，必定有"创新"，必定是"绿色"的，必定是能够"协同互补"，必定是"能体验"的。

根据复杂适应理论，经济组织的各种复杂性是因为它们是由不同的异质主体的变异性、主动的适应性和相互作用共同产生涌现形成的。在特色小镇里，产业和空间的活力源于其个体的自适应性所形成的自组织性，因此政府管理小镇，是要激励企业去创立小镇，而不是取代，更不能取代企业家的功能。仇保兴根据复杂适应理论，提出了评价特色小镇的自组织、共生性、多样化、强连接、产业集群、开放性、超规模效应、微循环、自适应、协同十大标准④，这十大标准的提出，对各地特色小镇的创建具有重要的指导意义。

---

① 约翰·霍兰：《隐秩序——适应性造就复杂性》，周晓牧、韩晖译，上海科技教育出版社，2000。
② 成思危等：《复杂性科学探索》，民主与建设出版社，1999。
③ 陈理飞、史安娜、夏建伟：《复杂适应系统理论在管理领域的应用》，《科技管理研究》2007 年第 8 期。
④ 仇保兴：《特色小镇的"特色"要有广度与深度》，《现代城市》2017 年第 1 期。

# 第三章

# 中国特色小镇发展历程与特征

"特色小镇"虽然 2016 年才开始成为一个热词,但我国小城镇的大规模建设早在 20 世纪 80 年代就开始了。到目前为止,我国的小(城)镇的发展已经经历了四个阶段:小镇+"一村一品"、小镇+企业集群、小镇+服务业以及当下的小镇+新经济体[①]。在前三个阶段中,乡镇企业逐渐崛起,许多乡镇成为"全国第一镇",是特色小镇培育的基础。进入第四阶段的特色小镇是前三个阶段的深化和扩充,不是只停留在产业层面,而是加强了对产业内容的选择,主张保留传统文化、营造良好环境等。

2014 年底浙江省首次在全国提出打造特色小镇的发展战略,并先后于 2015 年 6 月和 2016 年 1 月公布了两批特色小镇,共 79 个。浙江省采取了创建制培育特色小镇的方式,通过"自愿申报、分批、年度考核、验收命名"四个程序完成特色小镇的创建。浙江省独特的块状经济为特色小镇的发展提供了良好的环境,在经济新常态下,特色小镇发展的成功经验引起了全国的关注,无论是政府人员还是专家学者,谈特色小镇必提浙江,各地也纷纷出台了支持特色小镇发展的指导意见。

2016 年 7 月,住建部连同国家发改委和财政部发布了《关于开展特色小镇培育工作的通知》,确定各省份推荐数量,由住建部村镇建设司连同国家发改委规划司和财政部农业司对各省份推荐的特色小镇进行复核,于同年 10 月公布了第一批 127 个特色小镇名单。评选标准为是否具备鲜明的产业形态、和谐宜居的美丽环境、彰显特色的传统文化、便捷完善的设施服务和充满活力的体制机制。此次审核公布的特色小镇实为特色小城镇,属于我国传统行政单元中的建制镇。

---

① 仇保兴:《特色小镇的"特色"要有广度与深度》,《现代城市》2017 年第 1 期。

本章的主要目的在于揭开这 127 个小镇的"面纱",探讨这些特色小镇"特"在哪里,小镇自身的发展特征和小镇之间的差异性以及这些差异性背后的经济社会发展环境。全国第一批特色小镇既有闪光点,其培育建设中也存在一定的不足,本章将在最后分析首批特色小镇培育建设中的问题。

## 第一节 特色小镇发展历程

改革开放近 40 年来,我国特色小镇经历了小镇+"一村一品"的 1.0 版、小镇+企业集群的 2.0 版、小镇+服务业的 3.0 版以及小镇+新经济体的 4.0 版四个版本,本节结合上述分类,将特色小镇的发展分为如下四个阶段。

### 一 工业化初期:农业特色镇阶段

#### (一) 时代背景

"一村一品"运动起源于日本大分县,由大分县前知事平松守彦先生于 1979 年倡导发起,后来逐渐成为许多发展中国家振兴农村经济的重要途径[1]。"一村一品"是指在一定区域范围内,以村为基本单位,按照国内外市场需求,充分发挥本地资源优势,通过大力推进规模化、标准化、品牌化和市场化建设,使一个村(或几个村)拥有一个(或几个)市场潜力大、区域特色明显、附加值高的主导产品和产业。1983 年 8 月,平松守彦先生在上海进行关于"一村一品"的演讲,后来,"一村一品"概念逐渐渗透到我国的经济发展过程[2]。

20 世纪 80 年代中期,在家庭联产承包责任制全面实施背景下,各地出现大量种养业、农产品加工专业户,进而出现了许多农业专业村和农业专业乡镇。80 年代后期,一些省份通过借鉴日本的"一村一品"经验,结合当地资源优势、农业优势和生产优势大力发展生产、庭院经济,此时,一大批农业特色镇逐渐成长起来。

---

[1] 秦富、钟钰、张敏、王茜:《我国"一村一品"发展的若干思考》,《农业经济问题》2009 年第 8 期。

[2] 秦富、钟钰、张敏、王茜:《我国"一村一品"发展的若干思考》,《农业经济问题》2009 年第 8 期。

20世纪90年代，随着农村经济结构调整和农产品流通机制改革的深化，农业开始由单纯的生产向加工、营销等领域延伸，东部地区出现了大量的第二、第三产业外向型农业以及多种经营的专业村镇，中西部地区紧随而行，专业化和规模化程度逐渐达到较高的水平。一些合作社、龙头企业逐渐将其生产基地设立于专业村、专业镇中。

21世纪初，各级政府和农业部门紧紧围绕农业增效、农民增收目标，积极推进优势农产品区域布局，加快优势农产品产业带建设，提高农产品竞争力，为"一村一品"的发展带来了重大机遇。2007年开始，各地按照中共中央、国务院《关于积极发展现代农业扎实推进社会主义新农村建设的若干意见》中关于支持"一村一品"发展的要求，积极实施发展现代农业"十大行动"。各省份把"一村一品"纳入当地农村经济发展规划，将粮食直补、良种补贴、农资综合补贴、农机具购置补贴、生猪补贴等资金向"一村一品"专业村倾斜；各省份出台指导性文件，陕西、江西、广东、安徽等省还安排了"一村一品"专项资金，绝大多数省份开展了产品展示、品牌推介、典型宣传等活动，营造"一村一品"发展的良好氛围。陕西省制定了《实施"一村一品"千村示范万村推进工程规划》，明确了总体目标，成立了领导机构，出台了扶持措施。江西省设立农业产业化"一村一品"担保资金，出台了《江西省"一村一品"示范点融资担保试点方案》等。

在中央和各地政府的积极推动下，我国"一村一品"农业特色专业镇进入快速发展阶段。专业镇数量以较高的增长率快速增长，农村的整体经济实力逐步增强，各地主导产业基地规模随之扩大，为当地提供了大量的就业机会，参与专业镇建设农民的收入明显增长。

"一村一品"的快速发展培育了一大批各具特色的专业村镇，许多村镇主导产业逐渐壮大，有效带动了自身及周边农产品加工、储藏、包装、运输等相关产业发展。一些专业村镇抢抓市场机遇，充分发掘农业的休闲观光、文化传承、生态保护等功能，积极发展乡村旅游、民俗文化产业、生态特色农业；还有一些村镇敏锐察觉到市场新变化，顺应市场销售模式的改变，将先进要素及时引入，积极发展电子商务、网络营销等新兴业态，促进了农村一、二、三产融合发展。实践证明，"一村一品"作为一种有效的农业农村经济发展模式，在推动特色现代农业建设、加快农村经济繁荣、推进脱贫致富、发展县域经济、促进农民就业增收等方面发挥了独特而重要的作用。

### (二) 阶段特征

**1. 产业领域不断拓宽，总体规模稳中有增**

以种植业为主的"一村一品"正逐步向种植业、养殖业、休闲观光农业、农产品加工等农业服务业及非农产业转变，产业领域覆盖面逐渐拓展。2008年统计数据显示，全国近5万个专业村中的主导产业除了种植业，还包括农产品加工运销、休闲农业等涉农服务专业村，以及各类非农产业专业村。各地各级部门通过引入多方资金，有效壮大主导产业生产基地，实现了规模化生产。从全国2006~2008年数据可知，种植业生产基地从6764.44万亩增加至8020.64万亩，实现了平稳增长。

**2. 地域特色日益明显，产业优势突出**

农业特色镇依托各地资源禀赋，开发出极具地方特色的产品并不断发展壮大。如陕西省已基本形成了以奶畜、秦川牛、强筋小麦、特色蔬菜为主的关中农业产业带，以苹果、奶山羊、特色蔬菜为主的渭北农业产业带，以名优杂粮、白绒山羊、大红枣为主的陕北农业产业带，以中药材、瘦肉型猪、桑蚕、茶叶、食用菌、"双底"油菜为主的陕南特色产业带[①]。以"一村一品"的发展模式，各村相互合作、协同，在空间上联通产业链，形成多条具有地域特色的农业特色产业带，产业优势更加突出。

**3. 龙头企业带动作用显著，不断创新协作模式**

充分发挥农民主体作用，积极培育和壮大龙头企业、农民专业合作社等市场主体，激发多层级主体的生产活力。21世纪初，通过龙头企业、专业市场及农民专业合作经济组织渠道的产品销售额已经占主导产品销售总收入的70%以上，并且保持着逐年增大的趋势。龙头企业的带动作用显著，提升了产业组织化程度，进而形成"龙头企业+"的协作模式，如以山东诸城外贸集团公司为代表的肉鸡加工龙头企业，通过"公司+农户""公司+养殖场+农户"等形式，带动15万户农民从事肉鸡养殖。

## 二 工业化中期：工业专业镇阶段

### (一) 时代背景

自20世纪80年代开始，工业专业镇先后诞生于浙江省和广东省，是当

---

① 杨艳涛、张敏、杨根全、秦富：《我国"一村一品"发展现状与趋势研究》，《中国集体经济》2010年第13期。

地专业镇经济腾飞的重要战略平台。1997年，浙江省20个经济强县（市）的工业特色产业产值占其工业总产值的比重达到43.6%，专业镇的崛起既加快了农村工业化步伐，又提高了居民的收入水平。浙江省工业专业镇的形成为浙江经济带的崛起奠定了基础。2000年，《广东省专业镇技术创新试点实施方案》印发，文件在分析了广东镇区经济情况的基础上，提出了专业镇的概念和具体内涵。乡镇企业的发展使广东省镇区工业体系基本建立。在传统制造业优势的支持下发展起来的专业镇在广东专业镇总数中占有较大的比重，这种类型的专业镇本身具有某种产业的生产基础和优势①。顺德、东莞、南海等城镇集聚了一批较具规模的乡镇企业，形成了繁荣的专业性产品和生产要素市场，并带动了运输、信息、商业服务等第三产业的发展，成为当地经济的集聚中心和辐射中心②。2010年，广州召开全省专业镇转型升级工作部署会，并就汪洋书记提出的"一镇一策"转型升级政策进行工作部署，力争通过"一镇一策"的制定和实施加快促进专业镇的产业结构优化升级③。

21世纪初，安徽省政府做出建设产业集群专业镇的决策部署，分四批认定了189个省级产业集群专业镇，2017年全省新认定24个产业集群专业镇，省级产业集群专业镇的数量达到213个。经过多年努力，通过产业集群专业镇的建设与发展，开辟了工业化的新途径，开创了经济发展的新天地，找到了对外开放的新载体和城镇化发展的新动力，发展取得了明显成效。

**（二）阶段特征**

1. 产业主导型突出，产业结构待升级

大多数工业专业镇以起点较低的制造业为主导产业，行业的技术门槛不高，市场需求变化快，产品生命周期短。单一或类似产业的集聚具有规模效应但是产品同质性较强，产业结构单一，产业链过于集中，存在某一环节市场占有率较高的情况。单一的产业结构具有较低的抗风险能力，无法快速对市场变化做出应对。由于对产业链上其他环节存在需求，工业专业镇往往依靠其他区域的服务供给满足自身需求，购买过程中存在交易、交通、人力等

---

① 李侠广：《广东专业镇转型升级研究》，华南理工大学硕士学位论文，2014。
② 廖颖宁：《广东专业镇产业集群的形成和发展》，《科技管理研究》2013年第4期。
③ 刘园：《广东省工业型专业镇转型发展研究——以佛冈石角镇为例》，《城市建设理论研究：电子版》2012年第1期。

费用，间接提高了成本，因此产业链需要拓展，产业结构需要升级。

2. 具有较为明显的网络组织特征

集聚了众多企业的专业镇是一种生产网络、销售网络和社交网络。其中，生产网络包括企业之间的水平合作与垂直合作。例如分包联系是工业专业镇内各企业之间比较普遍的一种生产联系。专业镇中的中小企业网络帮助减少企业之间、人员之间的非正规交易费用，减少学习成本，有利于形成区域产业优势和协同效应，基于信任逐渐形成的社交网络促使专业镇发展成为交易密集区域，构筑起多层次的营销网络。

3. 历史和文化传承色彩浓厚

无论是生产加工型专业镇，还是商贸流通型专业镇，无不具有强烈的历史和文化的传承性。手工业的历史发展，为专业镇的形成提供了技术、设备和人力资本积累，并培育出一支庞大的企业家和劳工队伍。具有百工技艺的民间企业家的创业精神和示范效应，以及拥有精明灵活、重利务实、注重市场、勇于创新、善于竞争、自强不息等经营素质和经商传统的营销队伍，是专业镇形成的重要内在条件。而地方政府、中介组织、技术信息服务机构等多层次服务体系的构建，则成为专业镇成长的外部支撑条件[①]。

## 三 工业化后期：服务业特色镇阶段

### （一）时代背景

20世纪末开始兴起"小镇+服务业"的模式，旅游休闲、历史文化等特色产业与小镇实现快速融合发展[②]。与工业特色镇类似，服务业特色镇的实质是服务产业集聚区，主要依托当地旅游文化资源，大力发展旅游业、文化创意产业等服务业。"小镇+服务业"是乡村旅游的产业化成果，通过整合当地自然景观、劳动力等资源，以产业化体系为框架、以小镇为地域范围，完善了当地旅游服务的系统化建设。早在2005年，云南省人民政府就下发了《关于加快旅游小镇开发建设的指导意见》，要求以各种资源和要素的有效集聚，促进小城镇建设。旅游小镇是以旅游服务业为主导产业的特色镇，是工业化后期阶段服务业特色镇的主要形式。

随着时代的变迁，服务产业体系越发庞大，信息软件、科技金融等现代

---

① 石忆邵：《专业镇：中国小城镇发展的特色之路》，《城市规划》2003年第7期。
② 仇保兴：《特色小镇的"特色"要有广度与深度》，《现代城市》2017年第1期。

服务业成为服务业体系的主力军，各地争相出台政策打造以服务业为主导产业的特色镇。2016 年底，山东省印发的《山东省现代服务业集聚示范区认定培育办法（试行）》指出将重点培育以旅游休闲、文化创意、信息软件、科技创业、金融等为主要内容的现代服务业集聚示范区，优先支持生产性服务业特色产业集群转型升级示范。

党的十九大提出，贫穷落后中的山清水秀不是美丽中国，强大富裕而环境污染同样不是美丽中国。只有实现经济、政治、文化、社会、生态的和谐发展、持续发展，才能真正实现美丽中国的建设目标。要实现美丽中国的目标，美丽乡村建设是不可或缺的部分。以乡村旅游为主的服务业特色镇是美丽乡村建设的重要任务，现代服务业特色镇的建设则能弥补新时代新兴产业的发展空间以及城市服务供给的不足。大力推动服务业特色小镇建设，培育一批产业特色鲜明、文化底蕴浓厚、生态环境优美、富有生机活力、示范效应明显的服务业特色镇，可以为服务业特色发展、集聚发展、创新发展探索经验，并发挥示范引领作用。

（二）阶段特征

1. 以乡村旅游为主导产业，以服务业为新兴产业

旅游业一般是由美丽乡村衍生出的基础产业。秀美的自然风光吸引游客游玩、居住于此，引起服务需求，服务业入驻当地，以旅游服务业为主导产业的特色镇被称为"服务特色镇"。服务特色镇依托当地旅游资源和历史文化，衍生出现代服务业，形成以乡村旅游为核心，以多样服务为辅助的放射型环状产业结构。服务产业属于第三产业，其增加值远高于农业，因此服务特色镇是乡村经济发展的有力推手。

2. 以服务业为主导产业，兼顾自身发展和服务职能

从产业维度来看，服务业特色镇以服务业为主导产业，是服务业的产业集聚区，着重发展与旅游相关的服务产业，如住宿、餐饮、大健康服务等。从城市维度来看，服务业特色镇还承担为周围城市、区域提供各类服务的功能，主要提供生活性服务，包括餐饮、休闲娱乐等服务内容。

## 四  后工业化时期：特色小镇阶段

（一）时代背景

1. 省级战略萌生

2015 年 1 月，浙江省正式提出创建特色小镇，并初步界定了特色小镇

的含义——相对独立于市区，具有明确产业定位、文化内涵、旅游和一定社区功能的发展空间平台，区别于行政区划单元和产业园区。2016 年 1 月，浙江省共有 79 个特色小镇列入省级创建名单。

2. 国家战略初定

2016 年，特色小镇受到国家高度重视，被赋予特殊的战略意义，在推动新型城镇化、促进产业结构调整、带动农村发展等方面起着重要作用。

2016 年 3 月，"十三五"规划纲要提出"因地制宜发展特色鲜明、产城融合、充满魅力的小城镇"；2016 年 7 月，住建部、国家发改委、财政部联合发布《关于开展特色小镇培育工作的通知》，指出 2020 年打造 1000 个左右各具特色、富有活力的特色小镇，带动小城镇全面发展；2017 年政府工作报告也明确提出支持中小城市和特色小城镇发展。特色小镇成为推进新型城镇化，促进大中小城市和小城镇协调发展的纽带，各省份纷纷出台政策，推进特色小镇的建设发展[①]。2016 年 10 月，国家发改委发布特色小镇建设指导意见，明确强调防止照搬照抄，要突出小镇之"特"。

3. 国家战略深化

党的十九大报告提出"乡村振兴"战略，强调农业农村农民问题是关系国计民生的根本性问题，提出"产业兴旺、生态宜居、乡风文明、治理有效、生活富裕"的总要求，提出建立健全城乡融合发展体制机制和政策体系。虽然没有明文提出特色小镇建设任务，但是不可否认的是，美丽乡村特色小镇建设是实现十九大乡村振兴战略的有力推手。

随着国家战略赋予特色小镇使命的深化，特色小镇的内涵有所拓展。现阶段的特色小镇是"小镇+新经济体"的组合。特色小镇以形态、产业构成、运行模式等方面的创新，成为城市修补、生态修复、产业修缮的重要手段[②]。小镇内部的新产品、新结构、新创业生态取决于城市的创新环境以及城市所提供的公共服务。目前特色小镇的打造模式可分为三种：一是将原来没有特色的小镇改造成新奇的特色小镇；二是在原有的单一功能区、空城里面植入特色小镇，弥补其原有的不足；三是将特色不足的小镇，升级改造成

---

① 王振坡、薛珂、张颖、宋顺锋：《我国特色小镇发展进路探析》，《学习与实践》2017 年第 4 期。

② 王振坡、薛珂、张颖、宋顺锋：《我国特色小镇发展进路探析》，《学习与实践》2017 年第 4 期。

为有新奇产业、新奇特色的小镇①。

### (二) 阶段特征

1. 空间集中连片，统一规划、统一建设

在规模上，特色小镇要求规划空间要集中连片，规划面积控制在 3~5 平方公里（不大于 10 平方公里），建设面积控制在 1 平方公里左右，建设面积不能超出规划面积的 50%，居住人口控制在 3 万~5 万人。这是特色小镇的共性要求，但是很多特色小镇，尤其是旅游型和旅游+产业型的特色小镇，因其地形地势结构或者发展旅游特色，往往需要更多的面积支撑其发展，包括纳入风景区、产业园区、田园综合体等较大规模项目。空间的连续性要求以宏观的角度完成小镇的统一规划、统一建设，以达到融合、协调的效果。

2. 产业主体特色明显，服务配套要求较高

特色小镇的实质是一个产业的空间载体，因此特色小镇的建设必须与支撑其发展的特色产业的规划统筹相结合。特色小镇在产业发展方向上，更多地以新兴产业、第三产业或是多产业融合为导向，强调创新、绿色、协调发展，而非追求单一规模经济效应。

3. 突出以人为本建设理念，以产城融合为导向

特色小镇以居民为主体，强调特色产业与新型城镇化、城乡统筹的结合，是一种产业与城镇建设有机互动的发展模式；追求综合产业建设、社区居住和生活服务等空间上的功能，要求特色小镇整体上协调、和谐，营造浓郁的生活氛围。

## 第二节　特色小镇发展现状与趋势

2014 年底浙江省首次在全国提出打造特色小镇的发展战略，并先后于 2015 年 6 月和 2016 年 1 月公布两批特色小镇，共 79 个。浙江省采取了创建制培育特色小镇，通过"自愿申报、分批、年度考核、验收命名"四个程序完成特色小镇的创建。浙江省独特的块状经济为特色小镇的发展提供了良好的环境，在经济新常态下，特色小镇发展的成功经验引起了全国的关注，无论是政府人员还是专家学者，谈特色小镇必提浙江，各地也纷纷出台了支持特色小镇发展的指导意见。

---

① 仇保兴：《特色小镇的"特色"要有广度与深度》，《现代城市》2017 年第 1 期。

2016年7月，住建部连同国家发改委和财政部发布了《关于开展特色小镇培育工作的通知》，提出我国到2020年要培育1000个左右各具特色、富有活力的休闲旅游、商贸物流、现代制造、教育科技、传统文化、美丽宜居的特色小镇，引领带动全国小城镇建设。确定各省份推荐数量，由住建部村镇建设司连同国家发改委规划司和财政部农业司对各省份推荐的特色小镇进行复核，于同年10月公布了第一批127个特色小镇名单。评选标准为是否具备鲜明的产业形态、和谐宜居的美丽环境、彰显特色的传统文化、便捷完善的设施服务和充满活力的体制机制。此次审核公布的特色小镇实为特色小城镇，属于我国传统行政单元中的建制镇。

由于特色小镇名单评选的组织、材料的上报都是基于住建系统的垂直管理线，评选后涉及一系列的政策和配套资金支持，需要相关行政单位来承接，因此要基于行政区划来评选特色小镇①。2016年7月，开始了第一批特色小镇推荐工作，各省份确定了相应的推荐名额，从3个到10个不等。第一批特色小镇推荐名额中，浙江省数量最多，与浙江块状经济发达、特色小镇培育起步早有一定关系。其次江苏、山东、广东和四川的推荐名额也相对较多。通过对比第一批特色小镇的审批数量可以看出，审批数量基本比推荐数量少一个，第一批特色小镇可以说是各省份中发展情况较好、培育潜力较大的特色小镇（见表3-1）。

表3-1 各省份特色小镇推荐与审批数量

单位：个

| 省份 | 第一批推荐数量 | 第一批审批数量 | 第二批推荐数量 | 第二批审批数量 |
| --- | --- | --- | --- | --- |
| 北京 | 4 | 3 | 5 | 4 |
| 天津 | 3 | 2 | 5 | 3 |
| 河北 | 5 | 4 | 11 | 8 |
| 山西 | 4 | 3 | 10 | 9 |
| 内蒙古 | 4 | 3 | 10 | 9 |
| 辽宁 | 5 | 4 | 10 | 9 |
| 吉林 | 3 | 3 | 8 | 6 |
| 黑龙江 | 4 | 3 | 8 | 8 |
| 上海 | 4 | 3 | 6 | 6 |

① 张丽、查姗姗：《中国特色小镇到底"特"在哪里——28个第一批中国特色小镇全解析》，云规划公众号，2016-10-22。

续表

| 省份 | 第一批推荐数量 | 第一批审批数量 | 第二批推荐数量 | 第二批审批数量 |
| --- | --- | --- | --- | --- |
| 江苏 | 8 | 7 | 15 | 15 |
| 浙江 | 10 | 8 | 15 | 15 |
| 安徽 | 6 | 5 | 11 | 10 |
| 福建 | 6 | 5 | 11 | 9 |
| 江西 | 5 | 4 | 10 | 8 |
| 山东 | 8 | 7 | 15 | 15 |
| 河南 | 5 | 4 | 11 | 11 |
| 湖北 | 6 | 5 | 11 | 11 |
| 湖南 | 6 | 5 | 11 | 11 |
| 广东 | 8 | 6 | 15 | 14 |
| 广西 | 5 | 4 | 10 | 10 |
| 海南 | 3 | 2 | 6 | 5 |
| 重庆 | 5 | 4 | 9 | 9 |
| 四川 | 8 | 7 | 13 | 13 |
| 贵州 | 6 | 5 | 11 | 10 |
| 云南 | 4 | 3 | 11 | 10 |
| 西藏 | 3 | 2 | 5 | 5 |
| 陕西 | 6 | 5 | 11 | 9 |
| 甘肃 | 3 | 3 | 6 | 5 |
| 青海 | 3 | 2 | 5 | 4 |
| 宁夏 | 3 | 2 | 5 | 5 |
| 新疆 | 6 | 4 | 10 | 10 |
| 总计 | 159 | 127 | 300 | 276 |

资料来源：根据住建部官方网站公布数据整理。

2017年5月发布了全国第二批特色小镇推荐的通知，第二批总计有300个推荐名额，大约是第一批推荐名额的两倍。第二批推荐名额中，江苏、浙江、山东、广东、四川五省依然领先，各省之间的差距有一定缩小。从第二批最后审批数量来看，有14个省份的推荐小镇均被批准，其余省份推荐的部分小镇尚未达到创建要求。

本节的主要目的在于探讨这些特色小镇"特"在哪里，小镇自身的发展特征和小镇之间的差异性以及这些差异性背后的经济社会发展环境。全国第一批特色小镇既有闪光点，其培育建设中也存在一定的不足。

## 一 国家特色小镇发展环境分析

特色小镇的发展与环境之间是双向互动关系,其发展既受限于周围的环境,又影响周围的环境。本节进一步探讨特色小镇所处的经济社会环境。

### (一)区位条件

#### 1. 与所在区县的距离

与特色小镇经济社会往来最密切的一般是小镇所在的区县。小镇与区县的交往是双向的,根据我国城市规划的特征,公共服务设施往往是分级设置的,居于小镇的人会到县城就医、购物,接受教育、培训、医疗等服务;居于县城的人会到小镇旅游观光(大多数小镇发展了旅游业)。同时对于企业来说,区县有企业需要的各项服务如会计服务、法律服务等。因此距离区县近的小镇"可进入性较强",包括游客、企业和小镇发展所需的人才。

笔者利用"百度地图"的测距功能测量了特色小镇的镇政府所在地到区县政府所在地的距离。第一批特色小镇中,大多数小镇到区县的距离在50公里以内,国道开放区的限速为70公里/小时,考虑到道路情况和地势情况,大多数小镇到区县的时间在1个小时以内。距离在10公里以内的有26个小镇,占比为20%;30公里以内的有99个小镇,占比为78%;有3个小镇到区县的距离超过80公里,是由于新疆和内蒙古两省份地域辽阔,县域范围较大(见图3-1)。第二批特色小镇中,大多数小镇到区县的距离仍在50公里以内,距离在10公里以内的有61个小镇,占比为22%;30公里以内的有99个小镇,占比为36%;有4个小镇到区县的距离超过80公里。总体来看,第二批特色小镇到区县的距离相对较近,区位优势较明显(见图3-2)。

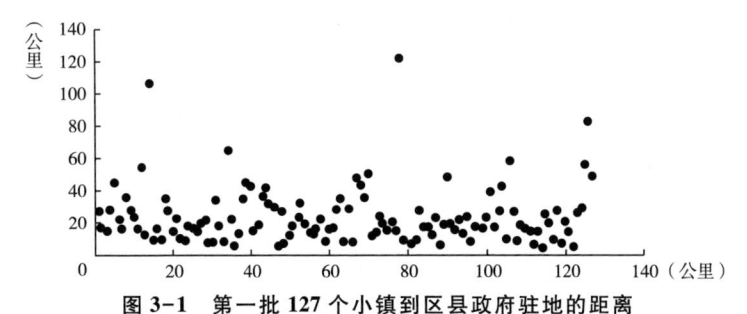

图3-1 第一批127个小镇到区县政府驻地的距离

资料来源:作者根据住建部官方网站公布的特色小镇数据自绘。

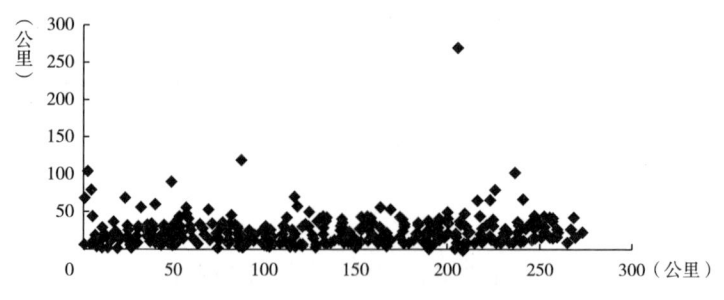

图 3-2　第二批 276 个小镇到区县政府驻地的距离

资料来源：作者根据住建部官方网站公布的特色小镇数据自绘。

2. 与重要交通节点的距离

重要的交通节点包括火车站和机场，两者均具备客运和货运的功能，是衡量特色小镇对外开放性和便捷性的一个指标。在首批特色小镇中，一些制造业小镇其产业在国内市场占有很高的份额，还远销海外，需要通过交通节点向外运输货物；另外一些小镇主要发展旅游业，其市场腹地是面向全国的，游客到达小镇也需要经过这两个交通节点。到火车站和机场的距离越近，小镇在发展过程中可开拓的市场范围越广。

笔者利用"百度地图"的测距功能测量了小镇政府所在地到地级市火车站的距离（一些县级市也有火车站，但级别较低，可到达的区域有限）和民航机场的距离，火车站和机场根据最近原则选取，可能位于其他市。第一批特色小镇到火车站的距离均值为 53.51 公里；在 30 公里以内的有 42 个，占比为 33.1%；60 公里以内的有 92 个，占比为 72.4%；有 5 个小镇到火车站的距离在 150 公里以上，主要位于新疆、内蒙古、青海、云南等火车线路密度较低的城市（见图 3-3）。第一批特色小镇到机场距离的均值为 60.17 公里；在 40 公里以内的有 35 个，占比为 27.6%；80 公里以内的有 89 个，占比为 70%；有 6 个小镇到机场的距离在 150 公里以上，主要是位于内蒙古、湖南、青海、重庆、新疆和云南的小镇（见图 3-4）。

第二批特色小镇到火车站距离的均值为 63.65 公里；在 30 公里以内的有 77 个，占比为 27.9%；60 公里以内的有 178 个，占比为 64.5%；有 13 个小镇到火车站的距离在 150 公里以上，主要是位于黑龙江、内蒙古、新疆、西藏、云南的边境地区（见图 3-5）。第二批特色小镇到机场距离的均值为 68.83 公里；在 40 公里以内的有 79 个，占比为 28.6%；80 公里以内的有 181 个，占比为 65.6%；有 13 个小镇到机场的距离在 150 公里以上，主要是位于西部地区的小镇（见图3-6）。对于边境山脉、丘陵较多的地区，其铁路线稀疏，机场的建设为其对内对外开放提供了很大的便利。总的来看，第一批特色小镇的交通条件整体优于第二批，尤其是西部省份，相较于第一批，第二批特色小镇获批数量较多，如何加强与其他地区的沟通和联系，成为小镇发展的重要问题之一。

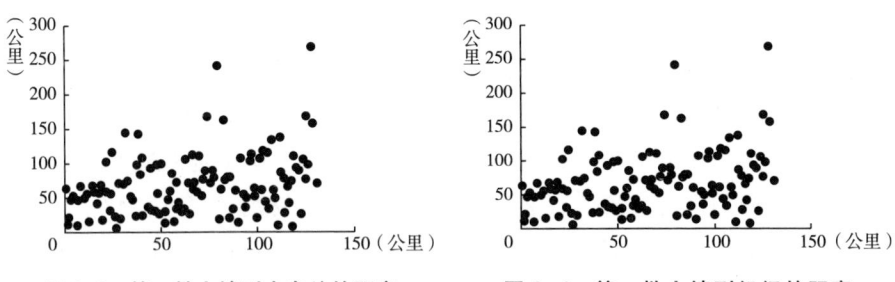

图3-3　第一批小镇到火车站的距离　　　图3-4　第一批小镇到机场的距离

资料来源：根据住建部官方网站公布的特色小镇数据作者自绘。

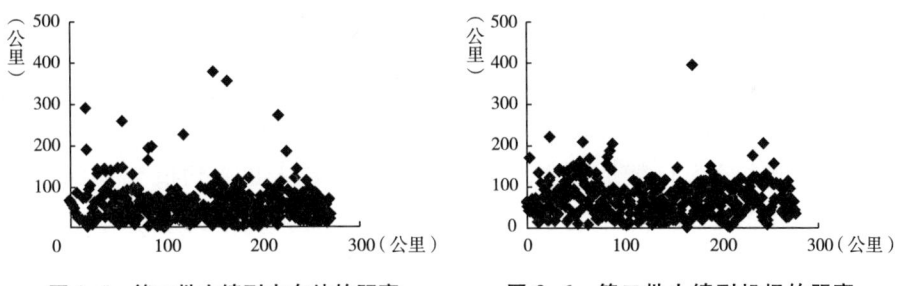

图3-5　第二批小镇到火车站的距离　　　图3-6　第二批小镇到机场的距离

图3-3至图3-6的资料来源均为作者根据住建部官方网站公布的特色小镇数据自绘。

### （二）县市环境

1. 所在区县情况

经统计，在首批127个特色小镇中，有42个小镇位于市辖区；29个小镇位于县级市；56个小镇位于一般县。对比发现位于一般县的特色小镇多为旅游小镇、农业小镇等，制造业发展水平相对较低。从人均纯收入来看，位于县级市的小镇最高为3.01万元；位于市辖区的小镇次之，为2.8万元；位于一般县的小镇为2.17万元。从地区生产总值来看，位于县级市的小镇GDP均值为82.76亿元；位于市辖区的小镇GDP均值为53.36亿元；位于一般县的小镇GDP均值为20.61亿元。通常来看，县级市和市辖区的经济实力和资本、技术、人才等要素要优于一般县，上述数据也反映了这一点。

从贫困县和百强县来看，位于贫困县的小镇有 20 个，位于百强县的小镇有 17 个。后者 GDP 的平均规模是前者的 6.4 倍，进一步说明了小镇所在区县经济实力对其发展的影响。但贫困县中特色小镇的培育有利于推进我国的精准扶贫工作。

2. 所在地级市情况

在比较了所在区县对特色小镇经济发展影响之后，接下来将环境范围扩大到地级市。由于主要考虑地级市的经济实力的影响，选取地级市人均 GDP 作为自变量，特色小镇 GDP 作为因变量，两个指标均采用 2015 年的数据，并取对数。剔除缺少数据的样本后，共有 108 个小镇进入模型。通过建立一元线性回归模型发现，自变量人均 GDP 通过了检验（P 值为 0），且相关系数为正值。经济发展水平较高的地级市能够在产业和环境改善上促进特色小镇的发展。

（三）人口条件

1. 常住人口

从 127 个特色小镇（2 个小镇数据不全，未统计）的人口分布来看，山东半岛与长三角城市群的小镇相对集中且人口规模相对较大，陆地边疆地区的特色小镇人口规模相对较小。西藏吞巴乡小镇人口数量最少，只有 1152 人；浙江柳市镇人口数量最多，有 16 万人。小镇人口平均值为 27802 人；常住人口在 1 万人以下的特色小镇有 38 个；4 万人以下的小镇有 101 个，占到了 80.8%；人口数在 10 万人以上的小镇有 5 个，位于浙江、江苏、广东三省。从东、中、西、东北四大区域来看，东北区域的特色小镇平均人口规模最小，平均为 17870 人，西部区域平均为 20338 人，中部区域平均为 23788 人，东部区域平均为 38807 人，是东北区域的 2.17 倍。从小镇类型来看，文旅型和商贸流通型小镇的人口数量较少，制造型小镇人口数量较多。

2. 流动人口

流动人口的走向和规模反映了小镇的吸引力和经济社会综合发展能力。首批 127 个特色小镇有 86 个小镇人口流动表现为正向流入，贵州省茅台镇镇区人口流入量最大，达 18 万余人；35 个特色小镇镇区人口流动表现为负向流出，福建省湖头镇镇区人口流出量最大，为 5 万余人；4 个特色小镇人口无显著变化（其中有 2 个镇数据不全，未纳入统计）。大城市近郊区特色小镇有 36 个，人口流入量最多，79% 的位于大城市近郊区的特色小镇表现为人口流入，表明特色小镇可以建设成为大城市的"反磁力中心"，获得中心城区的资源要素外溢的同时承担了部分人口流入的压力。位于农业地区的特色小镇有 58 个，人口流出量较多，33% 的位于农业地区的特色小镇表现为人口流出。农村地区人口外流的主要原因是城市可以获得的就业机会更多、工资收入更高，但往往受户籍限制，不能像城市人一样享受公共服务。特色小镇在产业发展过程中会产生新的就业岗位，相应地也提高了人均收入，能留住当地人，减轻人口外流。

3. 人口结构

从人口的年龄结构来看，首批 127 个特色小镇中 16 周岁以上的常住人口占 19%，16~60 周岁的常住人口占 63%，60 周岁以上的常住人口占 18%（其中有 25 个镇数据不全，未纳入统计）。国际上通常把 60 周岁以上人口占总人口的比例达到 10% 作为国家或地区进入老龄化的标准。特色小镇中有 109 个小镇出现人口老龄化现象。在我国人口整体呈现老龄化的趋势下，乡镇地区由于年轻劳动力多外出打工，留在村中的多为老人和儿童，老龄化现象更为明显。特色小镇的老龄化趋势为产业发展带来了一定挑战，年轻人的减少意味着当地的人力资源在减少。同时这也是特色小镇培育的目标之一，通过吸引年轻人回到家乡就业，可以缓解乡镇地区的孤寡老人无人照看和留守儿童等社会问题。

从人口的城乡结构来看，特色小镇的平均城镇化率为 46.02%，低于全国平均水平，目前有 37 个小镇城镇化水平高于全国整体水平。城镇化水平反映了区域城乡发展情况，对比分析特色小镇的城镇化水平和小镇所在省份的城镇化水平发现，67% 的小镇城镇化水平低于所在省份的省域城镇化水平，城镇化发展空间较大。通过特色小镇建设可以补足小镇的产业、基础设施和公共服务短板，提高小城镇建设水平，促进新型城镇化建设。

（四）经济条件

1. 产业类型

在首批特色小镇中，以旅游业作为主导产业的小镇有 58 个，占比达到了 45.7%。在这 58 个以旅游业为主导产业的特色小镇中，古村镇游、健康养生、生态观光这三类旅游占比超过了 80%。旅游类小镇主要聚焦于现有资源开发和文化挖掘，由于资源的独特性，这对于其他地区的小镇建设可复制性相对较低。第二批特色小镇推荐工作中指出，以旅游文化产业为主导的特色小镇占比将不超过1/3。另外13个为现代农业小镇，其典型特色是发展设施农业，还有的是发展都市型观光农业。制造业类的小镇总计有37个，乡镇经济活跃，在发展单向产业上具有一定影响力。文化创意产业和商贸服务类小镇分别有5个和4个，文化创意类小镇多与创新创业和旅游业发展相结合，商贸服务类小镇多为区域性的交易中心（见图3-7）。

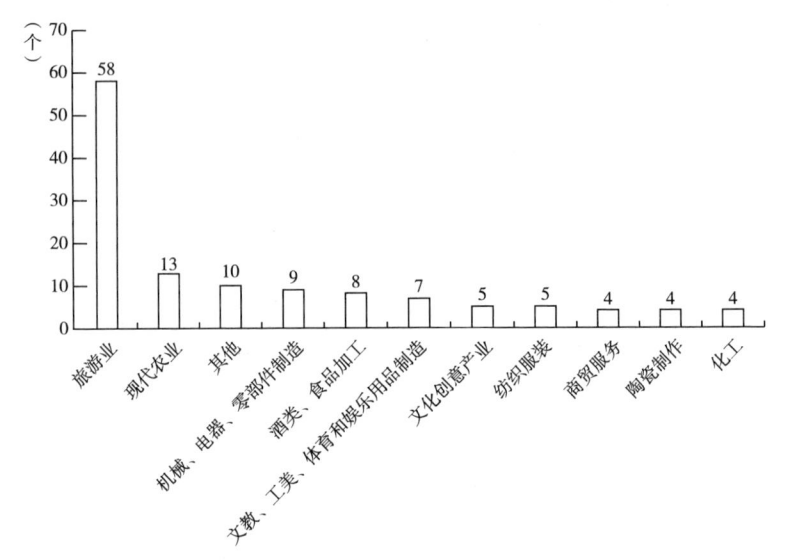

图 3-7　第一批特色小镇产业类型分布

资料来源：作者根据住建部官方网站公布的数据整理自绘。

2. 经济规模

在全国首批127个特色小镇中（由于数据不全，5个小镇未包括），东部沿海地区的小镇GDP普遍较高，区域之间的差异较为明显。2015年地区生产总值最低的是西藏的桑耶镇，只有0.52亿元，最高的是广东的北滘镇，达到493亿元。小镇GDP的平均值为45.61亿元，1亿元以下的小镇有5个，分布于西藏、新疆、青海和福建四省份；10亿元以下的有39个小镇，主要为旅游小镇；40亿元以下的有87个，占比约为70%；100亿元以上的有16个，产业类型包含制造业、旅游、文创和农业等，其中东部占了13个。从四大区域来看，东北区域各小镇平均GDP为21.5亿元；西部区域为25.4亿元；中部区域为30.2亿元；东部区域为78.5亿元，是东北区域的3.65倍，这与东部区域块状经济发达，乡镇企业实力较强，而东北大型国企居多有一定关系。

3. 人均收入

首批特色小镇的人均纯收入在全国分布比较均匀。在数据统计较全的120个特色小镇中，人均纯收入最低的是湖北的边城镇，为0.35万元，最高的是黑龙江的兴十四镇，为7.6万元。人均纯收入的平均值为2.57万元；收入在2万元以下的有34个；3万元以下的有89个，占比达到74%；4万元及以上的有9个，其中8个分布在东部区域，主要为制造类小镇。从各区域具体来看，西部区域的人均纯收入为2.12万元；中部区域为2.29万元；东北区域为2.85万元；东部区域最高为3.13万元，是西部区域的1.5倍。

## 二 国家特色小镇的整体特征

全国有19522个建制镇，为什么是这403个特色小镇能进入创建名单，是由于它们独特的产业，还是优美的环境，还是优秀的文化？这些小镇究竟"特"在哪里？在前两批特色小镇培育工作的通知中均提到了对推荐小镇的五点要求：一是要有特色鲜明的产业形态，产业定位精准，特色鲜明，战略新兴产业、传统产业、现代农业等发展良好、前景可观。二是要有和谐宜居的美丽环境，空间布局与周边自然环境相协调，整体格局和风貌具有典型特征，路网合理，建设高度和密度适宜。三是要彰显特色的传统文化，传统文化得到充分挖掘、整理、记录，历史文化遗存得到良好保护和利用，非物质文化遗产活态传承。四是有便捷完善的设施服务，基础设施完善，自来水符合卫生标准，生活污水全面收集并达标排放，垃圾无害化处理，道路交通停车设施完善便捷，绿化覆盖率较高，防洪、排涝、消防等各类防灾设施符合标准。五是有充满活力的体制机制，发展理念有创新，经济发展模式有创新。下面将根据以上五点分析前两批特色小镇与众不同之处。

### （一）产业特色

产业可以说是特色小镇的灵魂，也是特色小镇培育的首要要求。整体来看产业特色体现为以下几点。

1. 人无我有

一些特色小镇发展基础较好，且具有良好的区位，率先集聚技术、资本、人才等要素，发展新兴产业，从而在众多小镇中脱颖而出。位于北京市房山区的长沟镇被评为"基金小镇"，其注重打造国家级基金产业创新试验区，吸引各类基金及相关机构入驻，形成基金产业集聚区，培育孵化成熟的基金管理和资产管理公司，构建基金行业生态圈。长沟镇基金行业的发展与北京市金融业总部汇聚，拥有大量金融人才有密切关系。上海市金山区枫泾镇被誉为"水乡科创小镇"，不仅拥有良好的生态环境，还形成了以智能制造装备、新能源及新能源汽车等产业为主导的特色产业体系。上述产业均为战略性新兴产业，发展前景较好，枫泾镇可以说站在了产业发展的"制高点"，这与上海市科技实力较强有一定关系。与枫泾镇类似的小镇还有山东的崮山镇、江苏的安丰镇、四川的德源镇等。综合来看，这些小镇都是凭借地理区位优势，吸引周围大城市的资源外溢，才得以迅速发展。

2. 人有我优

一些获批特色小镇的产业类型和环境资源缺少独特性，但通过融合发展和延长产业链提升了竞争力。全国大多数小镇都是农业小镇，然而一些小镇的农业却与众不同。北京的小汤山镇以会展农业为载体，把娱乐体验、园艺观光、博览展销、创意设计等元素融入农业，成为首都都市型现代农业的新样板。黑龙江的兴十四镇依托现代农业科技示范区，对标中高端优质农产品发展设施农业，推动农业产品由初级加工向生物医药等高新技术产业转型。类似的小镇还有吉林的辽河源镇、广西的中渡镇、贵州的郎岱镇、陕西的五泉镇等。除了农业小镇还有红色旅游小镇，凡是经历过抗战或红军长征走过的地区等都有红色足迹，可以说拥有红色资源的小镇众多，如何丰富旅游资源成为关键。安徽安庆市的温泉镇将红色旅游、禅宗文化、民俗文化相融合，使休闲、观光、养生等产业融合发展。福建龙岩市的古田镇被评为"红色圣地"，其以红色旅游为主导，融教育培训、文化创意、生态休闲、养生养老等板块于一体协同发展，形成了"红+N"的产业体系。类似的小镇还有河南的竹沟镇、陕西的大寨镇、海南的云龙镇、四川的安仁镇和陕西的照金镇等。

3. 人优我强

获批特色小镇的产业普遍具有较高的知名度，其产品在全国乃至全球有一定的市场占有率。在第一批特色小镇中不乏有一些特色小镇的产业为生产方便面、圆珠笔、袜子、白酒等产品。然而这些小镇却在小地方搞出了大名堂，河北邢台市的莲子镇是"方便面小镇"，是世界上最大的方便面生产基地和中国知名的食品包装生产基地。天津滨海新区的中塘镇以汽车橡塑产业为主导，形成了全国最大的集科研、开发、生产于一体的汽车胶管研发生产基地，国内市场占有率高达63%。浙江诸暨市的大唐镇以袜业为主导产业，被称为"中国袜业之乡""国际袜都"等，袜业的装备、配套设备和关键技术已达到国际先进水平。广东中山市的古镇镇以灯饰为主导产业，古镇灯饰产品已占全国灯饰照明行业市场70%的份额，出口远销海外多个国家和地区。还有其他小镇在产业发展过程中培育了销量在全国、全球领先的企业和知名的品牌。这些小镇都表明作为全球生产网络当中的一个小环节，将某一个小产业做出品牌和影响力，是小镇培育的重要目标和努力方向。

**（二）环境特色**

人是小镇活力的核心要素，发展产业需要吸引人才，发展旅游才能吸引游客。无论哪一种类型的小镇，只有能对人产生吸引力，才能有持久的竞争力，良好的生态环境、人文环境必不可少。第一批特色小镇中有数目众多的文化旅游小镇，即使不是旅游小镇，也将旅游业作为发展方向之一，小镇的环境往往成为一大亮点，不仅品质高，而且具有独特性。

1. 生态环境的独特性

在已经获批的特色小镇中，内蒙古呼伦贝尔的莫尔道嘎镇拥有我国保存最完好、集中连片、面积最大且未开发的原始森林，森林覆盖率达到95%，林中有城、城中有绿、绿中有景。吉林通化市的金川镇坐落在国家级保护区、AAAA级景区的吉林龙湾群森林公园内，有全国最大的火山口湖群。江苏泰州市的溱潼镇被誉为"湿地古镇"，小镇四面环水、河网纵横、风光秀美。广西柳州市的中渡镇境内有以香桥岩国家地质公园为中心的九龙洞、响水瀑布、鹰山、洛江古榕等自然风光，《刘三姐》《流氓大学》《龙城风云》等均在此取景。

2. 人文环境的独特性

特色小镇中有多个小镇以"古镇"著称，拥有大量保存完好的古建筑。山西晋城市的润城镇一直是阳县最繁华的城镇之一，富商巨贾辈出。明末时，由于当地较为富庶，经常遭到流寇的侵扰，于是修了3座城堡，其中的砥洎城基本保留了下来，也成为润城镇发展的底气。甘肃兰州的青城镇北靠黄河，各路客商云集，在长期的营造过程中杂糅融合了中国北方各地的建筑风格，迄今为止仍保存了清朝及民国时代风貌，是甘肃古民居、古建筑保存较为完整的古镇。安徽黄山市宏村镇境内散落着众多拥有千年历史和文化积淀的徽派民居古村落。特别是宏村古村落建村有 860 余年历史，现存明清古民居 158 幢，俗称"牛形古村"。

### （三）文化特色

第一批特色小镇中涌现了许多活态的非物质文化遗产，如中华诗词、太极、道教等。这些特色小镇拥有的文化未必是独一无二的，但却世代传承、经久不衰。如贵州的青岩镇是"中华诗词之乡"，青岩镇有周渔璜、赵以炯等文化名贤、大诗人，镇内现有青岩菊林书院、诗词学会等民间文化群体。以诗词为主导，书法、绘画、摄影、歌舞、戏剧、电影以及其他民间艺术活动联袂开展，具有历史的传承性。河南焦作市的赵堡镇被誉为"太极圣地"，在该镇的陈家沟村，全村 80% 以上的人会打太极拳，至今尚有"喝了陈沟水，都会跷跷腿""会不会，金刚大捣碓"的说法。赵堡镇先后建成了太极拳祖祠、祖林、太极文化园、中国太极拳博物馆等景点。同时，还围绕太极拳文化展示、太极拳培训、休闲疗养、传统村落体验等 4 个主题，打造了集旅游、健康养生和传统村落于一体的特色小镇。江西鹰潭市的上清镇是道教正一派宗坛所在地，张天师在此已历经 63 代一千九百余年，是中国道教 29 个福地之一。2014 年 12 月在上清镇嗣汉天师府举办了隆重的甲午年内地正一道授箓仪式，凭借道教文化，上清镇的旅游业也得到了快速发展。

### （四）设施服务水平

特色小镇的建设首先要让当地人民获得更多的就业机会，收入得到提高，生活环境得到改善。尤其是当下许多省份提出按 3A 级及以上旅游景区标准创建特色小镇，对设施服务提出了更高的要求。小镇的服务设施包括基本公共设施如垃圾处理厂、道路、桥梁等；公用设施如学校、医院、超市、银行等。

据住建部统计，90% 以上小镇的自来水普及率高于 90%，80% 的小镇的生活垃圾处理率高于 90%，基本达到县城平均水平。平均每个小镇配有 6 个银行或信用社网点、5 个大型连锁超市或商业中心、9 个快递网点以及 15 个文化活动场所或中心。其中吉林的辽河源镇将基础设施建设纳入所属地级市的辽源市主城区的城市建设。

### （五）体制机制特色

对比特色小镇而言，小镇的核心特色主要体现在产业、环境和文化方面，体制机制方面的创新能够促进小镇加快培育。纵观 127 个特色小镇的体制机制创新，主要体现在扩权强镇、政企联动、投融资管理和运作模式上。

1. 扩权强镇，综合办公

许多特色小镇在体制机制创新上采取了这一举措，将县级政府机构的部分权力下放到镇一级，使企业能够就近办事，同时合并职能机构，为企业提供综合服务。山东羊口镇共承接市级下放权限91项，全部纳入镇便民服务中心集中办理，按照精简、高效的原则，对原有机构进行了优化整合。辽宁孤山镇实行大局制，将职能相近的部门合并为一个局。江苏丁蜀镇组建了2办、7局、1中心，有效整合原有职能部门，政府行政更加高效，提升了社会管理和公共服务能力。

2. 政企联动，企业主体

特色小镇的产业发展离不开企业，尤其是以旅游开发为主导的小镇往往只有一家大企业进行投资运营，政府则为企业提供相关的支撑和服务。北京古北口镇是多方注资，共担风险和收益，政企合作，责权划分清晰。浙江上垟镇以青瓷为特色，是浙江省目前唯一一个采用"政府+大型运营商"模式建设的特色小镇。陕西照金小镇是陕文投集团、陕煤化集团和铜川市三方合作"资源+技术+资金"的优化组合，共同成立陕西照金文化旅游投资开发有限公司，负责景区的规划、建设、运营管理。

3. 投融资模式创新

特色小镇的投融资既包括政府层面的城镇建设也包括企业层面的产业发展。政府层面较为常见的是镇政府成立城镇投资建设有限公司，进行筹措资金和项目建设，也包括采用PPP、BOT等模式进行融资。企业层面主要通过金融机构间接融资或进行直接融资。安徽温泉镇成立了温泉镇城镇建设投融资公司，鼓励民间资本参与小镇建设。宁夏泾河源镇投融资机制采取开放政策，积极探索和尝试项目BOT和PPP模式，进行项目间接融资。浙江大唐镇政府设立了1000万元专项扶持基金，并在金融方面帮助企业解决融资难、融资贵等问题。福建汀溪镇利用厦门市人民银行编制的《关于金融支持汀溪、新圩镇综合改革建设试点的实施方案》与多家银行对接，争取融资配套支持。厦门市成立了厦门首家村镇银行，为汀溪小城镇建设服务。

4. 运作模式多样

特色小镇的运作模式主要是指政府如何参与管理和如何处理小镇内村民与开发商的关系。一些以古村落为特色的小镇会采用封闭管理方式，收取门票,同时向村民分红。湖南热水镇采取了政府与景区合并工作的方式,景镇合一。江苏甪直镇旅游业发展采用镇集体经济公司统一规划建设,向各村分红的模式。湖南热水镇采取政府与景区合并工作的方式,景镇合一。黑龙江北极镇主要发展旅游产业,对土地进行统一管理、集中耕种,把农民纳入旅游产业管理。重庆蔺市镇采取基础设施折价入股、农家宅基入股的方式。类似的还有广东回龙镇采取地价入股的方式。

### 三 全国特色小镇的发展趋势①

2017年第二批国家级特色小镇较之2016年第一批127个特色小镇,在小镇的数量规模、类型特征等方面均有较大的变化。

#### (一) 申报数量大幅增加

第一批全国特色小镇各省份共推荐了159个,最终127个入选;而第二批各省份共推荐了300个,最终276个入选。第二次推荐的名额比第一次多了141个,入选名额则多了149个。从申报数量来看,呈现几乎成倍的增长态势,这与到2020年计划培育1000个左右的特色小镇目标相呼应,体现了国家级特色小镇的培育工作任务依然艰巨,培育空间仍然很大。预计未来3年,每年还将实现至少200个全国特色小镇的培育创建目标。这给很多还未入选的小镇带来了巨大的发展机会。

#### (二) 更加看重发展基础

第二批276个全国特色小镇中,大多数建制镇都曾获得过国家、省市区等各级政府评定的称号,包括但不限于全国重点镇、国家第二批新型农村城镇化试点城镇、省城镇扩权试点重点城镇、全国百强镇、中国优秀旅游城市、全国创建文明村镇工作先进村镇、全国科技兴村先进乡镇、省重点农业科技试验示范基地、省农科教结合试验示范基地、省粮食生产先进乡镇、省无公害蔬菜生产基地、市民营经济跨越发展十佳乡镇、市外向型农业十佳乡镇、沿江开发重点镇等称号。

如无锡市江阴市新桥镇就先后获得了全国文明镇、国家园林城镇、中国人居环境范例奖、国际花园城市等荣誉;绍兴市越城区东浦镇曾获得全国村镇建设文明镇、国家级生态镇、中国第三批历史文化名镇、浙江省集镇建设试点单位、浙江省绿色小城镇、浙江省生态镇、浙江省文明镇、浙江省体育

---

① 此部分内容根据中国云谷产业研究院:《全国第二批276个特色小镇研究报告》整理。

强镇、绍兴市改革开放三十周年最具活力乡镇和绍兴市教育基本现代化乡镇等称号。由此可见，这类建制镇具有良好的发展基础，在申报创建中本身都具备"先天优势"。

### （三）严防房地产化倾向

《住房和城乡建设部办公厅关于做好第二批全国特色小镇推荐工作的通知》（建办村函〔2017〕357号）（以下简称2017年357号文）中明确提出，"对存在以房地产为单一产业，镇规划未达到有关要求、脱离实际，盲目立项、盲目建设，政府大包大揽或过度举债，打着特色小镇名义搞圈地开发，项目或设施建设规模过大导致资源浪费等问题的建制镇不得推荐"。这表明，第二批特色小镇申报严防房地产化倾向。

与此同时，与《关于做好2016年特色小镇推荐工作的通知》（建村建函〔2016〕71号）（以下简称2016年71号文）中，第一批特色小镇申报时须填写学校、医院等基础设施不同，第二批推荐通知中并没有专门提及学校及医院的信息。暂时发展缓慢的"潜力镇"也可能成为第二批特色小镇的一员。另外，要求明确小镇绿化覆盖率，对环境情况进行量化说明，这体现了特色小镇评选对"潜力镇"的倾斜关注以及对环境的重视。

### （四）注重功能类型多样

从功能类型的占比来看，首批特色小镇在功能类型的分布上有些不够均匀，基于旅游发展型的特色小镇明显居多，其次为历史文化型，而2017年357号文明确提出，"以旅游文化产业为主导的特色小镇推荐比例不超过1/3"。本批次特色小镇更加重视对产业、规划和建设的要求，突出产业为基的基本原则。

### （五）文化IP成关注重点

随着特色小镇的竞争进入白热化，今后，特色小镇比拼的将是小镇IP。评定更看重特色小镇是否有历史文化积淀，是否有成型的小镇IP，这一点，在第二批全国特色小镇公示名单中尤其明显。国家发展特色小镇的风向有所改变，要求尊重小镇现有格局，不盲目拆老街区；保持小镇宜居尺度，不盲目盖高楼；传承小镇传统文化，不盲目照搬外来文化。优中选优的要求进一步提升，其中"传承小镇传统文化"被提到了尤为重要的位置，此次评选也更看重特色小镇本身的文化IP。特色小镇的竞争力，关键在于打好IP牌。而拥有良好的小镇IP，也成为入选第二批全国特色小镇的加分项（见表3-2）。

表 3-2　第二批部分入选国家级特色小镇 IP 一览

| IP 类别 | 入选小镇 |
| --- | --- |
| 会址 IP | 北京市怀柔区雁栖镇（雁栖湖国际会议中心所在地）、海南琼海市博鳌镇（博鳌亚洲论坛永久性会址所在地）、辽宁省锦州市北镇市沟帮子镇（中国共产党在东北第一个党支部的诞生地） |
| 旅游和历史文化 IP | 黑龙江省黑河市五大连池市五大连池镇、浙江省杭州市桐庐县富春江镇、河南省三门峡市灵宝市函谷关镇、四川省甘孜州稻城县香格里拉镇、贵州省安顺市镇宁县黄果树镇、陕西宝鸡市扶风县法门镇等 |
| 名人 IP | 山东省济宁市曲阜市尼山镇（孔子故里）、福建省南平市武夷山市五夫镇（朱熹故里）、湖北省宜昌市兴山县昭君镇、河池市宜州市刘三姐镇、汉中市勉县武侯镇 |
| 红色文化 IP | 黔南州瓮安县猴场镇（长征猴场会议）、商洛市山阳县漫川关镇（四方面军长征漫川关战役） |

资料来源：中国云谷产业研究院：《全国第二批 276 个特色小镇研究报告》，2017 年 9 月 13 日。

文化是各类特色小镇不可或缺的要素。特色小镇在文化方面应具有以下几个特点：一是以特色文化资源作为基础。二是文化产业相对比较发达。三是文化与小镇深度融合，具有"文化立业、文化塑镇、文化成景、文化育人、文旅融合、文化聚神"的内涵。

**（六）更注重体制机制创新**

2017 年 357 号文中将"创新措施和取得成效"单独列出，并用"体制机制创新"取代了 2016 年 71 号文中"社会管理"项目，体现了评审标准对体制机制创新的重视。

**（七）程序增加答辩环节**

2017 年 357 号文中"推荐程序"部分规定，"住房与城乡建设部将以现场答辩形式审查推荐的特色小镇，会同财政等部门认定并公布第二批全国特色小镇名单。现场答辩的有关安排另行通知"。而根据 2016 年 71 号文，"住房和城乡建设部村镇建设司将会同国家发展改革委规划司、财政部农业司组织专家对各地推荐上报的候选特色小镇进行复核，并现场抽查，认定公布特色小镇名单"。

2017 年 7 月 21 日至 23 日，第二批全国特色小镇的 300 多个候选小镇，共计 100 多个区县书记、100 多个区县长、300 多个镇长连续三天分别来到现场进行汇报答辩，如图 3-8 所示。通过公开答辩的形式，特色小镇的评选更加公开、合理。

图 3-8　第二批国家级特色小镇审批答辩现场
资料来源：中国建设设计研究院。

## 第三节　特色小镇类型划分

### 一　特色小镇分类综述

关于特色小镇的类型，官方并没有给出明确的分类标准和体系。根据特定研究和实际工作的需要，学术界和业界对特色小镇的分类五花八门，根据不同的分类标准，特色小镇有不同的分类结果。如一些自媒体将特色小镇分为"文艺范"小镇（包括历史文化、城郊休闲、新型产业、特色产业等亚类）、"便利化"小镇（包括交通区域、资源禀赋型等亚类）和"高端范"小镇（包括生态旅游、高端制造、金融创新、时尚创意等亚类）三大类型[1]；和君咨询根据小镇发展动力和居民来源，将特色小镇分为产业类、社区类和旅游类三大类[2]；也有人简单地分为科技、农业、文旅和产业小镇四类[3]；还有人从产业发展的吸引核的差异出发，将特色小镇分为产业磁极型（茶、青蛙、温泉、精工、手工艺、户外、医养、科创、金融、影视、禅修）、景

---

[1]　中农服：《特色小镇建设的十种类型》，2017 年 6 月 19 日。
[2]　和君咨询：《如何开发农业型特色小镇》，2017 年 9 月 6 日。
[3]　九城看生活：《特色小镇的四种基本类型》，2017 年 5 月 3 日。

观磁极型（摄影、色彩、风貌、异域）、IP 磁极型（传说、历史、民族）和文化磁极型（名人、名画、戏剧）四大类型[①]；另外还有所谓特色小镇的"十大类型"[②]；等等。这些分类大多基于一些案例的归纳总结，分类过程中并没有严格的排他性和严密的体系性，并不能被学界广泛接受，但在实际工作中也有其积极的意义。

## 二 特色小镇的分类体系

以上分类以及中央关于特色小镇的各个政策均高度强调产业是特色小镇建设的核心。本书从产业类型入手，将特色小镇分为大类、中类和小类三个层次，其中大类分为农业类特色小镇（A）、制造业类特色小镇（B）和服务业类特色小镇（C）三大类型；每个大类分为若干中类，每个中类根据类型的内涵，再将服务业类特色小镇根据业态的不同细分为金融特色小镇（C1）、信息产业特色小镇（C2）、医疗健康特色小镇（C3）、文旅特色小镇（C4）、体育特色小镇（C5）、商贸物流特色小镇（C6）以及其他类型特色小镇（C9）等中类层次小镇，其中文旅产业中类层次小镇又细分为生态旅游小镇（C41）、文化创意小镇（C42）、历史民俗小镇（C43）、艺术体验小镇（C44）等小类层次小镇（见表3-3）。

表 3-3 特色小镇分类体系

| 大类 | 中类 | 小类 | 国内典型案例 | 国外典型案例 |
| --- | --- | --- | --- | --- |
| 农业类特色小镇（A） | 农耕体验小镇（A1） | — | 琼海大路农耕文明小镇、绿城春风长乐农林小镇 | 美国 Fresno 农业小镇、日本小岩井农场小镇 |
| | 农业加工小镇（A2） | — | 山西汾阳杏花村镇 | 法国格拉斯小镇 |
| | 农业科技小镇（A3） | — | 福山农业互联网小镇、陕西杨凌五泉镇 | 美国纳帕谷、保加利亚卡赞勒克玫瑰谷 |

---

① 《21个特色小镇的名称分类，中国需要什么样式的》，中国城乡规划网，http：//www.countryplan.cn/html/4802/4802.html。

② 有自媒体将特色小镇分为生态旅游型、特色产业型、资源禀赋型、新型产业型、高端制造型、历史文化型、城郊休闲型、区域交通型、金融创新型以及时尚创意型等十大类型。

续表

| 大类 | 中类 | 小类 | 国内典型案例 | 国外典型案例 |
|---|---|---|---|---|
| 制造业类特色小镇（B） | 工艺制造小镇（B1） | — | 龙泉青瓷小镇、湖州丝绸小镇、茅台酿酒小镇 | 德国瓦德希尔小镇 |
| | 高端制造小镇（B2） | — | 萧山机器人小镇 | 英国辛芬小镇 |
| | 智能科技小镇（B3） | — | 余杭梦想小镇、宁海智能汽车小镇 | 瑞士朗根塔尔小镇 |
| 服务业类特色小镇（C） | 金融特色小镇（C1） | 基金小镇 C11 | 上城玉皇山南基金小镇 | 美国格林威治基金小镇 |
| | | 互联网金融小镇 C12 | 西溪谷互联网金融小镇 | |
| | | 特色产业金融小镇 C13 | 梅山海洋金融小镇 | |
| | 信息产业特色小镇（C2） | 互联网小镇 C21 | 西湖云栖小镇、乌镇互联网小镇 | 美国硅谷山景城小镇 |
| | | 知识产权小镇 C22 | 知识产权小镇、黄埔知识小镇 | |
| | 医疗健康特色小镇（C3） | 康体养生小镇 C31 | 小汤山温泉小镇 | 法国依云（Evian）小镇、日本汤布院温泉疗养小镇 |
| | | 健康颐养小镇 C32 | 丽水长寿小镇、太湖健康蜜月小镇、临安颐养小镇 | |
| | | 生命健康小镇 C33 | 瓯海生命健康小镇、钟落潭健康小镇 | |
| | 文旅特色小镇（C4） | 生态旅游小镇 C41 | 杭州湾花田小镇、宁海森林温泉小镇 | 日本柯南小镇、美国卡梅尔艺术小镇 |
| | | 文化创意小镇 C42 | 余杭艺尚小镇、西湖艺创小镇 | |
| | | 历史民俗小镇 C43 | 彝人古镇 | |
| | | 艺术体验小镇 C44 | 宋庄艺术小镇 | |
| | 体育特色小镇（C5） | 赛事型体育小镇 C51 | 宁波北仑国际赛车小镇 | 英国温布尔登体育小镇、新西兰皇后镇 |
| | | 康体型体育小镇 C52 | 南京汤山温泉体育小镇 | |
| | | 休闲型体育小镇 C53 | 杭州百丈时尚体育小镇 | |
| | | 产业型体育小镇 C54 | 莫干山裸心体育小镇 | |

续表

| 大类 | 中类 | 小类 | 国内典型案例 | 国外典型案例 |
|---|---|---|---|---|
| 服务业类特色小镇（C） | 商贸物流特色小镇（C6） | 商贸小镇 C61 | 白沟特色商贸小镇 | — |
| | | 电子商务小镇 C62 | 天津武清区崔黄口镇 | |
| | | 智慧物流小镇 C63 | 嘉兴现代物流特色小镇 | |
| | 其他类型特色小镇（C9） | 教育科技特色小镇 C91 | 碧桂园科技小镇、棕榈生态小镇 | 马来西亚森林城市 |

需要说明的是，上述分类仅是基于产业体系的划分视角进行分类，在特色小镇的实际开发建设中，很多小镇的业态是一、二、三产融合的，其可以发展的内容并不仅仅限于特色业态，如农业类特色小镇，往往会融合一些服务业的业态要素，具备文旅或者生态休闲旅游等功能；体育特色小镇往往也会融合其他文旅产业元素；信息互联网技术往往会贯彻所有特色小镇的运营管理过程中等。因此，并不能因为这个分类否定某一类特色小镇的其他发展内涵和外延。

### 三 农业类特色小镇

农业类特色小镇是指相对独立于成熟的市区，具有明确的农业产业定位、农业文化内涵，旨在承接城市和拉动乡村发展，依托农业育种、农业种植、农产品加工、农业科技、农业休闲等多种业态，以优质的特色农产品品牌化、附加价值提升、体验消费为出口，带动农产品销售、特色餐饮体验、养生养老、休闲农业发展，以销带产、以生活消费整合产村镇一体化的小镇开发体系。

根据农业业态的细分，又可以将农业类特色小镇分为农耕体验小镇（A1）、农业加工小镇（A2）和农业科技小镇（A3）等中类。其中农耕体验小镇，侧重传播与传承农耕文明，通过农业生产再现与体验，融合乡村旅游、教育科普等业态，形成农耕文明体验基地；农业加工小镇侧重依托特色农产品，延伸传统农业产业链，在农业精深加工与农产品二次开发等方面进行深度延伸，形成完整的农业育种、种植、采摘、精深加工等农业链条的业态体系；农业科技小镇则侧重农业技术研发与中试、生物育种、农业栽培、农业互联网[①]等农业科学技术的集聚，提升农业科技含量，扩大农业生产力

---

[①] 农业部专门下发通知，将在全国开展农业特色互联网小镇的试点工作，力争2020年以前在全国建设运营100个农业特色互联网小镇。

的空间载体。

## 四 制造业类特色小镇

我国改革开放三十多年来，从最早的"三来一补"[①] 到近期的工业设计制造，形成了一大批制造产业集群区域。这些区域孵化和培育了一批以加工制造为核心产业的特色小镇雏形或者坯胎。从早期基于生产要素集聚的第一代工业园区，成长为以产业主导的第二代产业园区，到以创新突破为核心的第三代产业园区，再到现代科技与产城融合为特征的科技都市或产业新城。工艺制造小镇是指以特定的传统工业制造技术或者工艺加工环节产业为核心或者为主导的产业小镇。

根据产业的组织业态类型与技术创新的差异，可以进一步将制造业类特色小镇细分为工艺制造小镇（B1）、高端制造小镇（B2）、智能科技小镇（B3）等几种类型，不同类型的制造业类特色小镇在推动产业发展等方面也有不同的特色和问题需要关注。

工艺制造小镇（B1）：是指以传统制造业为支柱产业，形成稳定的主导产业和上、中、下游结构特征的产业链，形成以该传统产业为核心，相关配套产业为支撑的产业小镇。本类小镇主要是成本导向，要素低效串联配置；产业需求要素体现为廉价的土地、劳动力、优惠的税收政策。小镇的产业功能是加工型，单一的产品制造、加工。产业类型以劳动密集型传统产业为主。国内典型案例如王庆坨自行车小镇、文港笔都工贸小镇、龙泉青瓷小镇、湖州丝绸小镇、上虞围棋小镇、茅台酿酒小镇等。

高端制造小镇（B2）：是指产品以高精尖的高附加值的高端产品为主，代表当前制造业领域最先进水平的产业业态，并始终遵循产城融合理念，注重高级人才资源的引进，为小镇持续发展增加动力，突出小镇的智能化建设的高端产业小镇。国内典型案例如萧山机器人小镇、爱飞客航空小镇、江山光谷小镇、城阳动车小镇等。

智能科技小镇（B3）：是指始终追求创新文化，具备科技、研发、中试和生产复合功能，具备较好的信息、技术及其他高端产业配套服务的研发型

---

① "三来一补"指来料加工、来样加工、来件装配和补偿贸易，是中国大陆在改革开放初期尝试性地创立的一种企业贸易形式，它最早出现于1978年。"三来一补"企业主要的结构是：由外商提供设备（包括由外商投资建厂房）、原材料、来样，并负责全部产品的外销，由中国企业提供土地、厂房、劳动力。

科技小镇。国外案例如美国山景城小镇，国内典型案例如余杭梦想小镇、西湖云栖小镇、宁海智能汽车小镇、德清地理信息小镇等。

### 五 服务业类特色小镇

相比于农业类和制造业类特色小镇，服务业类特色小镇也与居民生活的联系更加密切，小镇类型更加复杂多样，如山东省2017年6月按照商贸流通、休闲旅游、文化创意、养老养生、医疗健康等服务业领域分类选定公布了一批服务业特色小镇试点单位名单。试点条件中的硬指标包括，小镇有传统产业基础、文化特色突出，有较好的发展基础和发展前景；小镇一业为主，相关产业融合发展，主导产业是服务业（不低于50%）[①]。我们从服务业与当前业态发展的内涵出发，将服务业类特色小镇分为金融特色小镇（C1）、信息产业特色小镇（C2）、医疗健康特色小镇（C3）、文旅特色小镇（C4）、体育特色小镇（C5）、商贸物流特色小镇（C6）以及其他类型特色小镇（C9），其中每个类型又可以根据业态的特点进一步细分为若干小类。

---

① 范佳、陈玮：《山东公布17个服务业特色小镇名单》，《齐鲁晚报》2017年6月20日。

# 第二篇
# 特色小镇规划理论研究

理论来自实践，又指导实践。"没有任务书的规划"是过去相当一段时间特色小镇规划编制设计团队普遍遇到的难题。为什么没有任务书？主要是因为特色小镇是一个新兴事物，还没有一套成型的规划体系指导其规划的编制工作，规划的委托方作为非专业人士，更加不清楚特色小镇规划最后的成果到底是什么样。

特色小镇经过浙江省多年的摸索，并经国家层面推广，已经有了一定的实践积累，基于这些实践，可以对特色小镇规划工作进行总结提升，并进一步指导下一步的规划实践工作。

本篇从城乡规划基本原理出发，对特色小镇规划的相关理论内容进行梳理，包括规划总论、不同类型特色小镇的规划重点与典型案例研究。

规划总论从特色小镇规划对特色小镇建设的作用出发，总结特色小镇规划的意义、特色小镇规划需要坚持的若干原则，并总结特色小镇规划的内容体系。

根据前述特色小镇的类型划分，从各类小镇的意义与特征出发，总结各类小镇规划的思路与重点，并进行国内外同类型特色小镇的典型案例研究，以期让读者有的放矢地了解每一类特色小镇的对标对象。

# 第四章

# 特色小镇规划总论

　　特色小镇作为一种政策性的产业组织平台，从平台的谋划到落地建设、产生区域示范与带动作用的整个过程，除了要积极发动包括市场和民众在内的多方力量参与之外，其核心是不能离开宏观政策的指引，其中特色小镇的规划，既是特色小镇建设的前置工作，也是引领特色小镇发展的重要工作。

　　由于特色小镇"非镇非区"的特殊性，特色小镇的规划也与传统的法定规划在规划目标、内容和成果体系上大相径庭。特色小镇规划是集战略规划、产业规划、人居环境规划以及风貌设计、基础设施规划、文化挖掘研究、旅游规划、新技术的应用、体制机制创新和规划建设管理的行动计划为一体的综合型、多规合一的规划，是策划、产业、文化在空间关系上的反映；与传统城市规划和小城镇规划仅注重空间或产业等方面不同，它是一种全新的规划体系；是在传统城市规划中所不能也不宜叠加在一起的开发建设指引与行动手册。

　　本章立足于国家相关部委对特色小镇的指导要求，结合特色小镇开发建设的内在规律特征，总结特色小镇规划的意义、原则、内容、成果体系等内容。

## 第一节　特色小镇规划的意义与原则

### 一　特色小镇规划的意义

#### （一）特色小镇开发建设的行动纲领

　　"凡事预则立，不预则废。"习近平总书记指出，城市规划在城市发展中起着重要引领作用，考察一个城市首先看规划，规划科学是最大的效益，规划失误是最大的浪费，规划折腾是最大的忌讳。作为顶层设计，规划直接关系小镇核心竞争力的形成以及发展动力的持续。特色小镇规划明确小镇的发展定位、产业方向、空间布局、文化特色以及体制机制等，是特色小镇开发建设的顶层设计，是指导特色小镇开发建设的行动纲领。作为行动纲领，特色小镇规划一方面为小镇的发展指明方向；另一方面也能引领小镇的发展，提升小镇的价值。

**（二）特色小镇建设共识的形成手段**

规划过程是一个利益协调的过程，特色小镇规划过程实际上也是利益相关者不断参与的过程。特色小镇规划需要经历一个自上而下的政策落地与自下而上的公众参与相结合的过程，在这个规划协调过程中，既要确保上位规划的控制要求，又要体现基层各界利益群体的发展诉求，这种经由公众参与制定和实施特色小镇规划的过程，实际上是一个公共政策过程，这种决策过程有利于以规划为手段，形成小镇建设过程中的共识。

**（三）特色小镇项目落地的实施工具**

从本质上讲，特色小镇规划是小镇未来发展的政策表述，表明政府对小镇开发建设和发展在未来时段所要采取的行动，具有对社会团体与公众开发建设导向的功能。特色小镇规划通过政策引导和信息传输，帮助相关部门在面对未来发展决策时，克服未来发展的不确定性可能带来的损害，提高决策的质量。特色小镇规划可以把不同类型、不同性质、不同层次的规划决策相互协调并统一到与小镇发展的总体目标相一致的方向上来。

**（四）特色小镇空间结构的构建途径**

特色小镇的空间系统是特色小镇规划的重要内容，以及小镇社会、经济、文化和体制机制关系的形态化和作为这种表象载体的土地利用系统。特色小镇规划以土地利用配置为核心，建立起特色小镇未来发展的空间结构。小镇规划限定了小镇中各项未来建设的空间区位和建设强度，在具体的建设过程中担当了监督者的角色，使各类建设活动都成为实现既定目标的实施环节，特色小镇未来发展空间架构的实现过程，就是在预设的价值判断下来制约空间未来演变的过程。

## 二　特色小镇规划的原则

《住房和城乡建设部　国家发展改革委　财政部关于开展特色小镇培育工作的通知》（建村〔2016〕147号）（以下简称"建村〔2016〕147号

文")指出，特色小镇的创建需要坚持突出特色、市场主导和深化改革三大原则。在贯彻落实上述三大原则的过程中，根据规划工作的特点，特色小镇规划在内容、特色、环境、技术路线以及工作方法上需要坚持如下几个原则。

### （一）在内容上坚持"产业为先"原则

重空间、轻产业是传统规划的诟病，建设特色小镇的核心是因地制宜，培养特色和富有活力的产业。产业是特色小镇的基石，特色小镇的发展离不开适合小镇发展的产业。薄弱的产业基础难以形成人口的聚集，难以创造稳定的现金流，从而无法保证稳定的资金流入。在小镇发展过程中，特色小镇应始终坚持"产业为先，内容为王"，产业向做特、做精、做强发展，新兴产业成长快，传统产业改造升级效果明显，充分利用"互联网+"等新兴手段，推动产业链向研发、营销延伸，将加工制造业、文化产业、未来新兴产业等与旅游结合起来，完善小镇产业链条，实现多产融合发展，在新兴产业、文化旅游乃至金融信息等多个发展热点中找到依托，从而形成自己的优势产业与特色风格。

### （二）在特色上坚持"文化为魂"原则

文化是软实力，深深熔铸在民族的生命力、创造力和凝聚力之中，没有文化生产力的发展作为支撑，经济发展就不可能获得质的提升。《住房和城乡建设部　国家发展改革委　财政部关于开展特色小镇培育工作的通知》明确提出，特色小镇的培育要彰显特色的传统文化，小镇传统文化得到充分挖掘、整理、记录，历史文化遗存得到良好保护和利用，非物质文化遗产活态传承。小镇能够形成独特的文化标识，与产业融合发展。小镇的优秀传统文化在经济发展和社会管理中得到充分弘扬。小镇公共文化传播方式方法丰富有效，小镇居民思想道德和文化素质较高。因此，文化必须是发展特色小镇的灵魂，没有文化的小镇是空洞的，文化为魂还必须坚持文化的传承发展，彰显特色小镇内涵。

### （三）在环境上坚持"以人为本"原则

特色小镇要发挥"小而精"的特点，规划确保小镇环境"以人为本"，优美宜居。小镇空间布局与周边自然环境相协调，整体格局和风貌具有典型特征，路网合理，建设高度和密度适宜；小镇居住区开放融合，提倡街坊式布局，住房舒适美观；建筑彰显传统文化和地域特色。公园绿地贴近生活、贴近工作；店铺布局有管控，镇区环境优美，干净整洁。

### （四）在技术上坚持"多规合一"原则

特色小镇规划的内容除了传统空间规划内容外，还包括定位策划、产业规划、社区规划、旅游规划、交通规划等，同时需突出生态、文化等功能。因此，特色小镇规划必须坚持多规合一，突出规划的前瞻性和协调性，融合小镇所在城镇的社会经济发展规划、城乡总体规划、土地利用规划、环境保护规划、交通综合规划、文物保护规划等相关规划，"一张蓝图干到底"，推进产业、空间、设施等方面协调有序发展，引导项目与产业落地。

### （五）在方法上坚持"共同缔造"的原则

伴随中国城镇化的推进，城市规划模式也在转变，特色小镇规划需要坚持"共同缔造"的原则，发动组织群众改善人居环境、促进社会和谐，最终构建完整社区，把社区规划与发展作为实现社会治理的途径，在公众参与中把市民的积极性调动和组织起来。这一过程需要专业的城乡规划师发挥作用，规划师的角色必须转变，规划的方法也必须转变，构建"纵向到底、横向到边、协商共治"的治理体系，由政府部门牵头，邀请城乡规划、社会治理等诸多方面富有经验的专业人士组成团队，运用专业知识和技能，以社区为单位，发动与组织当地群众参与，共同建设特色小镇美好环境和和谐社会，实现特色小镇的"共谋、共建、共管、共评、共享"。

## 第二节 特色小镇规划的目标

根据建村〔2016〕147号文的精神，特色小镇培育的要求包括特色鲜明的产业形态、和谐宜居的美丽环境、彰显特色的传统文化、便捷完善的设施服务和充满活力的体制机制五个方面。特色小镇规划需要围绕这五个方面的要求，完成如下规划目标。

### 一 策划确定小镇的战略定位

战略定位是小镇发展的基本方向，是否有一个精准的发展定位，是特色小镇能否创建培育成功的关键。根据小镇的区位条件、资源禀赋等要素进行综合分析，找出小镇自身特色，精准定位。对小镇名称、规划、建设、运营、管理、融资模式、投资主体等内容进行明确定位和策划。

## 二　精选特色产业与业态

特色小镇规划要以产业为重点，特别要突出产业选择。产业选择主要是结合小镇传统产业，发展适合小城镇的产业业态。小城镇适合的产业可以是传统农业、加工业、高新技术产业、农产品加工业、文旅产业等，不发展不适合选址小城镇的大规模制造业或者产能过剩的落后产业等，在产业和业态选择上还要考虑聚集人气的项目，注重项目落地。尽量找到有基础的产业项目，在空间上落地并做精做强。

## 三　营造美丽宜居环境

特色小镇规划既要考虑环境打造，重视城镇风貌，还要考虑环境特色，既要考虑空间的精准，又要注重美的营造，要注重打造有特色的人居环境，避免千镇一面。通过特色风貌，体现更高层次的追求。

有条件的地方可以编制特色小镇城市设计或城镇风貌专项设计，对镇区的外部环境、整体格局、居住街坊、商业服务、街道空间、建筑风貌、绿地广场等风貌要素提出升级改造方案。注重对传统文化元素符号、材质的提炼和应用。

## 四　规划配套服务设施

传统规划注重基础设施的完善，解决有无问题，忽视服务水平的高低；特色小镇规划需要强调高质量的、复合的公共服务设施和基础设施的规划，要加强市政与服务设施的建设，按照城乡一体化、城乡公共服务均等化的目标提升小镇服务水平。基础设施基于中心地理论的理论配置，要小而综，适合小城镇特点，达到国家相关标准，并辐射周围乡村和地区。

## 五　传承小镇特色文化

特色小镇不仅要有特色还要有文化，文化是特色小镇的灵魂，要建设有品质、有内涵、有吸引力的小镇，要将其建设成让人流连忘返的地方，而不是一个空壳。挖掘、传承、发展文化变得尤为重要。文化要有历史、有人物、有故事，要鲜活。挖掘和整理后的传统小城镇文化要在空间上予以体现，要提供文化场所，要在建筑、雕塑、小品、题匾、园林上予以反映，形成新的城镇"八景"。还要不断结合当前的形势归纳和总结,传承并形成当前的文化。

### 六 创新小镇体制机制

特色小镇规划需要集聚人气和创造活力,加大体制机制改革力度,创新发展理念,创新发展模式,创新规划建设管理,创新社会服务管理。推动传统产业改造升级,培育壮大新兴产业,打造创业创新新平台,发展新经济。创新镇村融合发展机制,促进小镇健康发展,激发内生动力。

## 第三节 特色小镇规划的内容

特色小镇的开发建设是一项正在探索的各种元素高度关联的综合性、系统性工程,因此,规划任务一般无标准的任务书,因此不能照搬现有某个单一领域的规划方式和方法,应在"多规合一"的视域下,针对特色小镇特点开展创新性实践。总体上,特色小镇规划是一项综合性规划,在充分提炼当地特色的基础上,需要叠加产业规划、历史文化及自然资源特点挖掘、基础设施规划、人居环境及景观设计、体制机制创新、小镇运营管理等诸多内容。在编制框架上,可围绕"战略定位"、"空间营造"、"产业特色"、"文化特色"、"体制创新"和"资金规划"等主要内容开展,并在此基础上汇总形成小镇创建期的各项规划目标,并根据规划对象的实际,突出某个与规划对象契合的方面或者专项。

特色小镇规划内容的"钻石模型"见图4-1。

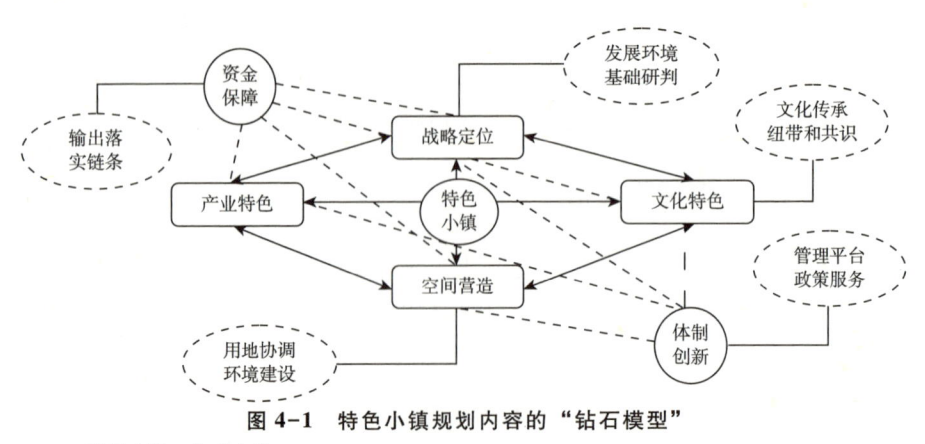

图4-1 特色小镇规划内容的"钻石模型"

资料来源:作者自绘。

## 一 特色小镇建设基础研判

中国幅员辽阔,有2万多个镇、1.5万多个乡,各个小镇在区位条件、资源禀赋、经济环境等方面都不尽相同,各自的发展基础也千差万别。"知己知彼,才能百战百胜",特色小镇的创建一方面要面对周边小镇的竞争;另一方面要审视自身的资源禀赋和发展基础。总结起来,特色小镇建设的基础研判工作包括发展环境的分析与自身发展条件的研判两个方面。

### (一)特色小镇发展环境分析

任何一个小镇的发展都离不开一定的社会经济环境,特定的环境既可以创造成功的机会,也可能制约小镇的发展。在规划过程中可以利用各种成熟的分析模型分析小镇的发展环境,如可以利用成熟的 PEST 分析模型,分析小镇所处的政策(Policies)环境[①]、经济(Economy)环境、社会(Society)环境和技术(Technology)环境。

1. 政策(Policies)环境分析

系统分析从宏观到微观的相关政策体系,对本小镇的创建有哪些利好或不利的方面。对于特色小镇建设而言,国家各相关部委出台的各种政策文件、省份地方政府的扶持与指引政策或实施细则等,都是政策环境分析的重点内容。需要强调的是政策环境分析切忌政策名录与条文的罗列,而是要对政策本身结合小镇的实际进行深入的解读与研判。

2. 经济(Economy)环境分析

经济环境分析主要是指分析小镇所处区域的国民经济发展的总体概况,包括对国际和国内经济形势及经济发展趋势的研判,特色小镇所面临的产业环境和竞争环境等。经济环境主要组成因素包括区域社会经济结构如产业结构、分配结构、交换结构、消费结构和技术结构;经济发展水平如国内生产总值、国民收入、人均国民收入和经济增长速度等;宏观经济政策,包括综合性的全国发展战略和产业政策、国民收入分配政策、价格政策、物资流通政策等。

3. 社会(Society)环境分析

特色小镇的社会环境主要包括区域人口变动趋势、文化传统、社会结构

---

[①] PEST 的原模型为政治(Politics),本文根据特色小镇分析需要,将 Politics 调整为政策(Policies),使其更加符合特色小镇环境分析的实际需要。

等。各区域的社会与文化对于小镇建设的影响不尽相同，社会与文化要素主要包括人口因素（包括当地居民的地理分布及密度、年龄、教育水平等）、社会流动性、消费心理、生活方式、文化传统、价值观等。

4. 技术（Technology）环境分析

特色小镇的技术环境分析是指社会技术总水平及变化趋势，技术变迁、技术突破对小镇开发建设的影响，以及技术与政策、经济社会环境之间相互作用的表现等。科技不仅是全球化的驱动力，也是小镇产业选择与建设的优势所在，新兴技术以及技术所衍生的产业，是特色小镇重点挖掘的方向。

（二）自身发展条件研判

除了分析发展环境，还需要对小镇自身的条件进行系统审视，明确自己的优劣势，并根据自身条件，制定相应策略，做到扬长避短。常用的分析方法是SWOT分析法即态势分析法，将与小镇密切相关的各种主要内部优势、劣势和外部的机会和威胁等，通过调查列举出来，并依照矩阵形式排列，然后用系统分析的思想，把各种因素相互匹配起来加以分析，从中得出一系列相应的结论，而结论通常带有一定的决策性。运用这种方法，可以对特色小镇所处的情景进行全面、系统、准确的研究，从而根据研究结果制定相应的发展战略、计划以及对策等。SWOT分析法常常被用于制定发展战略和分析竞争对手情况，在战略分析中，它是最常用的方法之一。

1. 优势（strengths）分析

针对的是特色小镇的内部因素，具体包括：良好的区位优势；资源禀赋；有利的竞争态势；充足的财政来源；良好的小镇形象；小镇的产业技术；规模经济；产品质量；市场份额；成本优势等。

2. 劣势（weaknesses）分析

针对的也是特色小镇的内部因素，具体包括：产业基础薄弱；交通条件落后；企业设备老化；缺少新兴技术；研究开发落后；资金短缺；经营不善；产品积压；竞争力差等。

3. 机会（opportunities）分析

针对的是特色小镇的外部因素，具体包括：新产品；新市场；新需求；外部市场壁垒的解除；竞争对手失误等。

4. 挑战（threats）分析

针对的也是特色小镇的外部因素，具体包括：新的竞争对手；小镇主导产业替代产品增多；行业市场紧缩；行业政策变化；经济衰退；市场偏好改变；突发事件等。

## 二 特色小镇战略定位与目标

特色小镇规划需要在"知己知彼"的前提下，明确小镇的发展定位与目标，只有精准的定位才能决定小镇的发展方向和目标，才能指导小镇开发所有环节和细节。从国外的小城镇发展经验来看，国外小镇建设大多定位于个性化发展，往往一所大学，就是一个小镇；一家跨国公司，就是一个小镇；一个文化品牌，就是一个小镇……国外小城镇建设基本都是从本国、本地区及小城镇建设现实需要的角度，对小城镇的建设和发展进行规划，因此不同的小城镇都有着各自鲜明的特点，每个特色小镇建设都需要"量身定制"，需要实施"一镇一策"予以支持和保障。

### （一）策划确定小镇战略定位

所谓特色小镇的战略定位是从国际、国家和区域层面，明确特色小镇在经济全球化、生态文明建设、实现现代化和城乡一体化目标中的作用，确定特色小镇在产业经济分工合作、推进区域协调发展、加快新型城镇化进程、全面深化体制机制改革中的功能。战略定位决定了小镇想做一个什么样的小镇，一般而言，特色小镇定位决策的依据或者影响因素主要有以下几点。

1. 自身的资源禀赋

虽然存在不少"无中生有"的案例，但是小镇自身资源的禀赋对小镇战略定位的制定有至关重要的影响。如文化资源分为无形的文化底蕴和有形的文化产业，不同的资源就有不同的定位思考。旅游资源也分为观光游乐资源和适宜度假的资源，资源不同，其定位思路也会有很大不同。如游乐观光资源其定位思路以快节奏的观光游玩为主，而度假资源应考虑慢节奏的旅居生活的需求。

2. 依托的市场特色

无论什么样的小镇，没有市场就不能存活和发展。因此，不同的小镇必然面对不同的市场。如本身小镇的资源完全可以面对全国甚至全球市场，但定位在区域，其规模配套设施等都不会太大，那么大的市场将被流失。

3. 面对的消费者层次

要厘清小镇未来的消费者是谁，不同层次消费者的消费偏好差异显著，只有充分了解消费者的消费预期、需求及偏好，才能更好地提升小镇定位的合理性。

### （二）制定小镇发展目标

特色小镇打造的目标千差万别，需要根据小镇的条件进行个性化定制，避免千镇一面。由于各地区的资源、环境和主导产业不同，小镇发展的路径不可能是一个模式，必须走各具特色、错位竞争的发展之路。对照创建要求，各地区可以具体提出小镇在产业发展、城镇化、资源与生态环境保护和利用等方面的指标体系，包括定性、定量指标，其中定量指标须可量化，并作为考核指标。

从全域角度看，特色小镇须制定GDP、上缴税收、就业贡献、固定资产投资、高新技术企业、省级以上研发机构数量、高端人才和创新创业团队规模、项目环保准入标准、污染物控制水平等方面的目标。

从镇（区）发展角度看，特色小镇须达到成为所在镇经济转型升级重要动力、实施创新驱动发展战略重要平台、建设和美宜居健康城镇重要载体的规划目标。

## 三 特色小镇产业规划

### （一）产业定位与目标

产业是小镇能否持续健康发展的基础和条件，是小镇保持永续动力的前提。在进行小镇产业规划时，不能局限于眼前的繁荣，也不能盲从市场热点，而是要对小镇的资源进行深度挖掘和提炼，并形成可进入更广阔市场的产品和商品，而且能迅速建立强大的品牌优势。

每个小镇都有自己的农业、加工制造、文化和旅游资源，但要发现和开发出具有商品属性的产业，并以此产业为核心进行小镇的产业定位，需要一定的智慧进行研判和设计。如薰衣草、玫瑰、郁金香等花卉，如果作为花海进行开发，是一种旅游资源，而提取出花卉食用油、精油，就是一种产品。水稻是一种农作物，既可以是观光旅游的重要组成部分，但利用高新技术制作成面膜或者其他东西就是一种可进入市场的工业产品。

特色小镇的"特色"首先体现在产业上。从我国产业结构演进的基本规律来看，新常态下，特色小镇的产业发展趋势呈现两个方向：一是产业转型升级驱动下的高加工度化、技术集约化、知识化和服务化，特别是在经济发展水平达到一定阶段以后；二是历史经典产业的回归，这是我国经济向消费主导转变以及人们对消费品质需求增强的必然结果。

### （二）主导产业遴选

主导产业的遴选是特色小镇规划的一个具有决定性意义的工作，主导产业选择科学合理与否，直接影响着小镇的产业发展方向、产业体系以及业态项目的策划等工作，也是整个特色小镇创建能否成功的关键。

特色产业的选择需要立足当地资源禀赋、区位环境以及产业发展历史等基础条件，向新兴产业、传统产业升级、历史经典产业回归三个方向发展；旅游产业具有消费聚集、产业聚集、人口就业带动、生态优化、幸福价值提升作用，也是引领特色小镇发展的主要动力。以产业为依托的"生产"或"服务"是特色小镇的核心功能，没有生产与服务就无法形成大量人口的聚集；文化是特色小镇的内核，形成了每个小镇独有的印象标识。

在遴选方法上，对传统的小镇而言，需要选用一定的遴选办法如区位熵模型、比较劳动生产率等，根据实际情况构建适合小镇评价的指标体系，科学合理遴选适合小镇实际的主导产业，一个选定的产业形成小镇的主导产业，关键在于创新以及品牌的力量。

对于一些新建的新兴小镇，则需要跳出传统的产业甄选模型，从区域发展价值定位、小镇发展的理想与追求等角度，将外部机遇与发展前景、基础优势与产业适宜性以及价值定位目标匹配度三者进行复合归巢，甄选适合新开发小镇发展的主导产业（见图4-2）。

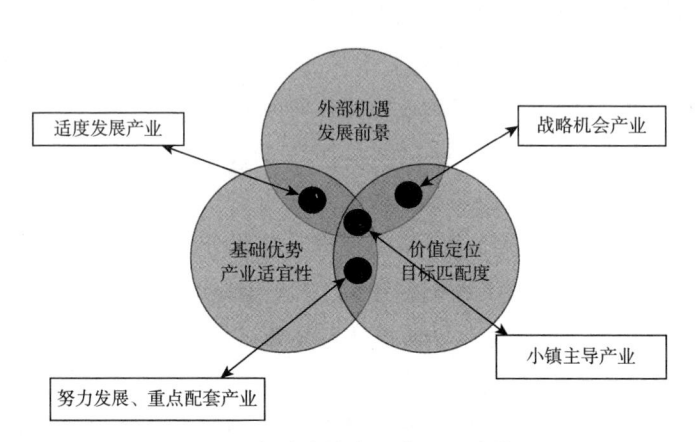

图4-2 新建小镇主导产业甄选模型

资料来源：作者自绘。

### （三）业态体系构建

在主导产业遴选的基础上，还要构建完善的产业业态体系，形成完整的产业链条或者实现多产业融合，不断培育主导产业上下游的具体项目。对于一个小镇而言，单一的产业容易受到市场波动的影响，即便是这个行业的"单打冠军"，一旦市场发生波动，产业产值下降也在所难免。培育多个产业主体项目，形成完整的产业链，可以最大限度地发挥产业的规模效益，而这恰好是小镇抵御市场风险、推动自身发展的有力武器。

特色小镇的业态体系除了关注主导产业的上下游外，还需要注重对"旅游+"的挖掘，虽然特色小镇不能只以旅游为核心功能，但旅游的"搬运"功能，可以激发小镇内在系统与外部系统的交换融合。有特色产业，有旅游，有居住人口，有外来游客，就必然要形成满足这些人口生活与居住的社区功能，否则特色小镇就只是一个"产业园"。

**（四）产业项目策划**

根据产业业态体系的方向，结合当前及未来市场的发展趋势，合理谋划适合小镇业态体系的落地项目。特色小镇的具体落地项目可以分为事业导入项目、产业开发项目以及配套基础设施项目三个层次。事业导入项目主要是由国家行政拨款的公益性或者半公益性的项目，大致可以分为"科"，如产业科研基地；"教"，如教育培训园区；"文"，如产业博物馆；其他如康复疗养医院等。产业开发项目则是完全市场化的项目，包括产业本身，如科技产业园、产业孵化园、双创中心、创想园等。产业应用项目如应用示范园等；产业服务项目如产业+贸易、产业+会议、产业+康养、产业+运动、产业+休闲旅游等①。配套项目则是为了确保上述两大类项目的正常开发与运营所需要配套的道路交通、基础设施等工程项目。

**（五）产业空间布局**

将上述产业策划项目按照小镇的土地利用规划的要求，结合项目对用地的需求特点，在小镇的建设用地空间上进行功能分区和项目落地，确保产业上下游业态的项目之间的无缝衔接和无干扰，实现特色小镇土地利用效率和价值的最大化。"空间布局"是塑造特色小镇特色主题和功能定位的空间组织手段，目的是实现小镇建筑形态"精而美"的要求。

确定特色小镇的用地基本方案应将特色小镇划分为不同类型的功能区，如产业功能区、配套服务功能区、生态控制区、预留发展区等。根据不同功

---

① 北京绿维创景规划设计院：《特色小镇的开发运营模式研究》，"百度文库" 2017 年 11 月 5 日。

能区的特点，提出各功能区的发展方向、建设规模及空间范围与管制要求。产业规划是对重要区域的战略规划和布局引导，必须有效整合提升已有的各类项目和载体，将其发展成为适宜产业、项目、企业集聚的平台。

在特色小镇产业布局过程中，还需要重点注意以下几个问题：一是统筹安排用地指标和空间布局。从县域层面统筹安排产业用地指标和空间布局，引导布局适度集聚；有条件发展产业的镇要预留发展空间和用地指标，避免进驻企业无地可用。二是要注重提高产业用地建设强度，不宜将产业园区作为小城镇现代化标志进行打造；设定产业用地建筑密度和容积率下限，绿地率不宜过高，小镇内部道路红线宽度不宜过宽；整理闲置企业用地，适度引导企业集中。

## 四　特色小镇宜居空间营造

建村〔2016〕147号文指出，特色小镇要营造"和谐宜居的美丽环境"。营造宜居的美丽城镇空间，支撑内容包括整体空间布局、绿色交通、公共服务设施以及市政工程设施等支撑体系。

### （一）打造绿色高效的交通体系

倡导低碳生活方式，落实公交优先，完善小镇生产、生活综合交通体系。注重人车分流设计，强化游步道、绿道系统的规划设计。

### （二）完善高效的公共服务设施

按照"多规合一"的规划原则，统筹城镇各个专项规划，完善城镇教育、医疗卫生、体育文化以及公园绿地等共享空间。

### （三）构筑绿色市政工程系统

融入海绵城市等先进理念，因地制宜合理规划小镇生态环境和卫生工程设施，建立生活垃圾处理体系，倡导公共建筑和新建小区建设绿色屋顶、雨水花园、透水铺装、凹陷式滞水广场、生态停车场等低影响开发设施。

## 五　特色小镇风貌特色规划

特色小镇的培育除了传统的居住环境、公共服务设施及市政设施外，还包括小镇的整体格局、景观风貌、建筑风貌等内容，在规划语境中，更多的是指小镇的景观风貌特色。在空间布局整个过程中，需要对小镇的景观风貌按照"打造和谐宜居的美丽环境"的要求，遵循"风貌控制、功能组合、场地拟合、形体设计"四个步骤，进行专项的规划与设计，具体工作内容包括以下几个方面。

### （一）整体风貌设计

特色小镇的整体格局设计要在小镇土地利用规划方案的基础上，按照项目空间选址和布局的要求，将小镇项目的建筑在小镇模型上进行空间建模，模拟小镇的空间尺度和整体风貌，明确特色小镇的天际线，这些属于城市设计的工作范畴。

整体格局设计以特色小镇的实体安排与居民社会心理健康的相互关系为重点，通过对物质空间及景观标志的处理，创造一种物质环境，既能使居民感到愉快，又能激励其社区（community）精神，并且能够带来整个小镇的良性发展，为小镇景观设计或建筑设计提供指导、参考架构。

### （二）风貌节点设计

风貌特色是特色小镇形象的重要体现，它使特色小镇得以延续、发展并发挥其传播文化的基本功能。做好特色小镇的景观风貌设计，保护小镇历史风貌特色，挖掘有个性化的风貌特质，是特色小镇开发建设和发展的关键。

在景观风貌设计的方法上，首先，要对小镇现有的物质空间环境要素进行全面整理，创造生态环境优美的高质量的实体环境。其次，要突出小镇自然空间特色，引入适合特色小镇的设计理念，使自然空间和城镇空间相互交融发展，提高整体环境质量。再次，要延续小镇和重点区域、地段的文脉和空间肌理，利用土地区位价值，突出现代城镇建筑景观，发掘特色小镇的场所个性和特点。复次，要形成合理的建筑高度控制和引导分区，使特色小镇的建设满足城镇道路、景观视线的要求。最后，有条件的小镇还要对若干重要景观节点进行详细设计。

### （三）建筑风貌指引

建筑是小镇实体存在物的主要组成部分，对一个城镇的建筑风貌进行表述时所提到的色彩、风格、体量等都是对建筑物共有特征的表达。建筑风貌是小镇建筑物的综合印象，是一个多侧面、多层次的系统。对建筑风貌的控制指引可以包括三个层面：建筑风格指引、建筑色彩指引和建筑照明指引[1]。

建筑风格指引是根据建筑物传递信息方式和细节阈值的不同，选择建筑屋顶方式、建筑主体、建筑体量、建筑底部和细部构建等作为控制和指引的对象元素，通过对这些元素提出控制要求和指引，达到对建筑风格进行控制

---

[1] 张玲：《城市建筑风貌控制的规划和管理》，《城乡建设》2013年第1期。

的目的。

建筑色彩指引一般采用色调控制,规定某一特定建筑风貌区的建筑采用某一对应系列的色彩,条件成熟的小镇可以开展单独的色彩规划,对特色小镇的色彩元素进行深入提取和研究,在对全镇的建筑色彩进行分区的基础上,进行色调的控制和指引。

建筑照明指引主要是指建筑的里面照明指引,按照小镇不同建筑物的不同特征,采用适宜的照明光源和电器,以适宜的亮度和色彩,突出重点,通过灯光造景、衬景来提升小镇的品位,确保小镇照明符合节能低碳原则,在满足功能和美观需要的基础上,合理控制照明亮度和照明时间等指标,合理划分照明等级分区,避免出现光污染等。

### 六 特色小镇文化传承规划

传统文化是乡镇的血脉,传统文化的理念、智慧、气度、神韵,强化了特色小镇培育的内在精神动力。无论是农业类特色小镇,还是制造业类特色小镇,抑或是服务业类特色小镇,它们的发展都离不开文化的传承,特色小镇的开发建设一定要提升到文化和历史层面,让小镇更有传承感。特色小镇的历史文化传承应该在生产、生态、生活深度融合和产、城、人、文一体建设的过程中加以统筹实施,不可无中生有、生搬硬套、有名无实。将区域特色文化元素、符号与现代生产生活需求相结合,塑造小镇特色建筑风貌。

具体工作路径上,要围绕适于产业化开发的特色文化资源,发挥市场主体作用开发文化创意产品,推动有价值的传统民俗和文化习俗与节庆、演艺、赛事经济相结合。文化资源和要素特别丰富的小镇还可以依托产业链条和平台渠道打造特色文化品牌。此外,还应借助特色小镇公共文化服务体系建设,提升小镇居民文化素养,丰富特色小镇文化生活。

### 七 特色小镇体制机制创新规划

目前我国大部分特色小镇在环境和文化上都具有较为鲜明的特色,各地政府也不断重视产业形态的培育,但在设施和服务、体制与机制的创新上,还存在明显不足[①]。体制机制是否有创新,决定了特色小镇能否获得持续的

---

① 舒抒:《专家把脉特色小镇建设:环境和文化有特色,体制机制创新还不足》,《上观新闻》2017年5月27日。

发展动力和制度保障，因此，体制机制的创新，是特色小镇规划的又一重要工作。在创新的内容上，大致包含以下几个方面。

一是建立以市场配置资源为主的小镇管理体制，充分发挥市场配置资源的作用，这是提高市场化程度的主要内容。土地、资金、资产、劳动力、技术、人才等资源，主要依靠市场来配置，劳动力、技术人才要逐步提高市场化程度。

二是建立特色小镇合理的所有制结构体制。现在很多小镇所有制单一，国有资产比重太大，要大力推进调整，坚持有所为有所不为，促进一般竞争性的待业国有资产尽快退出，让市场去选择投资者，优胜劣汰，积极推选投资主体多元化。

三是营造小镇非公有经济发展的良好环境。在市场准入、审批办照、待遇、服务等方面，要创造宽松、良好的发展环境，加快非公有经济的发展。

四是转变特色小镇政府职能，减少小镇项目的审批，简化项目审批程序，把政府经济管理职能转到主要为各类市场主体服务和建立健全与市场经济相适应的体制、政策、法律环境上来，完善市场体系，规范市场法规，改善市场环境，加强市场硬件建设，拓展市场运作领域，营造有竞争力的投资、创业和发展环境。

### 八　特色小镇开发运营规划

根据小镇的实际情况，研究选择小镇的开发模式、盈利模式和运营模式。在开发模式的选择上，需要对开发主体、项目开发时序、项目资金需求、项目融资途径等进行设计，开发主题不同，其选择的开发模式也会不同，可能的融资路径也大不一样，主题决定模式，而不同的开发模式决定了项目的盈利模式。此外，还要对小镇的运营模式在市场分析的基础上，进行详细的策划，包括运营主体、运营方式、营销推广等。

## 第四节　特色小镇规划方法与成果体系

### 一　特色小镇规划技术与方法

从方法论的观点来看，特色小镇的规划方法主要是将系统分析方法应用于城市规划领域。根据复杂系统适应理论，它是建立在一种假说的基础上的，即一个小镇，应该被当作一个系统来考虑，这种系统就是专门对此进行研究的学科中此术语意义上的系统，一个系统就是由一些子集构成的集合，这些子集之间存在着一些相当稳定而持久的关系，可以通过充分的研究来确定这个系统，然后再利用数学模型使之具有具体形式。结合我国城市规划工作的特点和要求，特色小镇规划是一个复杂的综合性系统工程，在不同的工作阶段，所用到的方法也不一样。

### （一）规划前期研究阶段

前期研究阶段的主要目标是认识小镇，了解小镇，分析小镇，明确规划对标，所用到的常用方法包括文献研究法、案例研究法、田野调查法等常规方法。

#### 1. 文献研究法

文献研究法是特色小镇规划的最基本方法之一，具体工作包括与规划对象小镇有关的理论研究文献和文章；有关规划资料和文件等；有关生态、绿色旅游方面的资料和文件；人文、申报特色小镇政策资料等。通过文献研究，梳理与本特色小镇主题相关的既有研究成果，如小镇既定主题的文化内涵、历史典故等。还可以通过文献研究明确对标对象，为案例研究提供研究基础。

#### 2. 案例研究法

特色小镇对我国来说是个新兴的领域，但在国外已经有非常成熟的经验，我国在东部沿海一些发达地区如浙江、上海、广东等省份也有了一定数量的成功案例。根据文献研究明确规划小镇的对标案例，并开展案例研究。主要是针对周边知名特色小镇的现状进行调查、研究、总结。通过成功案例研究，既可以验证理论研究的实用性，又可以从实践中总结经验，反过来完善规划成果。

#### 3. 田野调查法

实地调研是规划的基本工作之一，通过深入的田野调查，发掘和整理出小镇有价值的信息。以访谈、笔录、观察、摄影等方式尽量翔实地记录相关信息，只有在资料详尽、充实的基础上，才有可能做出科学的判断与分析，得到有价值的研究成果。

随着调查技术的日益成熟以及可借助的技术手段的丰富，在田野调查阶段可以借助的工具越来越多，如无人飞机的航拍，对一些地处偏远缺乏地形资料的区域有莫大的帮助；再如野外助手手机 App，能帮助规划师准确记录野外考察线路和沿途重要节点。

为了使内容更加具有说服力与广泛性，配合研究的重点与方向，在实地调研的过程中，还可以就特色小镇的发展意向和消费偏好等问题，对当地居民、游客及相关管理人员进行问卷调查。

4. 条件分析法

采用 PEST、SWOT 区位熵分析等成熟的分析模型，系统分析特色小镇的发展环境，评价特色小镇建设基础，遴选主导产业，为后续方案的比选提供决策基础。

5. 大数据分析方法

利用爬虫技术，对与所规划的特色小镇主题相关的关键词进行抓取，根据抓取的海量信息进行大数据分析，如对小镇周边客流数据的分析、小镇所在区域公共服务网点的抓取分析等。需要说明的是，大数据作为一种分析工具，所获取的数据与实际数据存在一定的误差甚至是偏差，因此所分析的结果只能反映一种趋势，并不能作为直接的决策依据。

（二）规划成果编制阶段

1. 头脑风暴法

头脑风暴法提供了一种有效的就特定主题集中注意力与思想进行创造性沟通的方式，无论是对于学术主题探讨还是日常事务的解决，其都不失为一种可资借鉴的途径。在特色小镇的主题探讨、定位思路以及方案的比选过程中，采用头脑风暴法可以有效地激发项目组成员的思维，脑洞大开，产生新观念或激发创新设想。

2. 方案比选法

在具体操作层面上，可以分为两个层次，一个是特色小镇规划的组织方，可以组织不同的规划设计团队，进行独立的方案编制，进行方案比选，但是相应地，需要付出较大的编制成本。另一个是在直接委托的项目团队中，进行多方案的比选，项目团队从不同的理念出发，编制多个不同的方案，再根据各个方案的优势进行方案综合。在方案比选过程中，还会涉及一些具体的技术方法，如层次分析法、多因子分析法等。

3. GIS 空间分析法

GIS 技术在城市规划中的应用已经非常成熟，如应用 GIS 对特色小镇进行坡度坡向、高程等地形地貌分析以及开发条件评估等。除此之外，还可以应用 GIS 空间分析工具，对特色小镇进行包括空间增长边界、城镇道路交通系统、人口与产业的空间分布、公共服务设施服务半径模拟、建筑三维空间模拟等方面的分析。

### （三）规划方案实施阶段

1. 共同缔造法

共同缔造法源于参与式规划的理论，在中国，结合规划的公众参与以及"美丽厦门共同缔造"行动的实践，逐渐成为社区规划与治理的一个共识。共同缔造的核心是共同、基础在社区、群众为主体。实质是美好环境与和谐社会共同缔造。方法是决策共谋、发展共建、建设共管、成效共评、成果共享。通过完善群众参与决策机制，激发群众参与特色小镇建设管理的热情，充分利用各种社会资源，从与群众生产生活密切相关的实事和房前屋后的小事做起，凝聚社区治理创新的强大合力。

2. 专家调查法

专家调查法，也称为"德尔菲法"（Delphi Method），1946年由美国兰德公司开始实行。该方法是由企业组成一个专门的预测机构，其中包括若干专家和企业预测组织者，按照规定的程序，背靠背地征询专家对未来市场的意见或者判断，然后进行预测。在特色小镇规划过程中，采用专家调查法，可以充分发挥权威专家的作用，明确特色小镇在实施过程中的规划指导作用，并解决规划在实施过程中可能遇到的各种技术问题。

在规划编制的过程中，根据不同内容、不同专项，还会用到很多其他特定的定性或者定量的方法，如城镇用地规模的预测方法、城市设计的定量研究方法、市政工程规模预测方法等，需要根据技术人员的工作习惯以及规划的目标进行灵活运用。

## 二 特色小镇规划的成果体系

规划是引领有序发展的重要手段，特色小镇作为一项新生事物，是涵盖产业、生态、空间、文化等多个领域的系统工程。因此，特色小镇规划是一项各种元素高度关联的综合性规划，不能照搬现有某个单一领域的规划方式和方法，而应在"多规合一"的基本理念下，针对特色小镇特点开展创新性实践。

中国城市科学规划设计研究院方明指出，特色小镇规划的成果内容至少应包括"一个定位策划+五个要求+两个提升+一个空间优化落地"的体系。

其中一个定位策划是：要找准发展定位，明确特色小镇发展思路和重点；五个要求包括产业、宜居、文化、设施服务、体制机制五个方面的专项规划和实施方案，保障特色小镇发展；两个提升为旅游和智慧体系两个提升规划；一个空间优化落地是：最终通过一个空间优化落地规划落实所有规划设想，并明确实施步骤①。

从成果体系角度看，特色小镇规划与传统规划有一定的差异，传统规划按照《城市规划编制办法》，有明确的技术标准，编制的规划其成果内容包括文本、图集和说明书，三者之间的关系也有明确的界定。特色小镇规划因为是一个综合性的实施性规划，在空间尺度上，特色小镇是"非镇非区"，因此也不具有一级政府的法定规划所具备的法定效应。根据现有的工作实践经验，特色小镇规划的成果体系应包括如下"2+2"个方面的内容，其中第一个"2"是常规成果内容。

（1）一套能够符合《城乡规划法》以及《村镇规划编制办法》体系的成果内容，包括完整的文本、图集和说明书，以科学地指导特色小镇的开发建设全过程。

（2）一个特色小镇项目库。项目库需要明确项目的所属领域、项目性质、投资额、开发建设时序等属性。

第二个"2"为可选成果，根据规划对象的实际需要提供。

（1）一套特色小镇规划的汇报材料，有条件的还需要配置多媒体成果，满足特色小镇在招商、PPP项目入库等阶段的应用。

（2）面向有需求的城镇，提供一套能够指导地方政府申报特色小镇的申报材料，包括申报书、规划成果、资料汇编等。

---

① 方明：《特色小镇规划设计的内容和重点》，《乡村建设公众号》2017年5月5日。

# 第五章

# 农业类特色小镇规划

农业类特色小镇的产生是工业化和城镇化进程下的产物，随着农业生产与收入水平、地位在国民经济中不断被弱化，青壮年劳动力都去往大中城市，乡村剩下留守儿童与空巢老人，导致乡村、小城镇上劳动力缺乏，大量资源被荒废。此时，发展休闲农业与特色小镇是时代的必然选择，唯有它们才能拉近与城市的距离。农业类特色小镇通过现代农业+城镇，构建产村镇一体、农旅双链、区域融合发展的农旅综合体，实现旅游区、产业聚集区、镇区"三区合一"、产村镇一体化的新型城镇化模式。

## 第一节 农业类特色小镇的意义与特征

### 一 农业类特色小镇建设的基础

我国作为农业大国，农业发展经历了几千年的积累，随着我国城镇化进程的推进，建设农业类特色小镇的条件日益成熟。

首先，随着我国城镇化进程的加快，全国百万人口以上的大城市已经超过100个，未来这个数字还会继续增长，大中城市周边的农业乡镇，都具备建设农业型特色小镇的区位条件。

其次，大中城市对农业和农产品、农业科研、农业体验、农业科普教育等的需求旺盛。农业类特色小镇可以通过发展现代农业，成为高端农产品的供给基地、菜篮子工程基地、农业科研创新的基地，也可以作为休闲农业、都市农业、设施农业的观光基地等。

再次，我国大型城市普遍面临着人口膨胀、交通拥挤、住房困难、环境污染、资源紧张等"大城市病"，而空气相对清新、基础设施完善、环境优美、带有中国传统农耕色彩和良好居住品质的近郊农业特色小镇有可能成为中产阶级的第一居所或者第二居所。

复次，随着我国老龄化社会的来临，具有康养休闲功能和良好区位条件的农业特色小镇也会成为中老年人养生养老和家庭休闲的理想选择。

最后，我国城乡交通通信条件的改善、私家车的普及，以及 soho 工作方式在更多行业的普及，也为中高级人才回归乡村小镇创造了条件。

## 二 发展农业类特色小镇的意义

特色小镇是我国经济社会发展到一定阶段后出现的新事物，贯穿着创新、协调、绿色、开放、共享新发展理念在基层的探索和实践。加快农业类特色小镇建设，有利于破解农村资源瓶颈，聚集农业高端要素，促进农村创业创新，能够增加农业有效投资，促进农业消费升级，带动城乡统筹发展和农村生态环境改善，提高农民生活质量，形成农村新的经济增长点；对解决我国"三农"问题，推动经济转型升级和发展动能转换，充分发挥城镇化对新农村建设的辐射带动作用，破解城乡二元结构，促进城乡一体化，具有重要的现实意义。

### （一）农业供给侧改革的有力抓手

农业类特色小镇突出农业领域的新兴业态培育和传统农业的再造，是推进农业供给侧结构性改革、培育发展新动能的生力军。加快特色小镇建设，既能增加有效供给，又能创造新的需求；既能带动工农业发展，又能带动旅游业等现代服务业发展；既能推动产业加快聚集，又能补齐新兴产业发展短板，打造引领产业转型升级的示范区。

### （二）破解城乡二元结构的有效途径

城乡二元结构是我国城乡关系中极其复杂难解的难题，通过农业类特色小镇的打造，对破解"城乡二元结构"具有积极意义，首先，农业生产可以成为社区居民和农民间交流的重要连接点，这是其他类型的特色小镇所不具备的特点。对农民来说，农业是自己最熟悉和擅长的领域，通过发展高端农业，可以带动农民提高技艺，增加农民收入。其次，通过小镇高品质社区的打造，实现城市中产阶级改善居住生活品质的梦想，使农业类特色小镇成为城市居民的第二甚至第一居所，达到城市居民回流农村的目的。这些回归的城市阶层可以用自己的经验、学识、专长、技艺、财富以及文化修养参与乡村建设和治理，将城市文明和城市生活方式带给乡村，重构乡村文化，自然而然地达到了城市反哺农村的目的。

**（三）有助于传统农业转型升级**

农业的根本出路在于现代化。发展农业类特色小镇，可以集聚资本、技术与产业创新，促进专业化分工、提高组织化程度、降低交易成本、优化资源配置、提高劳动生产率等。如以"互联网+农业"为驱动，正成为现代农业跨越式发展的新引擎，有助于发展智慧农业、精细农业、高效农业、绿色农业，提高农业质量效益和竞争力，实现由传统农业向现代农业转型，加快现代农业进程。

**（四）有助于培养现代职业农民**

没有现代职业农民，就没有农业的现代化和社会主义新农村[①]。当前由于农村人才不断"非农化"，农村面临农业专业人才短缺、农村劳动力老龄化的严峻形势。现代职业农民，是指将农业作为产业进行经营，并充分利用市场机制和规则来获取报酬，以期实现利润最大化的理性经济人。现代职业农民的涌现，将改变传统农业一家一户分散经营模式，有利于机械化作业，降低生产成本，提高劳动生产率，使农业生产经营规模化、标准化、品牌化成为可能，代表了现代农业发展的方向。现代职业农民比传统农民更加专注于研究农业生产和经营，更加凸显专业化，通过农业特色小镇平台，能够更加高效地培养现代职业农民，加快农村人才的转型升级。

**（五）有助于分享城市发展红利**

特色小镇培育政策的初衷，就是贯彻中央城市工作会议精神、推进新型城镇化发展战略，落实城市反哺农村战略，同时也是推进精准扶贫的重要工作举措之一。通过农业类特色小镇的培育与打造，可以更加精准地促进政策红利的落地，让农村分享城市发展的红利。

## 三 农业类特色小镇的特征与原则

**（一）农业类特色小镇的特征**

在类型特征上，农业类特色小镇具有如下特征：地域基于农村、组织面向农村、功能服务农村、农业产业聚集的平台、农产品加工和交易的平台、经济文化资源连接城乡的平台[②]。

---

[①] 高平：《加快培养现代职业农民》，《光明日报》2016年3月15日。
[②] 前瞻产业研究院：《农业特色小镇的六种类型及打造策略》，2017年9月27日。

在空间形态上，农业类特色小镇有别于行政区划单元的建制镇和单纯产业功能的农业产业园区，在内容上通过农产品加工业与休闲、旅游、文化、教育、科普、养生养老等产业深度融合，辅以电子商务、农商直供、加工体验、中央厨房等新业态，通过强化农产品加工园区基础设施和公共服务平台建设，吸引农产品加工企业向园区集聚，以园区为主要依托，创建集标准化原料基地、集约化加工、便利化服务网络于一体的产业集群和融合发展先导区，建设农产品加工特色小镇，实现产村镇融合发展[①]。

在经营模式上，随着可追溯的"互联网+"功能以及我国老龄化问题、亲子教育、休闲农业、市民下乡等成为社会关注的热点问题，农产品个人定制营销、全生产过程展示营销、特殊地理标识营销、种植环境的远距离视频体验式营销等多种互联网营销新模式元素注入农业类特色小镇，基于"休闲农业+医学疗养"的园艺疗法园、农业田园特色小镇日益受到关注，使其具备生态休闲旅游、康养养老、农业体验等功能。

（二）农业类特色小镇的建设原则

根据上述农业类特色小镇的特征，在农业类特色小镇规划建设过程中，应注重以下几个方面的原则。

1. 规划引领合理布局

坚持规划引领，遵循控制数量、提高质量、节约用地、体现特色的原则，推动小镇发展与特色产业发展相结合、与服务"三农"相结合，打通承接城乡要素流动的渠道，打造融合城市与农村发展的新型社区和综合性功能的服务平台。结合农业与其他产业的融合与流动的业态需要，因地制宜规划布局小镇建设。

2. 促进产业融合发展

农业特色小镇的核心在农业，要统筹集聚农业各种业态要素，推动现代农业产业、特色农产品、农业科技园区与农业特色互联网等领域的建设有机融合，促进农村融合发展，构建功能形态良性运转的产业生态圈，激发市场新活力，培育发展新动能。

3. 积极助推精准扶贫

充分利用特色小镇的政策优势和精准扶贫功能，围绕种植业结构调整、养殖业提质增效、农产品加工升级、市场流通顺畅高效、资源环境高效利用

---

① 《关于进一步促进农产品加工业发展的意见》（国办发〔2016〕93号），2016年12月17日。

等重点任务，发挥各地区各部门优势，协同推进农业特色小镇建设运营，带动贫困偏远地区农民脱贫致富。

4. 深化信息技术应用

将农业类特色小镇作为信息进村入户的重要形式，充分利用互联网理念和技术，加快物联网、云计算、大数据、移动互联网等信息技术在特色小镇建设中的应用，大力发展电子商务等新型流通方式，有力推进特色农业发展。

5. 创新农村金融手段

金融是经济的血液，没有现代农村金融体制，就难以推动现代农业发展，农业类特色小镇的规划建设要适应农村实际、农业特点、农民需求，不断深化农村金融改革创新；以大金融理念创新小镇金融组织形式，构建多层次金融组织体系，尝试兴建风险可控的新型金融机构，积极发展服务"三农"的农村资金互助合作社、农村合作金融公司、农业租赁金融公司，大力发展村镇银行。

## 第二节　农业类特色小镇规划的思路与重点

### 一　农业类特色小镇规划总体思路

农业类特色小镇建设的关键，在于基于当地的农业产业特色优势和不可复制的地理环境因素，如因为偏僻而留存的传统村落、因为执着而坚守的文化传承、因为情怀而留守的乡村艺人、因为好奇而去寻求未知的探险一族等，营造一种区别于都市生活的原乡生活方式。依靠当地承载古人"天人合一"哲学思想的农业特色产业，吸引都市白领前来体验生活，从而推动当地旅游业的发展。

总体上，农业类特色小镇应以农耕文化为精髓，以农业产业为特色，以休闲农业和乡村旅游为抓手，打造壮美现代田园、多彩文化演绎，创新产业示范、活力宜居的城乡农业旅游共同体[①]。

农业类特色小镇虽然在一定程度上反映了城市人的理想和追求，但并不

---

① 杨梅、郝华勇：《农业型特色小镇建设举措》，《开放导报》2017年第3期。

是对城市生活的照搬照抄，关键在于利用当地的农业产业特色优势，营造一种区别于都市、从土地到餐桌到床头的原乡生活方式。原乡生活方式从空间上看，是一个系统圈层架构，第一层为农户业态，包括每一农户所提供的餐饮、农产品和民宿方式；第二层为以村落为中心的原乡生活聚落；第三层为更广阔的半小时车程范围内的乡村度假复合功能结构。

## 二 农业类特色小镇的空间选址

农业类特色小镇的选址，直接决定了小镇的"特色"所在。和君咨询认为，农业类特色小镇通常需要具备以下条件：一是位于城市周边。一线城市，建议车程在1小时之内；二、三线城市，建议车程在半小时以内。二是农业相对发达的地区，有相对充足的可流转土地。三是最好具备生态环境好，有可以挖掘的自然资源、历史人文、特色产业等条件[①]。

综合而言，农业类特色小镇的选址要考虑以下四个层次的要求：一是市场区位，农业类特色小镇的消费市场主要还在其所依托的母城，因此主要以一、二线城市的近郊区为主，满足消费市场近邻的原则。二是交通区位，农业类特色小镇的产业业态和产品，要求在短时间内可以抵达消费市场，同时也确保小镇的农产品在短时间内可以运输到消费市场，因此，交通方面不宜太偏太远。三是经济区位，需要有满足现代农业需要的充足的用地空间。四是生态区位，农业类特色小镇的目标市场对生态环境的敏感度较高，小镇宜在有较大的生态优势和历史文化底蕴的区域选址。

## 三 农业类特色小镇业态体系

从产品业态看，农业类特色小镇需要营造一种乡村原乡生活的业态体系。根据一、二、三产业融合发展的宗旨，农业业态体系至少要包括农业生物育种、技术研发、种植、养殖、精深加工、农产品销售以及旅游开发等环节。

具体到业态环节，可以包括农业观光、科普教育、产品展示、特色餐饮、商贸物流、健康运动、休闲度假几个环节。

农业"三产"融合产业链见图5-1。

---

① 朱文奇：《农业型特色小镇建设的重要意义及规划要点》，和君咨询，2017年6月16日。

图 5-1 农业"三产"融合产业链

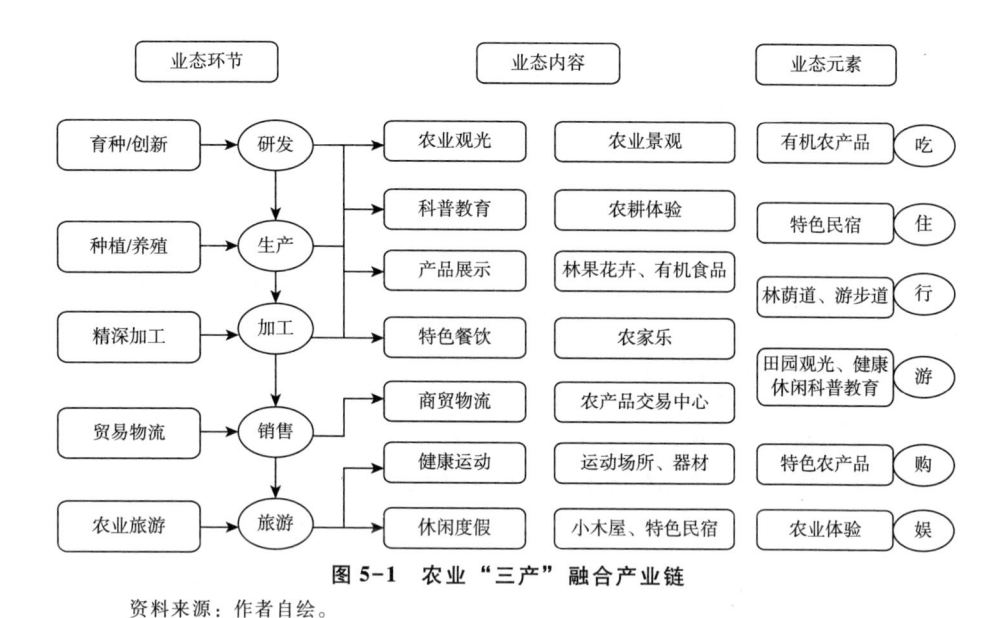

资料来源：作者自绘。

业态产品领域，包括耕种（如种植、采摘）体验、农产品（加工、购买、饮食）体验、民俗民风（节庆、活动、演艺）体验、风貌体验（建筑风貌、景观风貌、田园风貌）、住宿体验（民宿、营地、田园度假酒店）以及完善的公共服务配套设施等环节。

### 四　农业类特色小镇的农业社区建设

有一个一流的特色社区是特色小镇区别于一般农业产业园的一个重要参考指标，农业特色小镇居住社区的首要目标应该要成为城市居民的第一居所。因此，要建设适于社区居民与农民间交流的空间，打造市民农园是社区居民和农民最好的交流空间和手段。在服务配套上，要从生活服务、健康服务和快乐服务三个方面构建社区服务体系。

### 五　农业类特色小镇的服务配套要求

农业类特色小镇虽然地处乡村地区，但由于消费市场的主体是城市居民，因此，公共服务的配套要求是既要按照宜居城市标准进行建设，同时也要兼顾服务周边市场腹地。除道路、供水、供电、通信、污水、垃圾处理、物流、宽带网络等基础设施外，还要重视社交空间、休闲娱乐空间、健身设施和文化教育设施的建设,并在教育和康养等方面形成亮点。

### 六 农业类特色小镇的景观塑造

农业类特色小镇的景观建设以满足居民需要为主,兼顾游客需要,因此不一定需要按照 A 级景区的标准进行建设,更多地应该考虑因地制宜和实用性。可以通过挖掘当地的特殊历史人文特色,形成有吸引力的地标性景观。

### 七 农业类特色小镇的体制机制创新

农业类特色小镇建设的选址不一定是在建制镇。因此要在用地指标、审批和管理权限方面寻求创新和突破。农业类特色小镇的开发,一定要采用市场化的运作机制。政府仅负责政策制定、规划支持、宏观指导和引导,并积极争取金融机构融资支持,具体的运作要由市场化的企业主体来进行,鼓励企业投入资金并组织申报、审核、建设、运营工作。

## 第三节 农业类特色小镇典型案例

### 一 国外典型案例

西方发达国家的农业发展经过了几百年的沉淀,已经进入后工业化阶段的农庄经济阶段,农业已经远远超出了单纯农业种植和农业加工的产品层面,而是结合后工业化时期的农业科技、农业休闲旅游、农业艺术以及农业节事的发展,不断延伸农业的产业链和创新农业产品,诞生了很多驰名世界的农业特色小镇,这些小镇以农业为基础发展旅游产业,成为国际知名的"农业+"特色小镇,典型的案例有美国加州纳帕谷葡萄酒小镇、美国 Fresno 农业小镇、法国格拉斯小镇、保加利亚卡赞勒克玫瑰谷等。

#### (一)美国加州纳帕谷(Napa Valley)葡萄酒小镇

纳帕谷(Napa valley)葡萄酒小镇位于旧金山以北约 50 英里的纳帕县,是美国第一个跻身世界级行列的葡萄酒产地。纳帕谷地理位置优越,享有加州最充足的阳光,从而成为世界上最著名的葡萄酒产地之一(见图 5-2)。

图 5-2 美国加州纳帕谷（Napa valley）葡萄酒小镇
资料来源：作者自拍。

葡萄酒产业是纳帕谷的支柱产业，在其 35 英里长，5 英里宽的狭长区域，除了酒庄和若干集镇外，整条山谷内均种满了葡萄。纳帕谷内集聚了大约 300 家酒庄。纳帕谷葡萄酒产品注重科技的应用、品牌的保护和产品附加值的提升，纳帕谷的葡萄酒只占整个加州葡萄酒产量的 4%，产值却占了全加州的 1/3，平均每年的收入达到 100 亿美元，是高档葡萄酒的代名词。目前形成了包括葡萄种植、加工、品尝、销售、游览、展会等功能在内的葡萄酒全产业链，成为世界顶级葡萄酒原产地的葡萄酒小镇，成为一个以葡萄酒酒文化、庄园文化而负有盛名，包含品酒、餐厅、SPA、婚礼、会议、购物及各种娱乐设施的综合性度假区和旅游胜地（见图 5-3）。

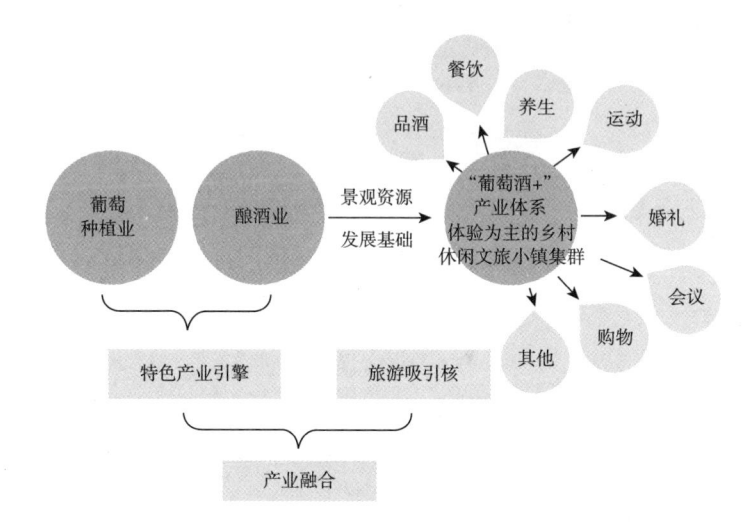

图 5-3 纳帕谷产业业态体系
资料来源：前瞻网。

纳帕谷依托得天独厚的自然条件和无与伦比的酿酒技术，围绕都市一族和品酒爱好者所向往的充满田园风光和醇美酒香原乡生活的追求，推出观光（自驾车、火车、自行车、热气球）、美食（煎鹅肝、巧克力蛋糕）、节庆活动（葡萄酒拍卖、橡木桶拍卖[①]、纳帕之夜）等旅游产品，目前每年接待世界各地的游客350万人次左右[②]，旅游总收入达到6亿美元。

### （二） 法国格拉斯（Grasse）小镇

"世界最浪漫的地方在法国，法国的香氛在格拉斯小镇。"法国香水小镇格拉斯的香水产业已成为"浪漫法国"的代言者，也是展示名人文化的最佳之地[③]。法国格拉斯（Grasse）小镇位于法国东南部的普罗旺斯，距离戛纳19公里，占地面积约44平方公里，大约有5万人口，是一座位于海拔325米的高山之中的小城，引领了一种自然和谐浪漫的生活方式，也是农业特色小镇的典范，其以花田加工业为主导，拓展到香水旅游、花田高端度假，实现了产业链条的延伸（见图5-4）。

图 5-4　法国格拉斯香水小镇

香水产业是格拉斯的支柱产业，其每年为格拉斯创造超过6亿欧元的财富，被誉为世界香水之都、全球最香的小镇，法国香水的摇篮。格拉斯围绕

---

[①] 纳帕谷葡萄酒拍卖会（Auction Napa Valley）是帕纳谷最负盛名、最大规模的节事活动，也是世界最大的葡萄酒慈善拍卖活动之一，在2000年纳帕谷葡萄酒拍卖会上成交的一瓶1992年份啸鹰（Screaming Eagle），其成交价高达50万美元，创下了葡萄酒拍卖的世界纪录。2017年纳帕谷拍卖会总共取得了420万美元的总收益。这些拍卖会的收入将由纳帕谷葡萄酒商业协会负责管理，并用于提升和保护纳帕谷产区。

[②] 徐萍、卫新、王美青、孙永朋：《探索特色农业小镇建设新路径》，《浙江经济》2016年第5期。

[③] 《全球视野观之特色小镇》，中科创城市更新，http：//mt.sohu.com/business/d20170527/143957903_ 696028.shtml，2017年5月27日。

高档日用化妆用品的原料——香料产业，从花卉种植、香料制作、香水制作，到花田旅游、香水学校、香水博物馆，真正做到了产业的三产融合，把花卉观赏、香水文化、香水制作体验贯穿到整个游览过程中，特色的"产业"、特色的"产品"、特色的"工艺"、特色的"景观"、特色的"知识"，让格拉斯成为世界知名的旅游特色小镇之一。

格拉斯小镇历经多次产业转型，最终形成以鲜花种植业为基础、新型香水制造业为核心、特色旅游服务业为支撑的发展之路（见图5-5）。这一发展历程为我国特色小镇的升级提供了很好的借鉴经验。法国格拉斯小镇的成功之处在于产业专业化及集群化，打造专门化的内生性主导产业，形成内源内生性区域经济造血体系，形成产业集聚和规模化效应，向产业链纵深延展；原产地品牌形象打造，引入知名产品制造企业进行合作，将区域品牌与产品品牌相结合，从而形成强有力的原产地形象；优美的城镇地貌景观设计，为旅游观光提供了良好的视觉效果；完善配套的复合型城镇功能，不仅有利于吸引产业发展所需的人才，更有利于促进旅游的发展[1]。

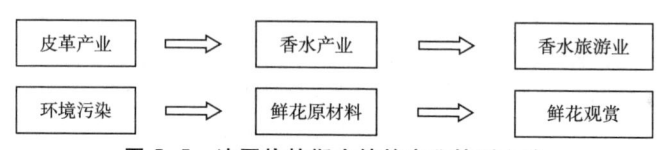

图 5-5　法国格拉斯小镇的产业转型之路

格拉斯小镇的第二次转型，成功融入了全球产业链。根据产业链竞争理论，产业链是"6+1"的环节，"6"是六大软性环节：一是产品设计；二是原料采购；三是长途运输；四是订单处理；五是批发经营；六是零售。"1"是硬性环节：制造环节。在第一次转型时，小镇抓住了原料采购、订单处理、产品设计、产品制造几个环节，而在第二次转型后，由于游客的大量涌入，小镇将部分批发和零售的收益收入囊中，而这部分收益主要是由小镇经营店铺的市民所获得，从而真正起到了扩大就业、提高居民收入的作用。在这个转型的过程中，格拉斯小镇放弃了部分鲜花种植的收益，将这些土地用于观赏性花田和高尔夫球场等旅游设施的建设，得到了更加高效的利用[2]。

---

[1] 《全球视野观之特色小镇》，中科创城市更新，http://mt.sohu.com/business/d20170527/143957903_696028.shtml，2017年5月27日。

[2] 乐冬：《香水之都——法国格拉斯小镇》，http://www.archcy.com/focus/The%20characteristic%20town/ae94864f32eb42e2，2016年10月28日。

法国格拉斯小镇的衍生产业依托鲜花资源，不仅可以为人们带来视觉享受，还可以利用鲜花的芬芳制作香水，即发展香水产业，为当地带来可观的收入。这一发展模式同样可以应用于中国的特色小镇。通过对自然资源进行加工、升级，将其进行产品化，并打造以产品与小镇特色为主的文化色彩，树立品牌意识，为特色小镇的进一步发展奠定营销基础。

### （三）日本小岩井农场小镇

日本的休闲农业兴起于20世纪60年代初，特色小镇的发展要追溯到二三十年前，如今都已经发展成熟，名列世界前茅。其中较为著名的小岩井农场位于岩手县，创立于1891年，是日本最早、规模最大、最具代表性的民营农场，农场整体规模为26平方公里（见图5-6）。

图5-6 日本小岩井农场小镇

1962年起，农场开辟了约600亩兴建观光牧场MAKIBA园，功能包括动物农场、农具展览馆、牧场馆、天文馆以及提供综合服务的山麓馆。其中亮点项目有Sheep & Dog Show，每年的4月底到11月初之间，游客可以在动物农场区观赏牧羊犬和羊群所表演的Sheep & Dog Show，欣赏牧羊犬和牧羊人联手表演；母羊生产，每逢2月下旬3月初，人们可以亲眼看到母羊产子，看到新生羊宝宝的到来，这时是羊馆里每年最热闹的时候；羊馆的工房内部是各种参与性的活动，主要是一些羊毛织物的商店，它们可以让游客自由参与，自己纺线、编织，体会DIY的乐趣，羊馆附近还开设了一些以羊为特色的参与性活动，如羊杖高尔夫等。

目前小岩井农场小镇平均每年接待游客120万人次，为农场赢得了可观的经济收入[①]。

---

① 《案例丨7个国内外创意观光农场如何玩"小清新"？》，赢商网，http://www.winshang.com，2015年10月12日。

## 二　国内典型案例

相较于西方发达国家，我国的农业发展还处于比较初级的阶段，农业现代化还有相当长的一段路要走，农业类特色小镇也在起步发展的路上，国家相关部委也在大力推进农业相关小镇、美丽乡村、田园综合体等形态集群的发展，目前也出现了一批正在摸着石头过河的探路者，典型的如杭州绿城春风长乐农林小镇、山西汾阳杏花村酒都镇、咸阳杨凌区五泉镇以及北京通州区西集镇等，这些案例在定位和发展上，立足于农业基础，积极向一、二、三产业融合发展的方向努力，在加工和休闲旅游等方面也取得了很好的成效，因此很难界定它们是单纯的农业类特色小镇，但总体上，它们是依托于农业的基础，因此将其列入农业类特色小镇的范畴。

### （一）杭州绿城春风长乐农林小镇

杭州绿城集团开发的春风长乐农林小镇是一个以农业为基本产业的集养生养老、休闲旅游和创业居住于一体的综合性农业类特色小镇。小镇位于浙江余杭长乐农场，占地10平方公里，其核心产品有桃源牧场、耕读人家、古寺禅茶、香药稼圃、温泉溪谷、森林硅谷等，将原本产业模式单一的长乐林场，打造成一个以农业为基础，配合旅游、创业、居住、颐养等功能的复合式"农林小镇"（见图5-7）。

图5-7　绿城春风长乐农林小镇

绿城春风长乐农林小镇借鉴霍华德"田园城市"的理念，以农业作为产业引擎，将当地及周边农民就地转化为现代农业工人，并让城里人在这里体验农业创意产业，按照供给侧结构性改革思路，通过现代农庄产品，把城市家庭的种菜养花需求与农业进行深度结合，同时对农村基建、教育、医疗等领域进行建设和改造。在建筑设计上，该小镇住宅和配套设施按照9∶1的比例进行配置。小镇的居民既有城市人口，也有农民，各占一半。在产业比例上，农业小镇的产业模式应该是"20%地产+40%农业+40%其他"[①]。

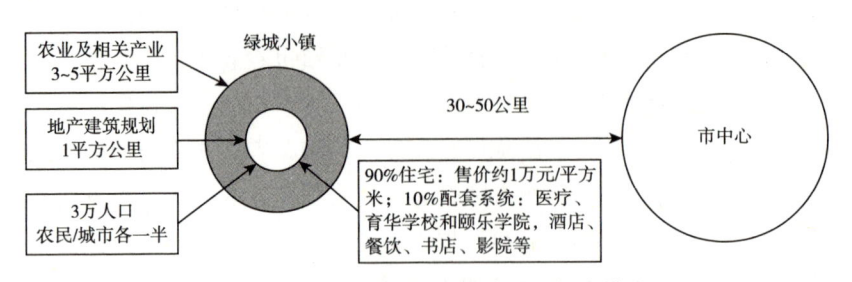

图 5-8　绿城春风长乐农林小镇的概念模式

### （二）山西汾阳杏花村酒都小镇

山西汾阳杏花村镇位于吕梁山东麓子夏山下，太原盆地西缘，2011年7月被列为第二批全国特色景观旅游名镇，2014年7月被列为全国重点镇，2016年10月被列为第一批127个中国特色小镇之一。杏花村镇历史悠久，是中国最早的酿酒地区之一，酿酒历史可以追溯至四千多年前，素有"酒都"之美称。清香型白酒酿造技艺更是当地特色的传统文化。2007年汾酒酿造技艺被列入第一批国家级非物质文化遗产，并且进入申报世界文化遗产预备名单。

为加快特色小城镇建设，杏花村镇以汾酒知名度为基础，形成了酿造产业为支柱，旅游开发为突破口拉动全镇经济和社会协调发展的全新模式。与此同时，积极发展"互联网+"项目，以酒类销售为基础，发展了650余家电子商务经销商，成为山西省最大的电商集聚区，形成了特色鲜明的产业形态。在弘扬传统文化与和谐宜居美丽环境的打造上，形成了"一座古城、十里酒城、百里杏花、千年文化、万里飘香"的发展格局。

其中杏花村酒业集中发展区的规划与建设（见图5-9），是山西省转型综合改革标杆项目，发展区上连酿酒高粱种植，下延酒糟养殖，是推进农业产业化的龙头项目和转型发展的示范项目，具有极其重要的积极带动作用[②]。

### （三）咸阳市杨陵区五泉镇

陕西咸阳市杨陵区五泉镇依托杨凌农业高新技术产业示范区，大力发展

---

[①] 彭耀广：《绿城春风长乐：探索农庄卖家模式》，《北京商报网》，2017年7月26日。

[②] 《第一批中国特色小镇——吕梁市汾阳市杏花村镇》，中国网，2017年8月16日。

**图 5-9　杏花村酒业集中发展区规划**

资料来源：小城镇建设。

高效农业、特色农业和科技产业，培育发展了以小麦良种繁育、奶肉牛畜牧、特色养殖、大棚蔬菜、杂果种植、苗木及花卉栽培五大支柱产业，积极推进中小企业园区建设，全力打造以"后稷之乡·农科小镇"为品牌的农耕特色小镇。在规划上，依托杨凌农业科技的优势，加强在现代农业发展上探索新技术、新品种、新模式，形成现代农业与二、三产业交叉融合的特色产业体系，顺利入围第一批 127 个国家级特色小镇。

该镇先后引进了华阳公司、示范区建筑公司杨陵装饰工程分公司、杨凌创鑫有限公司、海迪亚农科贸有限公司、杨凌烘干设备厂等一批高科技企业。改制并壮大了杨凌建筑机械厂、五泉建筑公司等乡镇企业，为五泉的发展奠定了坚实的经济基础，是支撑杨凌国家级农业示范区、农业高新技术产业示范区以及农业标准化示范区的核心力量。

**图 5-10　杨陵区五泉现代农业小镇**

资料来源：杨凌示范区官网。

# 第六章

# 制造业类特色小镇规划

制造业类特色小镇作为制造业转型升级发展平台,某种意义上可以看作产业园区的升级版,这类特色小镇在规划建设过程中,如何推动产业升级,实现包括人才、科技、资金、土地、基础设施、公共服务等要素优化配置是关键。

## 第一节 制造业类特色小镇的意义与特征

### 一 制造业类特色小镇建设的基础

我国是制造业大国,"中国制造"已经世界闻名。改革开放以来,依靠承接国际产业转移,我国形成了一大批专业镇,每个专业镇就是一个庞大的产业集群,如东莞虎门的服装、厚街的鞋业、大岭山的家具、横沥的模具制造等。

然而,这些制造业名镇一般是"大而不强",主要依靠土地、劳动力和区位优势,"两头在外"的加工贸易企业生产的产品大多附加值不高,尽管业界知名度很高,但缺乏有自主知识产权、高精尖的产品。2008年国际金融危机发生后,制造业是国内最早受冲击,也是影响最大的领域之一,为突破传统要素驱动发展路径的"瓶颈",工业领域开始大力开展产业集群协同创新,推动传统制造业向高端智造转型升级。

随着我国新型工业化、信息化、城镇化、农业现代化同步推进,超大规模内需潜力不断释放,为我国制造业发展提供了广阔空间。各行业新的装备需求、人民群众新的消费需求、社会管理和公共服务新的民生需求、国防建设新的安全需求,都要求制造业在重大技术装备创新、消费品质量和安全、公共服务设施设备供给和国防装备保障等方面迅速提升水平和能力。全面深化改革和进一步扩大开放，将不断激发制造业发展活力和创造力，促进制造业转型升级。

制造业是实体经济的关键，我国改革开放30多年的发展历史，总体上说是一部制造业发展的历史。当前我国的产业结构已经实现由"二三一"逐渐向"三二一"迈进，服务业地位不断提升，以制造业为主体的第二产业在国民经济中的占比有所下降。但德国等制造业强国的发展经验表明，制造业是社会财富的根本源泉，是增强综合国力的重要支撑，也是改善人民生活的重要保障。特别是高端制造业以创新能力建设为依托，以高新技术为引领，是产业升级、技术进步的重要方向，是转变经济发展方式、实现由制造业大国向制造业强国转变的重要环节。

## 二　制造业类特色小镇建设的意义

制造业类特色小镇是发挥市场主体作用和吸纳社会资本投资的新热土，政府重在搭建平台、提供服务，政府为企业创业提供条件，让小镇在提升社会投资效率、推动经济转型升级方面发挥更重要的作用。建设制造业类特色小镇，对推进供给侧结构性改革、促进中国制造业转型升级、加强一、二、三产业融合等具有积极的意义。

### （一）有助于传统制造业转型升级

大力支持制造业类特色小镇建设，是推进我国传统制造业转型的重要抓手。当前，新一轮科技革命正在席卷全球，世界各国都在实施新的制造业提升计划，我国也提出了"中国制造2025"，推进"大众创业、万众创新"和"互联网+"行动；同时，部分产业领域的低端、普通产品产能过剩已成为常态，供给侧改革迫在眉睫。因此，制造业类特色小镇不能走传统工业园区、开发区的发展之路，不能走简单产能扩张的发展之路，而要在业态转型、模式创新、环境营造上形成新的竞争优势，带动制造业转型升级。

### （二）有利于二、三产业融合发展

制造业类特色小镇在培育上强调产镇融合，有利于传统制造业的业态向上下游延伸，形成多产融合发展的良好态势。传统产业园区或者制造业名镇只注重工业产值，在业态上也只关注加工制造环节，对制造业上游的研发、下游的休闲体验、工业旅游等环节关注不够。特色小镇作为一个创新平台，产镇融合的发展模式有利于企业跳出就制造论制造，在产业延伸和融合上创造新的局面。

**（三）有利于疏解中心城区非核心功能**

制造业类特色小镇的选址一般位于大中城市周边，建设各种制造业类特色小镇，将在一定程度上疏解中心城区的制造业职能，同时吸引制造业的就业人口，成为大城市的众多反磁力中心和蓄水池，有利于优化提升大中城市核心功能和疏解中心城区的非核心功能、产业、人口和其他服务支撑要素。

### 三 制造业类特色小镇的特征与规划原则

**（一）制造业类特色小镇的特征**

从集聚企业的规模特征看，制造业类特色小镇可分为核心项目带动型和中小企业集群型。前者主要由单个或多个龙头企业带动特色小镇产业集群发展，形成"核心项目+中小微企业"的集聚模式，主要集中在高端装备制造如汽车、智能装备、新能源装备，或具有较强品牌影响力的大型食品、轻工制品领域；后者多因资源禀赋特色和加工制造业经济发展历史形成的产业集聚，多分布在农产品加工以及其他一些特色轻工领域[①]。

**（二）制造业类特色小镇的规划原则**

由于制造业类特色小镇的核心还在制造，因此，制造业类特色小镇的规划需要坚持以下几个原则。

一是规划引领原则。坚持规划引领作用，精准定位主导产业，推动小镇发展与特色产业发展相结合，打通承接城乡要素流动的渠道，打造融合城市与农村发展的制造业服务平台。结合制造业与其他产业的融合与流动的业态需要，因地制宜规划制造业小镇的建设。

二是高端定位原则。小镇产业要以高端产业为主，并始终遵循产城融合理念，以"中国制造2025"为行动纲领，坚持"高端、融合、生态、创新"方针，以工业4.0为制造标准。

三是智能服务原则。突出小镇的智能化建设，小镇尺度规模不大，非常适合智慧城市建设的要求，制造业特色小镇要突出小镇的智能化水平，打造完善的智慧交通、智慧医疗、智慧教育、智慧安防等专项。

四是人才保障原则。注重高级人才资源的引进，为小镇持续发展增加动力。制造业小镇的就业门槛较其他类型的特色小镇要高，根据产业的主题，

---

① 赛迪顾问产业通：《制造业转型升级，掌握这两种特色小镇发展模式》，2017年1月22日。

制定良好的人才引进措施,这样既保证产业的发展,也确保小镇集聚较高素质的人口。

## 第二节 制造业类特色小镇的规划思路与重点

### 一 制造业类特色小镇规划总体思路

与农业类特色小镇强调原乡文化与"乡愁"不同,制造业类特色小镇的核心是特色产业和工业产品特色、如何提升产业产值以及推进产业转型升级。因此,在总体上,制造业类特色小镇应以工业产品为核心,以产业链条构筑为抓手,以上下游产业延伸为目标,以产业人才吸引为支撑,打造集技术研发、工业生产、产品销售、产业旅游、创意经济、宜居环境于一体的产业综合体和宜居宜业宜游的特色小镇。

### 二 制造业类特色小镇规划重点

制造业类特色小镇建设的核心是强调创新,包括理念创新、定位创新、业态创新、模式创新和产镇融合等。

#### (一) 理念创新

突出小镇主导产业的主体地位。传统的工业园区往往以生产、加工、制造为核心,以工业厂房、机器设备、大量工人、有形的工业产品为主要特征。制造业类特色小镇的建设一是要延伸产业链,形成集研发、设计、制造、中试、检测、认证、展示、体验、营销等功能于一体的加工产业链;二是要强调创业创新的无形服务,构建苗圃、孵化、加速、教育、金融、商务、电商、文化、旅游等完善的创业创新服务链,创建一个具备完善产业链、创新链、资金链的新型产业小镇。

#### (二) 定位创新

对于产业本身的打造,要科学确定产业定位,并构建相对完善的产业链条。对能够聚集人力、技术、信息、资本等要素,具有先天发展优势的产业资源(如某一细分领域装备用品的生产制造,或某个细分领域在行业中的标志性地位,难以复制的先天市场环境等)进行深度发掘提炼,确定主导产业发展方向,实现其配套产业、服务产业、支撑产业的聚集,形成产业链。

### （三）业态创新

传统的制造基地生产出来的产品往往难以面向终端消费市场，且生产设备（资料）的购置往往需要消耗大量的时间和精力。制造业类特色小镇建设要发挥现代工业展览展示与商贸服务功能，积极发展面向同领域的生产企业的智造装备、原材料的展示交易；同时面向下游应用客户，积极发展中高端制品的展示交易、电子商务等，促进高端制造与产品贸易联动发展。对于产业与研发创新、产品创意、工业旅游等其他产业的融合，需要找准市场对接点，进行三产化、体验化、消费化延伸，即以优势产业为核心，有选择地充分链接文化、教育、健康、养老、农业、水利、林业、通用航空等产业，由二产向三产延伸，扩大消费群体，增加产业价值。

### （四）模式创新

传统的制造企业往往依托企业人才队伍，依托企业自身的力量进行研发设计、制造生产、设备购置以及拓展市场空间。制造业类特色小镇建设要充分发挥全社会的力量，以"互联网+"和"大数据"等技术推动主导产业模式创新，大力推广众包、众筹、众创、众服、众乐"五众"模式，以众包模式推动产品设计、制造工序专业化分工，以众筹模式推进中小企业共同购置重大制造装备，以众创模式推动创业创新资源集聚，以众服和众乐模式丰富主导产业的关联服务业态。

### （五）产镇融合

打造宜居宜业宜游小镇。传统的制造基地或者产业园区在空间上往往功能混杂，建筑形态单一，形象与一般的工业园区差别不大。制造业类特色小镇的建设应按照宜业、宜居、宜游的要求，构建合理的功能分区，完善旅游设施、文化场所、生活配套等，融合工业文化、历史积淀文化与名人文化，实现二产和三产联动，"兴产"和"建镇"共进，配套完善办公、居住、商业、教育、医疗、文体、旅游等多种生活功能。

## 第三节　制造业类特色小镇典型案例

### 一　国外典型案例

国外经过产业革命以及后工业化的发展积累，形成了一大批独具特色和竞争力的制造业集聚小镇，这些产业化特色小镇规模不大，但是特色鲜明，在某一个特色产业领域具备世界级的影响力,如德国瓦德基尔希(Waldkirch)小镇的管风琴制造业、英国辛芬(Sinfin)小镇飞机发动机制造业、瑞士朗根塔尔(Langenthal)小镇和西班牙阿尔特索(Altso)小镇的服装制造业均在全球具有较高的知名度和显赫的竞争力。

### (一)德国瓦德基尔希(Waldkirch)管风琴小镇

德国瓦德基尔希(Waldkirch)位于德国西南部黑森林地区埃尔茨河谷,是德国巴登—符腾堡州的一个市镇(Gemeinde)①,距离弗莱堡约 16 公里,毗邻法国与瑞士,人口只有两万多,面积约 48 平方公里。瓦德基尔希管风琴制造工艺始于 18 世纪末,19 世纪又发展了手摇管风琴与音乐盒制造工艺,在 20 世纪享誉全世界。现今,管风琴制造主要集中在 Jäger & Brommer、Paul Fleck Söhne、Achim Schneider、Wolfram Stützle 等数家企业。两百年管风琴制造与演奏传统让瓦德基尔希获得"管风琴中心"的美誉。教堂管风琴、年集管风琴、管弦乐琴、手摇管风琴等在过去两百年中销往全球,把源自黑森林的音乐带到世界各地。其中 Jäger & Brommer 管风琴公司先后为我国的青岛提供了四座精致的管风琴,其中青岛天主教堂、基督教堂、大剧院的管风琴都来自这座城市②(见图 6-1~图 6-3)。

图 6-1　瓦德基尔希在德国的区位　　图 6-2　瓦德基尔希市镇 Logo
资料来源:Waldkirch 官网。

---

① 市镇(Gemeinde),是德国法定行政区划的最低级别。根据德国官方统计,截至 2009 年,德国共有 12013 个市镇。
② 钱玲燕:《德国特色小镇:在"快节奏"与"慢生活"之间寻求平衡》,绿色之都弗莱堡公众号,2017 年 8 月 24 日。

图6-3 德国瓦德基尔希管风琴小镇

资料来源：Waldkirch官网。

在早期的工业革命期间，瓦德基尔希所在的埃尔茨河谷是德国重要的纺织业基地。战后，纺织业日渐式微，光学、电子技术以及造纸工艺得到迅猛发展，目前中心城区外围驻扎着诸多知名企业：全球领先的智能传感器制造商Sick、包装盒生产商Faller、电子和连接器产品企业Hummel以及世界知名的游乐设施制造商Mack Rides等。

其中Sick公司成立于1946年，自1972年在法国成立第一家分公司起，这家扎根于瓦德基尔希的地方家族企业四十多年来在全球共设立50多个分公司与办事处，2016年，其全球员工总数为8000人，营业额达14亿欧元。

瓦德基尔希在推进现代科技产业发展的同时，努力致力于保护家园与传统，增强地方自我意识，改善人们在城市中的生活品质，避免城市的趋同性及美国化发展，提倡"慢生活"，同时也大力发展以"慢生活"为核心的休闲旅游业，2002年被"国际宜居城市协会"授予"国际慢城"称号。

### （二）英国辛芬（Sinfin）发动机小镇

辛芬（Sinfin）是英国德比郡的郊区，位于德比郡西南偏南约3英里处。范围西接斯登逊（Stenson），东邻切勒斯顿（Chellaston），北壤诺曼顿（Normanton）和艾伦顿（Allenton），南边紧邻Swarkestone和Barrow-upon-Trent，包括奥斯马斯顿以及细芬，2011年人口有15128人[①]（见图6-4）。

辛芬包括两个不同的区域——"新辛芬"与"老新芬"，其中"老"的一部分，接壤北方德比—克鲁铁路。在这里，在"第二次世界大战"开始时，修建了大量军械库。这些军械库由一系列的碉堡保护，并建有大量的炮台和防空气球，现在大部分都已被拆除重建，但仍有一些遗迹。目前，虽然航空发动机

① Wikipedia, Sinfin [EB/OL], https://zh.wikipedia.org/wiki/.

工厂仍在这里，并继续扩大，但是许多旧企业，包括军械工厂，已经消失或至少严重缩小其规模。然而，新的新兴产业已被逐渐引进，因此，虽然不是网络雇主，但该地区确实有大量可找的本地工作，这里的新兴产业大部分位于旧兵工厂的厂址。

辛芬和奥斯马斯顿在被德比郡连接之前，是各自独立的小村庄。奥斯马斯顿大部分是在内战之前建成的，而辛芬多是战后形成的，两个区域之间有一个工业化的地区，由劳斯莱斯（Rolls-Royce）[①]公司控制。目前辛芬小镇，中间是办公和核心工厂，周边是绿地和低密度住宅区，在今天，真正决定其生命力的不是优美的环境和舒适的低密度住

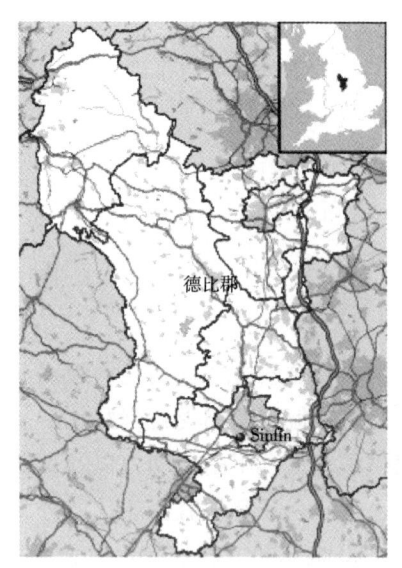

图 6-4 辛芬（Sinfin）在德比郡（英国）的区位

宅区，而是因为这里是世界著名的航空发动机公司劳斯莱斯总部所在地，能生产出全世界最高端的航空发动机，一台 Trent 900 航空发动机就要卖 3000 万美元[②]，无可替代的高端产业让 SinFin 小镇成为驰名世界的特色小镇之一。

### （三）瑞士朗根塔尔（Langenthal）小镇

朗根塔尔是瑞士北部伯尔尼州下属的一个小城镇，2015 年 12 月的人口约为 1.54 万人。小镇占地 17.26 平方公里，镇上聚集了多家巨头企业如交通纺织品顶级供应商蓝拓公司是世界最大的专门从事飞机客舱配置的公司，专为波音、空客等航空公司供货，占全球市场的 60%；Ruckstuhl 公司生产高质量的室内地毯，诺华制药、爱马仕等国际知名公司均为该公司的重要客户；年产值超过 10 亿欧元的安迈集团（Ammann）是著名的工程机械公司，还有著名纺织企业 CrémentBaumann，食品生产企业 KADI AG，机械制造企业布赫集团等[③]（见图 6-5）。

---

[①] 罗尔斯·罗伊斯（又称劳斯莱斯）是英国著名的航空发动机公司，也是欧洲最大的航空发动机企业，它研制的各种航空发动机为世界民用和军用飞机广为采用。罗尔斯·罗伊斯由英文 Rolls-Royce 翻译而来，也被译为"罗尔斯-罗伊斯"，简称"罗罗"。
[②] 王兴斌：《怎样的特色小镇才能撑起中国经济转型？》，迈点网，2017 年 3 月 29 日。
[③] 张蕊：《朗根塔尔：纺织品大公司聚集的特色小镇》，中国企业网，2017 年 6 月 19 日。

图 6-5　瑞士朗根塔尔（Langenthal）小镇

资料来源：wikipedia。

尽管这些全球性的公司距离苏黎世、日内瓦等瑞士最大的城市群尚有一定距离，但它们仍受益于驻扎于朗根塔尔这样的小城镇。这个小城镇为它们提供了充足可用的劳动力以及长期形成的支持本地产业发展的良好氛围。同时，这些公司都拥有全球化的分支机构和供应商网络。

20世纪初，朗根塔尔成长为一座高度专业化的产业集群城市，20世纪60年代，朗根塔尔经历了产业结构的调整，大多数公司不得不削减产量，而将重点放在市场和产品创新上。而正是得益于持续的创新力，即使在2008年经济危机时，瑞士的纺织服装业仍然取得了成功。伯尔尼州政府对小镇的定位是依托原有的亚麻纺织产业基础，丰富、延伸其产业链。政府的规划和相关的资金支持成为小镇产业链不断延伸的坚实后盾，高端纺织小镇的辉煌仍将继续。

## 二　国内典型案例

我国工业化发展还处于比较初级的阶段，历史还比较短，工业化过程虽然总体上经历了从早期强调劳动力密集的"三来一补"工业园区的1.0阶段，到强调产业集聚的经济技术开发区的2.0阶段以及到强调科技创新的科技园区的3.0阶段，但是由于区域发展差异和发展阶段差异，我国工业总体上还处于"工业进园"的阶段，通过园区集聚产业还是当前制造业小镇的重心，在一些工业化水平比较高、城镇化阶段比较成熟的地方，地方政府正在尝试基于传统产业园区的转型升级，推进二、三产业融合，围绕产城融合做了一些特色小镇的营造工作，打造了一些特色小镇的雏形，终极目的也是更好地吸引和服务于产业发展。下面介绍几个比较典型的制造业特色小镇。

### （一）龙泉上垟青瓷小镇

龙泉市上垟镇距龙泉市区30公里，自古商贸繁荣，民间制瓷盛行，素有"青瓷之都"的美誉，是龙泉青瓷历史的继承者，是当代龙泉青瓷的发祥地，更是龙泉青瓷重新振兴、走向世界的基地。龙泉最古老的、连续烧制时间最长的木岱龙窑、源底龙窑等古窑址都位于上垟镇上。特别是1957年，在周恩来总理的关心下，龙泉县政府在上垟设立国营龙泉瓷厂，由此揭开了龙泉青瓷新中国发展的历程[①]。50多年过去了，现在上垟还完好地保存着国营龙泉瓷厂原来的模样，如大烟囱、青瓷研究所、办公楼、厂房、宿舍等。现在龙泉市的青瓷工艺大师如徐朝兴、毛正聪、夏侯文等，也全部出自龙泉瓷厂，上垟也因此被称为中国青瓷大师的摇篮[②]。上垟镇上家家户户都是以青瓷为主业，人人会制作青瓷，所以被称为中国青瓷小镇。

2012年，上垟镇被中国工艺美术协会授予"中国青瓷小镇"荣誉称号。2014年，成功创建4A级旅游景区。2015年，小镇吸引了89家青瓷企业、青瓷传统手工技艺作坊入驻，带动了当地4000多名农民就业创业。同时成为中国美院、景德镇陶瓷学院等高校教学实习基地，并吸引了越来越多的世界陶瓷文化交流活动在这里举办，成为龙泉青瓷对话世界的一个窗口。2015年，青瓷小镇接待旅游人数47.9万人次，旅游总收入1.96亿元。2015年，龙泉青瓷小镇被列入首批浙江省37个特色小镇创建名单[③]。"中国青瓷小镇"项目建设着眼于上垟镇整体规划、开发，规划以披云青瓷文化园为中心，将木岱口村曾芹记百年古龙窑、青瓷一条街和源底古村有机融合，打造青瓷产业集聚区、青瓷文化体验区和休闲旅游度假区。

### （二）萧山机器人小镇

萧山机器人小镇坐落于萧山经济技术开发区桥南新城，西至绕城高速，北至塘新线及红山农场交界，南至杭甬高速及南沙老堤，东至光明直河及红山农场交界，总规划面积达2.37平方公里，是杭州市首批市级特色小镇。机器人小镇遵循生态优先，以资源节约型和环境友好型为建设原则，贯彻打造生态系统理念，建设相关研发中心、科技孵化器、产业生产基地、展览会展厅、休闲商务区等，以期实现经济效益、社会效益和生态效益的共赢和统一（见图6-7）。

---

[①] 姜琴君、李跃军：《历史经典产业型特色小镇旅游产品创新研究——以浙江丽水龙泉青瓷小镇为例》，《中国名城》2017年第9期。
[②] 《青瓷小镇简介》，披云青瓷文化园官网，http://www.cn1957.com/pod.jsp?id=190#_php=553_870_23。
[③] 前瞻研究院：《历史文化型特色小镇之龙泉青瓷小镇案例》，前瞻网，2017年9月25日。

**图 6-6　龙泉青瓷小镇**

资料来源：披云青瓷文化园官网。

机器人小镇主要发展工业机器人，鼓励发展服务机器人，积极发展机器人关键零部件，致力于打造集机器人研发设计、孵化放大、生产制造、系统集成、终端应用、展示展览、会议论坛、休闲娱乐等功能于一体的机器人全产业链特色小镇，重点强调特色产业的打造。截至 2016 年底，萧山机器人小镇已成功引进日本安川电机、瑞士 ABB 公司和库卡机器人、凯尔达机器人、兆丰机器人、智珀机器人研究院等企业入驻发展，娃哈哈机器人研发中心和机器人产业基地也即将落户[①]。当地政府和企业坚信，机器人产业将成为萧山开发区转型升级新的"引擎"、萧山新的城市"名片"、浙江省机器人特色小镇、全国智能制造示范区和国际化的机器人产业基地。

**（三）宁海智能汽车小镇**

宁海智能汽车小镇位于浙江省宁波市，是一个以新能源汽车产业为核心，以项目为载体，以智能化为特色，融合新能源汽车文化、旅游、展示、体验功能的国家新能源汽车产业研发制造基地、新能源汽车展示观光体验示

---

① 《萧山四个小镇被评为市级特色小镇》，萧山网，2016 年 10 月 12 日。

范基地（见图6-8）。该小镇核心区面积1.5平方公里，在发展智能汽车研发制造的同时，建设工业参观廊道、汽车主题公园、科技文化中心、特色街区以及慢行系统等功能区块。在小镇创建过程中，始终突出和融合"智能化"与"汽车"两大元素，实现"产品、生产、产品管理、商业模式、小镇建设管理"五大智能化[①]。

图6-7 萧山机器人小镇

资料来源：杭州发布。

宁海智能汽车小镇遵循产城融合理念，推进小镇基础设施、绿化景观、文化展示馆、智慧城市建设。凭借良好的区位优势、开发基础及规划前景，该小镇已吸引销量居全国纯电动汽车前三位的吉利知豆，国内首家车载电脑上市公司索菱科技，以及宁波模具产业园二期等项目落户。美国、日本等地的电池供应商、工业机器人等项目也有望落户小镇。截至2016年5月，小镇入驻企业达44家（见图6-8）。

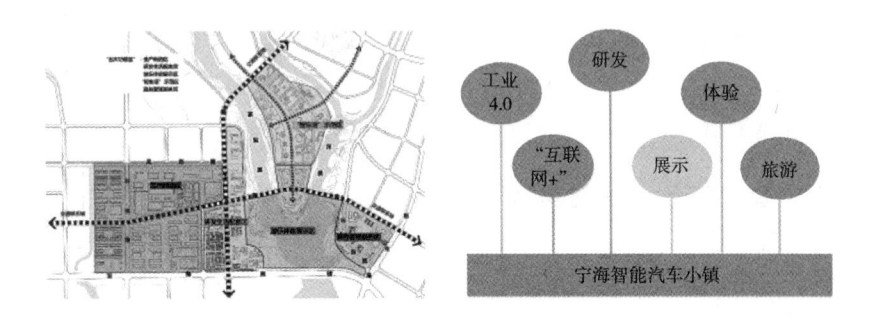

图6-8 宁海智能汽车小镇规划

资料来源：《宁波日报》。

---

① 宁海县科学技术局：《宁海智能汽车小镇成全省唯一新能源汽车行业示范特色小镇》，2016年5月31日。

# 第七章

# 金融特色小镇规划

## 第一节 金融特色小镇的类型特征

### 一 金融特色小镇的特点

金融特色小镇的主要形式是基金小镇,基金小镇作为一种新兴的资本运作方式,可以直接打通资本和企业的连接,紧密对接实体经济,有效支撑区域经济结构调整和产业转型升级。金融服务业包括银行、证券、保险、信托、基金等行业,与此相对应,金融中介机构也包括银行、证券公司、保险公司、信托投资公司和基金管理公司等,空间集聚是这些金融服务业发展的重要形态,金融产业小镇是我国在经济新常态下打破以各类金融中心为代表的传统金融业发展路径的新探索,可以为供给侧结构性改革和创新驱动发展提供有效的金融资本支撑。基金小镇可将多家基金管理公司及相关金融机构聚集在一起,形成一个金融聚集地,从而成为推动区域产业升级、经济结构调整的重要举措之一。

### 二 金融特色小镇的类型

按金融集聚度以及金融链与产业链衔接的紧密程度,可以将金融业类特色小镇划分为基金小镇、互联网金融小镇和特色产业金融小镇三大类型。基金小镇是一种相对传统的金融小镇,其突出特点是大规模理财资本的高度集聚,如杭州玉皇山南基金小镇;互联网金融小镇则强调对科技型、初创型企业提供风险资金支持,通常与创新园区有着密切的关联,目前国内的金融特色小镇大部分属于这一类型;特色产业金融小镇往往依托于某一特殊领域或经营特色,重视对某一特殊产业的金融服务,如宁波梅山海洋金融小镇,定位于借力海洋经济发展，依托浙江宁波国际海洋生态科技城，规划发展航运基金、航运保险等新兴特色海洋金融业态，探索设立海洋主题产业基金、海洋产权综合交易平台，构建多层次海洋金融支撑体系，力图在金融业服务"港口经济圈"建设中发挥其作用[1]。

截至 2017 年底，全国已有 10 余个省份提出要建设金融特色小镇，目前全国已规划成立近 50 个各类金融小镇，其中大部分分布在浙江、广东、江苏和山东等发达省份（见表 7-1）。在建设规模上，根据特色小镇的指导意见，目前现有的金融特色小镇的规划面积绝大部分控制在 3~3.5 平方公里，根据现有资料，规划面积最小的是合肥滨湖基金小镇（0.035 平方公里），面积最大的是北京基金小镇（18 平方公里），一期规划面积一般为 2 万~8 万平方米[2]。

表 7-1　国内在建（规划）基金小镇一览

| 编号 | 小镇名称 | 所在省份 | 规划面积（平方公里） | 特色小镇级别 |
| --- | --- | --- | --- | --- |
| 1 | 北京房山基金小镇 | 北京 | 18 | 国家级 |
| 2 | 上海金融小镇 | 上海 | 12 | 省级 |
| 3 | 东丽湖金融小镇 | 天津 | — | — |
| 4 | 杭州华融黄公望金融小镇 | 浙江 | 6.2 | 市级 |
| 5 | 杭州玉皇山南基金小镇 | 浙江 | 5 | 省级 |
| 6 | 杭州西溪谷互联网金融小镇 | 浙江 | 3.1 | 省级 |
| 7 | 杭州运河财富小镇 | 浙江 | 3.3 | 省级 |
| 8 | 杭州湘湖金融小镇 | 浙江 | 3.31 | 省级 |
| 9 | 杭州白沙泉金融小镇 | 浙江 | 1.67 | |
| 10 | 杭州梦想小镇天使村 | 浙江 | 未披露 | |
| 11 | 义乌丝路金融小镇 | 浙江 | 3.8 | 省级 |
| 12 | 宁波梅山海洋金融小镇 | 浙江 | 3.5 | 省级 |
| 13 | 宁波慈城基金小镇 | 浙江 | 3.2 | |
| 14 | 宁波鄞州四明金融小镇 | 浙江 | 3.2 | 省级 |

---

[1] 孙雪芬、包海波、刘云华：《金融小镇：金融集聚模式的创新发展》，《中共浙江省委党校学报》2016 年第 6 期。

[2] 刘利、梁立明：《揭秘全国 33 个基金小镇分布》，投中网，2017 年 7 月 4 日。

续表

| 编号 | 小镇名称 | 所在省份 | 规划面积(平方公里) | 特色小镇级别 |
|---|---|---|---|---|
| 15 | 温州万国财富小镇 | 浙江 | 3.2 | 市级 |
| 16 | 温州瓯海财富小镇 | 浙江 | 3.5 | 市级 |
| 17 | 温州南庶基金岛 | 浙江 | 3.05 | 市级 |
| 18 | 温州文化金融小镇 | 浙江 | 0.06 | — |
| 19 | 嘉兴南湖基金小镇 | 浙江 | 2.04 | 省级 |
| 20 | 嘉兴乌镇互联网小镇 | 浙江 | 未披露 | |
| 21 | 绍兴金柯桥基金小镇 | 浙江 | 未披露 | 市级 |
| 22 | 台州温岭基金小镇 | 浙江 | 未披露 | |
| 23 | 广州万博基金小镇 | 广东 | 1.5 | |
| 24 | 广州创投小镇 | 广东 | 0.12 | |
| 25 | 深圳前海深港基金小镇 | 广东 | 0.095 | |
| 26 | 广州温泉财富小镇 | 广东 | 13 | |
| 27 | 东莞松山湖基金小镇 | 广东 | 未披露 | |
| 28 | 花东绿色金融小镇 | 广东 | 未披露 | |
| 29 | 广州新塘基金小镇 | 广东 | 未披露 | |
| 30 | 南海千灯湖创投小镇 | 广东 | 1.8 | |
| 31 | 苏州金融小镇 | 江苏 | 4.5 | 省级 |
| 32 | 苏州湾金融小镇 | 江苏 | 未披露 | |
| 33 | 东沙湖基金小镇 | 江苏 | 未披露 | 省级 |
| 34 | 徐州凤凰湾基金小镇 | 江苏 | 0.048 | |
| 35 | 莱西姜山基金小镇 | 山东 | 未披露 | |
| 36 | 潍坊金融小镇 | 山东 | 0.32 | |
| 37 | 潍坊峡山金融创新小镇 | 山东 | 未披露 | |
| 38 | 白鹭湾科技金融小镇 | 山东 | 未披露 | |
| 39 | 厦门则金基金小镇 | 福建 | 未披露 | |
| 40 | 厦门长泰海峡金谷金融小镇 | 福建 | 未披露 | |
| 41 | 亚太金融小镇 | 海南 | 3.0 | |
| 42 | 咸宁贺胜金融小镇 | 湖北 | 0.36 | |
| 43 | 灞柳基金小镇 | 陕西 | 3 | 市级 |

续表

| 编号 | 小镇名称 | 所在省份 | 规划面积（平方公里） | 特色小镇级别 |
|---|---|---|---|---|
| 44 | 天府国际基金小镇 | 四川 | 0.67 | |
| 45 | 湘江基金小镇 | 湖南 | 0.53 | |
| 46 | 合肥滨湖基金小镇 | 安徽 | 0.53 | 省级 |
| 47 | 新乡金融小镇 | 河南 | 2 | |
| 48 | 大连双创金融小镇 | 辽宁 | 1.01 | |
| 49 | 赣南金融小镇 | 江西 | 0.53 | 省级 |
| 50 | 赤峰塞北金融小镇 | 内蒙古 | 0.46 | |

资料来源：根据中投研究院及网络资料整理（截至2017年12月）。

## 第二节 金融特色小镇规划的思路与重点

### 一 总体思路

金融特色小镇的规划建设要突出特色化、差异化、生态化，坚持市场导向、需求导向、问题导向，明确产业定位、发展定位、功能定位，切忌盲目蛮干，照搬照抄。要结合当地需求、特色以及经济发展基础，因地制宜地做好规划定位，做好前期调研和可行性分析，确定适不适合做基金小镇，做何种形式的基金小镇，基金小镇的战略定位与发展路径等。

### 二 建设重点

首先，一是在选址上，建设金融特色小镇，首先要求小镇选址在经济相对发达地区的核心区域，具备金融业发展的区位、人才、资源、技术创新以及政策等优势；二是金融特色小镇要有足够的服务市场腹地，腹地有一定的财富积累，投融资空间巨大。

其次，在小镇总体定位上，要明确金融小镇的功能定位，避免小镇之间的重复建设和同质竞争。目前国内各类金融小镇异军突起，这些小镇的定位存在趋同甚至雷同的情况，如何实现有效的、差异化的发展，避免重复建设和恶性竞争是一个非常重要的问题。

再次，在制度环境上，需要推动区域性的金融改革和区域金融生态环境的完善。金融小镇的发展，离不开本土金融生态环境的支撑，而解决这个问题的关键在于加快地方性的金融改革与发展。要以四大金融试点为抓手，推动地方金融改革，消除体制和制度门槛以释放民营资本活力，并加快金融要素在区域内、区域间以及国际的流动，实现金融要素的市场最优化配置。同时，注重加强区域金融的联动发展。

最后，在运营模式上，金融特色小镇需要坚持政府引导、企业主导、市场化运作的运营模式。要充分重视市场在资源配置中的决定性作用，打造更加开放的市场化金融集聚区。同时，要重视政府大公共平台的构建，完善金融服务公共平台建设，包括完善股权交易市场的制度、交易规范；建立金融交易数据库，为政府准确把握金融发展动向、制定合理的金融发展政策打下基础。

## 第三节　金融特色小镇典型案例

### 一　国外案例：格林尼治基金小镇

美国康涅狄格州格林尼治基金小镇由于优越的地理位置、优美的自然环境、优惠的政策环境和现代化的田园城市空间，吸引了大批的经纪人、对冲基金配套人员等进驻，截至目前其就业人数较1990年翻了几倍，为小镇的金融产业发展提供了源源不断的优秀人才，同时也成为格林尼治小镇活力和朝气的象征。小镇里目前集中了超过500家的对冲基金公司，其基金规模占全美的1/3，是全球最著名的对冲基金小镇，是国内金融特色小镇建设的标杆。

格林威治小镇有着独特的适合对冲基金发展的区位优势，小镇所在地距离金融中心纽约仅60公里，大约45分钟车程。由于和纽约等大城市往来方便，作为对冲基金从业主力军的年轻人也喜欢在这里工作，在大交通上，小镇周边还有三个机场，交通十分便利。起初人们选择格林威治是为了逃离大城市的拥挤，加上这里优美的自然环境，吸引了很多曼哈顿金融街的从业者来此居住，经过几十年的发展，慢慢形成了如今的规模。得益于天时、地利、人和的条件，格林威治小镇的规模集聚效应得以形成，进而促进了当地的产业结构调整。在此基础上吸引新的对冲基金落户小镇就变得相对容易。

对冲基金是一个非常重要的金融机构和系统，它为市场提供流动性，对冲基金的功能非常多样化，投资经理互相竞争，在对冲基金领域体现他们的价值[①]。即使在网络交易发达的今天，金融业依然是对集聚效应要求最高的行业。能称得上世界金融中心的只有伦敦、纽约、新加坡、中国香港、东京、苏黎世等（根据 2017 年 3 月 27 日公布的第 21 期全球金融中心指数 Global Financial Centres Index，中国内地最高分的上海为第 13 位）。纵观全球，金融产业集聚区一般都在沿海最发达地区，因为金融业需要极高的效率和时效性、对各行业信息的敏感度以及对高端人才的需求。有些会集中在这一地区的某个点，如纽约曼哈顿岛、伦敦金融城、上海陆家嘴等，而美国的对冲基金最终都集中在了纽约和格林威治。

**图 7-1　格林威治基金小镇**

资料来源：博得创富。

格林威治小镇因对冲基金聚集而出名，金融业与保险业十分发达，大概超过半数的美国对冲基金公司在格林威治，或者老总生活在格林威治，它是投资策略的中心点。对冲基金行政管理人员、技术提供者、大宗经纪商、对冲基金的基金经理人，以及其他支持职能，都在格林尼治开设业务，格林尼治的"对冲基金圈"日趋成熟，形成了一些行业集群，已经建立了一个生态系统。格林威治现在是全球第三大资产管理规模的小镇，排在纽约和伦敦之后，超过 10 亿美元规模大小的对冲基金数量上排在全球第二位。小镇对冲基金行业在全美是信息交流的主要平台、战略发布以及机遇发展的中心。对冲基金资产经理人数量在全美仅次于纽约，全美排名第二。格林威治掌控着超过 3340 亿美元的资产项目，规模仅次于伦敦和纽约，全球排名第三。小镇云集了超过一半的美国著名对冲基金公司，全球著名金融机构掌握着惊人的财富规模，如 Bridgewater 基金公司、Point72 资产管理公司、Lone Pine

---

① 诺贝尔奖得主 Dr. Robert Merton 在第六届期货机构投资者年会上的发言。

资产管理公司、Tudor 投资公司等。

近年来，格林威治也受到了美国其他地区的挑战。一些对冲基金经理选择在佛罗里达州的棕榈滩落户——因为那里有更低的税收和更加充足的阳光。但更多的对冲基金还是选择了老牌的对冲基金之都，原因也显而易见——规模效应带来的人才聚集和氛围是其他地方不能比拟的。2016 年全球福布斯排行榜中，有不少在小镇的投资经理跻身于前三名，如对冲基金教父 Ray Dalio、基金大鳄 Steve Cohen等。

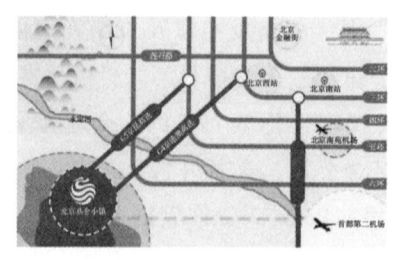

## 二　国内案例

### （一）北京房山基金小镇

北京房山基金小镇由北京市文资办、房山区政府、文资泰玺资本共同打造，是第一批国家级特色小镇中唯一一家以金融业为特色的金融特色小镇。该小镇在效仿美国格林尼治基金小镇模式的基础上，依托区位、政策、产业、环境、人文、科技等核心优势，重点引进和培育证券投资基金、私募股权投资基金、对冲基金、创业投资基金、政府引导基金、产业发展基金六大主导产业。其中，政府引导基金主要吸引社会资本共同创立若干专业投资子基金，投向政府着重发展和主导的行业和产业，实现提高投资收益、降低投资风险的目的。同时，北京房山基金小镇还将打造股权交易平台、基金发行服务平台、基金交流平台、基金业研究创新平台以及实体经济金融服务平台，整合基金产业链上下游资源，服务实体经济提质增效，助力基金业科学健康发展。

截至 2017 年 7 月，北京基金小镇已吸引各类基金及相关产业链服务机构 100 多家，已与多家高校、协会机构初步达成了合作协议，与许多大型金融机构达成了合作意向。其具有和谐宜居的美丽环境和华北地区独具魅力的泉水环境（见图 7-2）。

图 7-2　北京房山基金小镇

资料来源：财经网。

## （二）玉皇山南基金小镇

玉皇山南基金小镇位于杭州上城区南宋皇城遗址，规划面积3平方公里，小镇定位金融产业，是浙江省首批特色小镇创建对象，并被列为10个省级示范特色小镇之一，目标是建成中国的"格林尼治基金小镇"。重点引进和培育私募证券基金、私募商品（期货）基金、对冲基金、量化投资基金、私募股权基金五大类私募基金，形成鲜明的核心业态，并围绕核心业态打造私募（对冲）基金生态圈和产业链；以引入、培养人才高素质专业化为基础手段，与合作单位共同推进"千里马计划""千人计划"等高端专业人才引进培育项目，其已成为"基金管理人的摇篮"[1]。

小镇所在的位置原本是陶瓷品交易市场，粗放的落后产能面临淘汰。交通不便，环境恶劣，成了杭州"脏、乱、差"的代名词。杭州市多年前就启动了西湖综合保护工程，腾退出的旧厂房仓库建筑，租金低、空间大，为新兴产业提供了重要的孕育基地。在政府的引导下，一些轻资产的文化创意企业进驻园区，实现了产业的第一次更新。起初以多类型文创产业入驻逐步形成山南文创产业园，又因以基金产业为代表的金融产业入驻，实现了产业的第二次更新并迅速壮大，伴随浙江省特色小镇的创建契机，逐渐升级为全国第一家以基金产业为龙头、文化创意和休闲旅游复合并进的产业小镇[2]（见图7-3）。

**图7-3　玉皇山南基金小镇全貌**

资料来源：中国小康网。

## （三）嘉兴南湖基金小镇

浙江省嘉兴南湖基金小镇位于嘉兴市东南区域内，规划占地面积约

---

[1]《玉皇山南基金小镇》，"中国杭州"政府门户网站，2015年11月6日。
[2]《案例｜玉皇山南：中国NO1基金小镇的建设运营经验》，清华同衡规划播报，2017年4月6日。

2.04平方公里，呈南北向狭长形的长方形分布。该小镇官网显示，小镇规划建设前后共分为四期，包括亲水花园式办公楼、高层办公楼、配套商业、高端酒店、金融家俱乐部会所、论坛会场、商学院、美式私校、公立学校、服务式公寓和部分配套住宅等在内的多种业态。

南湖基金小镇借鉴国外先进经验，依托国际金融中心上海，结合自身良好的经济、社会、文化基础，为发展私募股权投资产业创造优越条件，重点引进私募基金、公募基金、信托、券商资管等大资管相关金融机构，拓展互联网金融等新型金融业态，并辅以银行、投行、律师事务所、会计师事务所等为上述企业服务。

截至2016年10月，南湖基金小镇股权投资基金认缴规模已超过3528亿元，实缴规模超过1267亿元，实现税收3.73亿元，另有220家互联网金融机构入驻，是浙江省资本密集度最高的区域之一，在全国金融界已经树立起自己的品牌。帮助浙江省内74家企业获得107亿元投资，嘉兴市41家企业获得58.2亿元投资，成为国内对区域经济支持最多、实体企业受益最多的股权投资基金小镇（见图7-4）。

**图 7-4 嘉兴南湖基金小镇**

资料来源：嘉兴南湖基金小镇官网。

# 第八章

## 信息产业类特色小镇规划

### 第一节 信息产业类特色小镇的特征

信息产业，又称为第四产业，指的是以计算机和通信设备行业为主体的IT产业，是在知识产业研究的基础上产生和发展起来的，包括电信、电话、印刷、出版、新闻、广播、电视等传统的信息部门和新兴的电子计算机、激光、光导纤维、通信卫星等信息部门。信息产业特色小镇则是指以从事信息的生产、流通和销售信息以及利用信息提供服务的产业为依托的空间载体，细分类型根据产业的特色不一而论，如信息产业小镇、互联网小镇、智慧小镇、云计算小镇等，此外，还有一类信息产业小镇为知识产权小镇，主要是以知识产权的特殊信息为服务对象，提供知识管理的特殊类型，如知识产权小镇、知识小镇等。

2015年7月，国务院下发《关于积极推进"互联网+"行动的指导意见》，促进了各种形态的互联网小镇建设，如互联网+金融特色小镇、互联网+电商产业小镇、互联网+云商模式小镇、互联网+农业生态小镇等。如海南省充分发挥其热带农业产业优势，先后建成海口市石山镇、文昌市会文镇、琼海市大路镇、澄迈县福山镇、儋州市木棠镇、陵水县英州镇、三亚市吉阳镇、琼中县湾岭镇、屯昌县坡心镇、白沙县细水乡镇等10个互联网农业小镇[1]。

基于海南的试点经验，2017年10月农业部办公厅发布《关于开展农业特色互联网小镇建设试点的指导意见》，提出力争到2020年，在全国范围内

---

[1] 农业部市场与经济信息司：《"互联网+"优秀案例：互联网农业小镇定位农业改革新坐标——海南省农业厅》，农业部官方网站，2016年9月2日。

试点建设、认定一批产业支撑好、体制机制灵活、人文气息浓厚、生态环境优美、信息化程度高、多种功能叠加、具有持续运营能力的农业特色互联网小镇，把互联网小镇建设的热度推向了新的高度。

信息产业特色小镇如表8-1所示。

表8-1 信息产业特色小镇一览

| 编号 | 小镇名称 | 所属省份 | 产业特色 | 规模 |
| --- | --- | --- | --- | --- |
| 1 | 浙江云栖小镇 | 浙江 | 互联网+金融 | 3.5平方公里 |
| 2 | 萧山信息港小镇 | 浙江 | 互联网+制造 | 3.12平方公里 |
| 3 | 乌镇互联网小镇 | 浙江 | 互联网+会展 | 3.13平方公里 |
| 4 | 梦想小镇互联网创业小镇 | 浙江 | 互联网+金融 | 3平方公里 |
| 5 | 江干丁兰智慧小镇 | 浙江 | 互联网+金融 | 2.5平方公里 |
| 6 | 天河"互联网+"小镇 | 广东 | 互联网+科技 | 3.3平方公里 |
| 7 | "互联网+电商"小镇 | 广东 | 互联网+电商 | 未披露 |
| 8 | T.I.T"互联网+创意"小镇 | 广东 | 互联网+创意 | 未披露 |
| 9 | 资阳互联网小镇 | 四川 | 互联网+电商 | 70亩 |
| 10 | 龙园互联网小镇 | 山东 | 互联网+制造 | 未披露 |
| 11 | 石山农业互联网小镇 | 海南 | 互联网+农业 | 未披露 |
| 12 | 兰州新区智慧小镇 | 甘肃 | 互联网+制造 | 1平方公里 |

资料来源：根据各政府信息网及网络资料整理（截至2017年12月）。

根据信息（互联网+）产业的集聚程度及关联产业的发育水平，"互联网+"小镇可以分为产业型和应用型，广东省在2016年7月出台《广东省"互联网+"行动计划（2015~2020年）》和《广东省经济和信息化委关于开展广东省"互联网+"小镇创建申报工作的通知》，提出力争用3年左右的时间在全省建设10个"互联网+"产业型小镇和50个"互联网+"应用型小镇，其中"互联网+"产业型小镇主要是培育创新型互联网企业，着力发展互联网新技术、新产品；"互联网+"应用型小镇则主要是推进互联网与特色产业深度融合，培育互联网新应用、新模式、新业态，打造一批"互联网+"制造业、农业、商务、物流、旅游等示范区，促进传统产业转型升级（见表8-2）。

表 8-2　广东省首批 "互联网+" 创建小镇和培育小镇

| 序号 | 城市 | 小镇名称 | 产业/应用型 | 政策类型 |
| --- | --- | --- | --- | --- |
| 1 | 广州 | 天河"互联网+"小镇 | 产业型 | 创建型 |
| 2 | 深圳 | 南山"互联网+"小镇 | 产业型 | 创建型 |
| 3 | 深圳 | 坂田"互联网+"小镇 | 产业型 | 创建型 |
| 4 | 珠海 | 唐家湾"互联网+"小镇 | 产业型 | 创建型 |
| 5 | 东莞 | 松山湖"互联网+"小镇 | 产业型 | 创建型 |
| 6 | 广州 | 黄埔"互联网+电商"小镇 | 应用型 | 创建型 |
| 7 | 惠州 | 桥东"互联网+商创"小镇 | 应用型 | 创建型 |
| 8 | 清远 | 清新"互联网+农业"小镇 | 应用型 | 创建型 |
| 9 | 揭阳 | 锡场"互联网+电商"小镇 | 应用型 | 创建型 |
| 10 | 顺德 | 北滘"互联网+制造"小镇 | 应用型 | 创建型 |
| 11 | 佛山 | 张槎"互联网+"小镇 | 产业型 | 培育型 |
| 12 | 广州 | 广州T.I.T"互联网+创意"小镇 | 应用型 | 培育型 |
| 13 | 韶关 | 黄沙坪"互联网+创新"小镇 | 应用型 | 培育型 |
| 14 | 梅州 | 丰顺"互联网+旅游"小镇 | 应用型 | 培育型 |
| 15 | 阳江 | 平冈"互联网+制造"小镇 | 应用型 | 培育型 |
| 16 | 肇庆 | 肇梦"互联网+双创"小镇 | 应用型 | 培育型 |
| 17 | 潮州 | 凤泉湖"互联网+制造"小镇 | 应用型 | 培育型 |
| 18 | 揭阳 | 金和"互联网+农业"小镇 | 应用型 | 培育型 |

资料来源：根据广东省经济和信息化委有关文件（2016-06-08）整理。

## 第二节　信息产业特色小镇规划的思路与重点

信息产业特色小镇的规划可以总结为三种路径：一是以原来的小型软件园等产业园为基础，自下而上进行升级逐步发展成为具备信息研发、加工和体验等综合业态的特色小镇，如浙江萧山信息港小镇，就是从杭州湾信息港园区升格而来，成为浙江省级特色小镇[1]；二是利用一些控制的园区或者厂房无中生有、自上而下地创造一个新兴产业基地，如浙江梦想小镇互联网村以及德清地理信息小镇等[2]；三是在其他产业园区的基础上结合新经济进行

---

[1] 彭涛：《从园区到特色小镇的发展与实践——从萧山信息港小镇和乌镇互联网小镇出发》，全经联网，2016年11月2日。
[2] 王晓颖、李伟：《德清地理信息小镇——宜居宜业宜游　开创智慧新生活》，《中国科技财富》2016年第7期。

转型升级，比如浙江云栖小镇，把传统的转塘镇与新兴的云计算产业相结合，成为互联网、云计算、大数据创业者的乐园。

信息产业属于新兴产业，在园区发展和小镇打造过程中，首先要强调对核心产业的打造，每个园区需要结合自身的产业基础、市场环境和技术支撑，合理定位、科学谋划，并在制度和政策环境上，充分考虑作为新兴产业需要的扶持空间，确保新兴产业在小镇的载体上获得充分的成长。

## 第三节　信息产业特色小镇典型案例

### 一　国外案例：硅谷山景城小镇

山景城位于旧金山湾区西南部，介于半岛和南湾之间，与附近的帕洛阿尔托市（Palo Alto City）、森尼韦尔市（Sunnyvale City）和圣何塞市（San Jose）成为硅谷的最主要地区。山景城在19世纪末期开始逐渐发展，当时是作为旧金山湾区中的一个驿站，服务于旧金山与圣荷西之间的驿站马车线路。随后于1902年11月7日正式建市，早期该市以发展农业为主，直到20世纪中叶，农业一直是该市的主要经济支柱。然而在第二次世界大战之后，该地成为硅谷发展的重点地区，大量航天工业及电子产业公司在此建立，人口也随之爆炸式增长。根据2014年数据，该市有77059人，家庭收入中位数93879美元，家庭平均收入119287美元，是美国人均最富有的小镇。

Google公司总部、Intuit、Mozilla基金、微软MSN部门、Silicon Graphics和美国国家航空航天局埃姆斯研究中心等许多著名机构都位于该市，形成了高科技产业集群。

其中Google在1999年搬到山景城的时候，只有十几名员工，还仅是电脑爱好者们才知道的搜索引擎。现在Google拥有2万名员工，成为该城市最大的雇主。Google的发展促进了该城市的经济增长，山景城经济发展主管埃利斯·伯恩斯说："谷歌正在吸引其他公司和一些创新型创业公司来到这里，有助于山景城成为创新的中心。"

位于硅谷山景城的Intuit公司是一家以财务软件为主的高科技公司。Intuit成立于1983年。1988年，它的主要产品Quicken成了市场上同类产品中最受欢迎的产品。1993年上市，随后行情迅速上涨。15年来，Intuit稳健增长，收入已近16亿美元，也是唯一能与巨人微软直面竞争而最终大获全胜的公司。

它是提供家庭理财软件 Quicken、报税软件 TurboTax 和账务管理软件 QuickBooks 的公司，被认为是全球最适宜供职的十大顶级 IT 公司之一。据美国 Business Insider 2013 年 4 月 13 日报道，职业社区网 Career Bliss 最近发布了"十大最幸福科技公司"名单，Intuit 当选为全球最幸福的技术公司之首。

图 8-1　山景城小镇

资料来源：作者自拍。

## 二　国内典型案例

### （一）浙江云栖小镇

浙江省杭州市云栖小镇位于杭州市西湖区，规划面积 3.5 平方公里，是以云计算为核心，云计算大数据和智能硬件产业为产业特点的特色小镇，是浙江省首批创建的 37 个特色小镇之一。

云栖小镇所依托的转塘科技经济园区原是一个传统产业园区，2011 年开始接触云计算产业。在云计算小镇谋划初期，园区已建设有杭州云计算产业园、阿里云计算创业创新基地两个涉"云"平台，先后引进阿里云计算、威锋网、商基金、云华通云等涉"云"企业近 100 家。2013 年 10 月召开了第一届云计算产业行业大会——"阿里云开发者大会"，并于 2015 年开始更名为"云栖大会"[1]，云计算产业发展打下了较好的基础。

在做产业规划时设计团队引入了产业生态链的发展模式，提出了由"云服务区""就业创业区""就业创业服务区""创业成功发展区"四区组成的一个云计算产业生态体系，构建了一个从想创业、始创业、创业中、创成时、创成后的完整的创业服务生态链，形成了"易就业易创业的生态体系"[2]。

---

[1] 云栖大会的前身可追溯到 2009 年的地方网站峰会，经过两年发展，2011 年演变成阿里云开发者大会，到 2015 年正式更名为"云栖大会"，并且永久落户西湖区云栖小镇。
[2] 杭州市城市规划设计研究院：《特色小镇案例——云栖小镇》，华房汇俱乐部微信公众号，2016 年 12 月 6 日。

云栖小镇坚持发展以云计算为代表的信息经济产业，着力打造云生态，大力发展智能硬件产业。目前已经集聚了一大批云计算、大数据、App开发、游戏和智能硬件领域的企业和团队。产业已经覆盖云计算、大数据、互联网金融、移动互联网等各个领域。

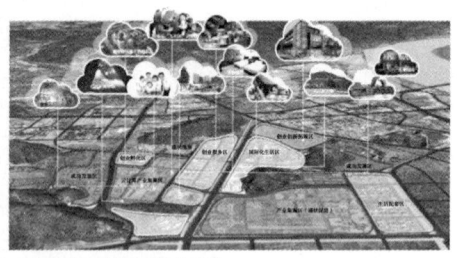

图 8-2　浙江云栖小镇规划

资料来源：杭州市城市规划设计研究院。

### （二）萧山信息港小镇

杭州湾信息港位于萧山经济技术开发区，是以新一代信息技术产业为主定位的综合型科技园区，也是"杭州软件新城"的首个产业集聚平台。信息港小镇规划面积为3.68平方公里，规划定位于"新一代信息技术+税源经济"，聚焦新一代信息技术、现代服务业和总部经济，形成了"一个基础平台+X个智慧谷+联创空间"的发展模式，功能上规划为"一核、一带、三区、四中心"，均围绕互联网的产业链条进行谋划（见表8-3）。

表 8-3　萧山信息港功能规划

| | |
|---|---|
| 一核 | 应用核：互联网创业创新孵化及深化 |
| 一带 | "互联网+"产业带：软件和新一代信息技术产业带和"互联网+"产业带 |
| 三区 | 跨境电商先行区、大众创客集聚区、休闲旅游商务区 |
| 四中心 | 互联网总部经济与金融中心、互联网研发孵化中心、互联网创新应用中心、互联网培训与展示中心 |

资料来源：全经联网①。

目前信息港小镇已形成了以中国智慧健康谷、中国场景科技谷、中国智慧移动谷、中国智慧化纤谷、中国智慧包装谷、中国智慧家居谷为代表的六

---

① 彭涛：《从园区到特色小镇的发展与实践——从萧山信息港小镇和乌镇互联网小镇出发》，全经联网，2016年11月2日。

个智慧谷,并培育了一批以微医集团、数联中国、口袋购物等为代表的标杆企业,成为国内信息产业园区转型升级以及信息产业特色小镇创建的标杆之一。

图 8-3　萧山信息港小镇

资料来源:萧山发布。

# 第九章

## 医疗健康特色小镇规划

### 第一节 医疗健康特色小镇的类型特征

健康是人类永恒的主题，在"健康中国"战略下，医疗健康产业已经成为新常态下服务产业发展的重要引擎。医疗健康产业是一个包括医疗产品、保健用品、营养食品、医疗器械、保健器具、休闲健身、健康管理、健康咨询等多个与人类健康紧密相关的生产和服务领域的新兴产业，是一种吸纳就业人数多、辐射面广、拉动消费作用大、保障改善民生作用明显的复合型产业，在未来中国乃至全球将迎来一个发展的黄金期。随着老龄社会的到来和银发经济的发展以及大众旅游时代的推进，医疗健康产业日益与旅游产业有机结合，大健康与旅游加速融合，已经成为全球经济发展新的经济增长点，同时也为医疗健康特色小镇的发展奠定产业基础。

医疗健康特色小镇，是以医疗健康（大健康）产业为核心主导，融合上下游关联产业，形成为区内群体提供健康相关服务的特色空间载体。健康产业类小镇可以利用旅游产业，通过旅游的市场搬运功能，根据旅游者、居民的消费需求，将健康疗养、医疗美容、生态旅游、文化体验、休闲度假、体育运动、健康产品等业态聚合起来，实现与健康相关的大量消费的聚集。有业界人士根据消费人群的差异，将健康产业类小镇分为医疗型、康体型、康养型和享老型四个类型，并提出了相应的开发架构[①]。

这种划分更多的是一种项目开发层面的划分，而实际上，市场并不会将

---

① 前瞻研究院：《大健康时代，健康特色小镇迎发展机遇》，前瞻网，2017年5月22日。

疗养、康体、康养甚至养老绝对地分开。因此在规划设计与实际创建的过程中，很多小镇更多的是追求上述业态的融合，尤其是康体和养生的融合，形成康体养生和休闲度假相结合的复合型的特色小镇。本书根据医疗健康产业业态的特点，将医疗健康特色小镇分为康体养生小镇（C31）、银发颐养小镇（C32）和生命健康小镇（C33）三个小类，其中康体养生小镇是面向大众型的融健康疗养、医疗美容、生态旅游、文化体验、休闲度假和休闲运动于一体的综合型健康小镇；银发颐养小镇则是主要面向养老一族，提供养老一条龙服务的专项型健康小镇；生命健康小镇是以生命健康产业为龙头，融健康产业研发、体验和养生休闲为一体的专业化高端特色小镇。

## 第二节　医疗健康特色小镇规划的思路与重点

### 一　康体养生小镇

康体疗养型文旅小镇，是以康体疗养、养生度假为核心主导产业，凭借先进医疗、健康环境、养生资源开展康体疗养和运动休闲产业，带动住宿、旅游、养生、度假产业发展，如依云小镇、瑞士疗养小镇、日本温泉养生小镇等。

因为这一类健康小镇面向的市场是一个大众型、多样化的市场，所以在小镇的规划重点上，也要根据小镇的基础，进行深入的市场分析，如医患群体通常对医疗设备资源最为敏感，另外一些患有特殊疾病的患者更偏向于具有特殊气候环境的区域如温泉资源和较高的负离子等；中年市场一般多属于亚健康状态，这一类人群的消费偏好比较多元，更多关注的是康疗设施及项目的配备，比如温泉、运动、美容养颜等；而老年群体偏爱环境优良、医疗设备先进的区域；针对青少年群体的康体养生项目主要包括运动健身、能量康复、皮肤健康、生活管理、营养膳食等方面。

在面对以患病群体为主的市场时，要突出对特殊群体的理疗护理，如对于一些慢性病，需要长期住院的病人在郊区空气清新、交通便利的情况下，集合数家不同类型的医疗机构，各具特色，是传统疗养院的升级版，把城市医疗资源让位于急性病患者，而需要长期住院观察、疗养的人在手术之后或者是病情得到稳固之后从资源稀缺的城市搬出来到郊区甚至更远的地方，以优良空气、优美环境及少量的适合他们运动的农作来调养身心。

因此在小镇的选址上首先要注重交通条件的便利性；其次要依托良好的气候及生态环境资源，如温泉资源、负离子资源等。在规划建设过程中，重点开发或引进先进的医学设备设施及项目，形成能够满足疾病患者医疗前的检查、医疗中的治疗、医疗后的康复等全方位需求的产品体系。还需将医疗与度假结合起来，为医患人员提供相对安静、生态、健康的度假方式，并提供较长时间居住的便利条件。对于中青年的市场群体，则需要借助一定的地势及资源、气候条件，重点打造运动设施、场所，为游客提供强身健体、放松身心的独特体验，通过身体的释放，达到身心的愉悦。此外，还需要一些特殊的自然条件，如滨海、冰雪、森林等。

## 二　银发颐养小镇

银发颐养小镇的市场主要针对老年群体大城市退休后的养老生活。该类小镇的打造要从物质和精神两个层面，通过舒适愉悦的生活环境、人性化的专业侍候体系、智能化的专控服务体系、便利化的特色产品体系保证老年人的身体健康，通过良好的人际交往环境、多元的休闲娱乐项目设置，使老年人获得心理上的享受。颐养是一种潜移默化的养生方式，它将养生理念贯穿于养老的全过程，形成一种健康的生活方式。

这一类小镇一般选址在环大城市周边一个半小时车程左右，同时还要交通便捷、空气优良、环境优美、安静私密的区域，配备较为齐全的康养设施及项目，构建养身、养型、养情、养味、养颜、养心、旅游度假的全产品体系，如美国的太阳城、圣巴巴拉和浙江绿城乌镇雅园等。

## 三　生命健康小镇

生命健康产业是与人的身心健康相关的一切产业活动的总称，由健康农业、健康制造业和健康服务业三大板块组成，具有产业内容丰富、产业链条长、科技含量高、带动能力强、低碳环保等特点，主要包括医药、医疗器械、医疗服务、健康管理、养生保健、健康旅游等产业形态[①]。进入 21 世纪以来，随着生命科学、生物技术不断取得重大突破，基因检测、远程医疗、个体化治疗等新业态不断涌现，赋予了生命健康产业新的发展动力和内涵。

---

① 李旭辉：《国内生命健康产业发展综述》，《石家庄理工职业学院学术研究》2017 年第 Z1 期。

生命健康小镇是指以生命健康产业为核心主导，以医养结合为理念，利用生态资源优势，集健康研发、健康制造、养生养老和健康体验于一体的综合性功能社区。在功能上，应包括健康产业研发机构、健康产业中试基地、康复医疗中心、养老主题社区、度假养生酒店、养生体验中心以及休闲健身会所等，为市场提供多元化生命健康服务。在小镇建设过程中需要医养结合，使生命健康小镇具有产业平台、社区、文化内涵和旅游功能。

## 第三节　医疗健康特色小镇的典型案例

### 一　国外案例：法国依云（Evian）小镇

法国依云（Evian）小镇位于法国 Haute-Savoie 地区，坐落在日内瓦南岸，背靠阿尔卑斯山，面临美丽的莱芒湖，湖对面是瑞士的洛桑，全镇只有 7300 名居民，是一个典型的从健康农业到健康制造、健康服务三产融合的特色小镇（见图 9-1）。依云镇独特的地理构造成就了依云水，依云镇背后雄伟的阿尔卑斯山是依云水的源头，来自高山融雪和依云镇山地雨水在阿尔卑斯山脉腹地经过长达 15 年的天然过滤和冰川砂层的矿化形成了依云矿泉水。法国埃维昂依云温泉，以依云水著称的温泉，是世界上少有的天然渗性温泉水。

除了生产矿泉水，在健康旅游服务上，依云小镇从初期的疗养胜地，到以水为主题的养生度假胜地，最后走向集聚旅游度假、运动、商务会议等多功能的综合型养生度假区，现已经成为会议之都，处于高端发展期。功能布局主要包括：滨湖地带建设旅游休闲集中区，腹地小镇中心和度假服务区提供度假和居住的配套服务，形成四季皆宜的养生度假区。

**图 9-1　法国依云（Evian）小镇**

资料来源：南湖国旅。

## 二　国内典型案例：温州瓯海生命健康小镇

温州瓯海生命健康小镇位于温州市瓯海区，东临三垟湿地，南依甬台温高速，西靠温瑞大道，北至高教园区北入口道路，规划面积3.5平方公里①（见图9-2）。根据规划，温州生命健康小镇按照"学城联动、产城融合"的理念，以温州医科大学附属第一医院为"核芯"，发挥眼视光专科和中医药研发等特色优势，突出康复医疗、医学旅游等主导功能，结合医疗科教、健康养老等综合服务，拓展生态旅游、文化休闲等体验活动，着力打造集聚生命健康产业、展现江南水乡风情、蕴含瓯越文化内涵的特色小镇。

截至2017年初，已有温州市生物医药协同创新中心、精准医学中心②等率先入驻小镇，成为首批镇上创客。温州健康产业创新中心将以引进的美国杰克逊实验室③为核心，发展医疗健康科研产业，并安排相应的配套商业、酒店、商务等，计划打造成为具有现代风格的微城市健康创新研究综合体，有效支撑生命健康小镇的定位。

图 9-2　温州瓯海生命健康小镇

资料来源：温州城乡规划。

---

① 中小城市发展战略研究院：《100个特色小镇实操案例：瓯海生命健康小镇，医疗养生共促进》，2016年10月7日。
② 现代精准医学是通过生物样本库得出完整的临床信息，结合分子影像，大数据分析，形成个性化的治疗方案，并贯穿诊疗的全过程，从而优化诊疗，精准治疗，最终实现增加疗效，解决治疗不足、治疗过度，减轻治疗的副作用，降低费用的目的（编者注）。
③ 备注：美国杰克逊实验室是全球最大的遗传基因工程研究中心，至少有26项诺贝尔获奖成果与其相关。

# 第十章

## 文旅特色小镇规划

### 第一节 文旅特色小镇的类型特征

文旅产业是指与人的休闲生活、文化行为、体验需求密切相关，主要以旅游业、娱乐业、服务业和文化产业为龙头形成的经济形态和产业系统。随着我国人民生活水平的不断提升以及大众旅游时代的到来，在服务体验经济以及特色小镇政策的引导下，"文旅化"成为我国当前旅游行业实现特色化的有效途径之一，也促使"文旅小镇"成为我国特色小镇浪潮中最热闹也最受欢迎的一个类型[①]。作为文旅产业的核心载体，古镇、古村在中国新兴城镇化浪潮的推动下，迎来了一波巨大的变革，不仅仅是传统建筑空间、商业业态的变革，更是其内在的生活方式、消费方式的变革乃至传统文化基因潜移默化的质变。许多地方政府积极打造各类文旅小镇的思路，符合中央"精准扶贫"思路和"乡愁"计划得以再现的路径，对缓解人民日益增长的美好生活需要和不平衡不充分的发展之间的矛盾具有重要的积极作用，文旅小镇凭借其极强的文化生命力，具有巨大的发展潜力与拓展空间。

根据文旅特色小镇的依托资源和业态类型，文旅特色小镇还可以细分为生态旅游小镇（C41）、文创小镇（C42）、民俗小镇（C43）以及艺术小镇（C44）等小类。其中生态旅游小镇是指主要依托良好的生态资源或者特色

---

① 作为文旅产业的推动先锋，以深圳华侨城集团、中青旅集团、东方园林文旅集团等为代表的文旅运营商，以北京巅峰智业、北京大地风景等为代表的文旅策划规划机构以及以云锋基金、各地文旅产业投资基金为代表的文旅投资商在文旅产业的推动上做出了巨大的努力，如北京巅峰智业推动的一年一度的"文旅产业大会"、大地景观推动的一年一度的"古镇大会"均是推进我国文旅产业的重要市场化举措。

景观资源，挖掘生态或景观文化，以发展生态观光和生态休闲旅游产业为核心的小镇，如以北京延庆四季花海小镇为代表的城郊小镇基本属于这一范畴；文创小镇则是指以文化元素挖掘、文化价值构建为基础，利用现代化的手法进行创意设计，并与商业结合，打造的一种独特的商业体验空间，是融特色文化、特色景观、创意产业、市场运营管理于一体的综合创新发展平台，如余杭艺尚小镇、西湖艺创小镇等；民宿小镇则是指依托具有一定历史或者独特民俗文化资源的镇村，开展历史文化或民俗体验的特色小镇，以彝人古镇、周庄、乌镇等为代表的古镇旅游是这一类特色小镇的主力军；艺术小镇是指以艺术为产业，与艺术相关行业融合发展来建构的特色小镇，因为艺术与文化的高度融合性以及艺术本身的创造力，艺术小镇在所有特色小镇里面，表现出极强的创新性以及文化生命力，如宋庄艺术小镇。

需要说明的是，既要对文旅小镇与传统景区、旅游区以及文旅地产项目等的内在关系有所认识，同时又要对其不同之处区分清楚。目前在市场上有一种现象是把特色小镇当成筐、什么都往里装，不能盲目地把产业园区、旅游景区、体育基地、美丽乡村、田园综合体以及行政建制镇戴上特色小镇的"帽子"[①]，它们之间最本质的差异，在于特色小镇是一个立足产业"特而强"、功能"聚而合"、形态"小而美"、机制"新而活"，推动创新性供给与个性化需求有效对接，打造创新创业发展平台和新型城镇化的有效载体，是属于一个产业功能组织，在空间上是开放、共享的，具备社区功能，而产业园区、旅游景区、体育基地等往往有一个封闭的排他边界甚至围墙，并不具备社区功能。

## 第二节 文旅特色小镇规划的思路与重点

### 一 生态旅游小镇

生态旅游是指以有特色的生态环境为主要景观的旅游，是指以可持续发展为理念，以保护生态环境为前提，以统筹人与自然和谐发展为准则，并依托良好的自然生态环境和独特的人文生态系统，采取生态友好方式，开展的

---

① 国家发展改革委、国土资源部、环境保护部、住房和城乡建设部：《关于规范推进特色小镇和特色小城镇建设的若干意见》，2017年12月5日。

生态体验、生态教育、生态认知并获得心身愉悦的旅游方式。1993年国际生态旅游协会把其定义为：具有保护自然环境和维护当地人民生活双重责任的旅游活动，在范畴上可以包括自然文化旅游，农业、工业、城市和乡村休闲观光旅游等。

生态旅游小镇是指以开发当地具有价值的自然或人文景观或在此基础上开展旅游服务的小镇，随着城镇化步伐的推进，我国城乡差异越来越突出，通过发展生态旅游，可以有效地解决乡村空心化的问题和实现城乡统筹的目标。

有学者认为生态旅游小镇的建设要坚持"三先三后"：先做农业后做旅游、先做设施后做小镇、先做示范后做推广；并坚持"四重四慎"原则：重服务慎招商、重人才慎包揽、重文创慎规划、重活动慎建设[①]。

总体上，生态旅游小镇，一般拥有良好的自然资源，环境优越、气候宜人，有着鲜明的特色，区域内或紧邻地区一般拥有品质较好的风景区，城镇发展和风景区建设紧密结合在一起，且以景区发展为基础，比如滨海小镇、海岛小镇、温泉小镇、滑雪城、花卉城、渔港小镇、边境小镇等。其开发要点在于加强自然资源和环境保护，控制城镇的承载力，以休闲度假为方向，走综合发展之路，打造一个集观光、休闲、度假、养生、会议、康体、文化体验、居住等多种功能于一体的旅游小镇。其打造重点有两个方向：一是设置完善的度假生活配套及高品质的服务质量，配套一些必要的高端度假项目；二是以度假人口"候鸟型"居住和休闲度假为目标的度假项目的开发。在具体的操作层面，重点需要关注如下几点。

一是要坚持主题化的开发。文化是旅游的核心，突出旅游小镇的特色，需要打造一个核心主题，体现整个小镇的文化灵魂。当然在实际操作中，主题文化不一定是单一主题，可以通过梳理文化，以打造主题文化为重点，多元文化整合，多种文化整合延伸形成旅游小镇，把多元文化景观化、建筑化、娱乐化。

二是要策划休闲化的业态。在休闲时代大趋势下，各种商业业态逐渐从传统趋向休闲，从时尚用品到户外运动装备，从休闲餐厅到主题酒吧，从SPA美容到健身俱乐部，从休闲画廊到数字娱乐，从旅游服务到度假酒店……休闲已不仅仅是消费行为的点缀，更是商业业态发展的大趋势。

---

① 钟永德、王怀採、李晶博等：《国外生态旅游研究新进展》，《旅游论坛》2008年第4期。

三是要布局合理化的产品。生态旅游小镇需要根据旅游的吃住行游购娱六要素配置观光、休闲、住宿、商业、娱乐、生活六大主体功能，旅游小镇的功能分区、用地布局要围绕着休闲活动及休闲游线展开。合理的功能分区、用地布局，要搭建出小镇的骨架，塑造出小镇的形态，结合文化主题的历史和地域特征，形成小镇独特的肌理结构。如旅游产业项目的"旅游吸引核+休闲聚集+商街+居住"的开发架构中可以包括旅游吸引核——特色项目吸引核（包括主题乐园、景区等）、风貌吸引核（包括古镇、艺术、创意等）、广场吸引核（包括激光水秀、篝火晚会等）、餐饮吸引等；休闲聚集——餐饮聚集、酒吧与夜间聚集、创意客栈聚集等；商街——创意工坊街区（诸如百工坊、百艺坊等）、娱乐游乐街区（演艺、洗浴、养疗等）、休闲街区与商业地产；居住——就业与本地居民第一居所、大城市与周末居住第二居所、养老与度假居住第三居所等。

四是要设计景区化的环境。把小镇作为一个景区，将入口景观、公园景观、节点广场、大型中心广场、集散广场，作为景点统一布局，把整个小镇构成一个景区概念。

五是要构建完善的保障体系。依托旅游小镇的多样性功能，设置旅游小镇的保障体系，其应包括城镇发展保障体系，包括教育、医疗、就业、住房等；旅游专项保障系统，包括发展资金保障、土地供给保障、旅游安全保障、医疗救援保障、营销体系保障、资源与环境保护等。

## 二　文创小镇

基于个性化、主题化、特色化的文化创意为"防止千城一面，形成各具特色的城镇化发展模式"提供了新思路[①]。文创小镇根植于乡土文化的就地城镇化模式，以文化创意作为可持续发展的核心资源，赋予小镇更多的文化创意特色和城镇价值体系。在就地城镇化过程中，通过文化创意实现乡土风貌的活化、乡情记忆的再现、乡村资源的挖掘、乡里生活的体验和乡愁创客的集聚，能够为小城镇的建设开辟一条新的发展路径。中国五千年来的农耕历史所形成的深厚文化底蕴，成为中国传统文化创新发展的重要基地，城市的高速发展，人民的精神文化需要日益增强，需求旺盛，为文创小镇的发展奠定了基础。小镇可以因地制宜，保持小镇的特色文化，快速形成特色产

---

① 王慧敏：《文化创意小镇的发展路径研究》，《天津社会科学》2014年第5期。

业聚集区，从而推动当地经济持续发展。

文化创意小镇具有以文化魅力吸引人，以文化创业集聚人，以创意生活愉悦人和以宜居环境留住人的内涵特征。打造文创小镇，人才的吸引和留住是前提，文化、产业、社区的融合是促进，"文创+"跨界融合是推动，形成创意产业集聚和区域发展是目的。

打造文创小镇，一是小镇应该以创意文化产业为主导，并与国际接轨，引领国际创意潮流；二是小镇应该以文化为深度，以创意为广度，实现产业的融合发展；三是小镇应该打造一个创意产业的平台，促进国内与国际的互动交流。

### 三　民俗小镇

民俗旅游能将自然与社会、文化与生活、观览与体验、传统与现代结合起来，因葆有丰厚的文化底蕴和多彩的生活情趣而显示出特殊的魅力[1]。民俗小镇是指依托独特的地域（民族）特色，以当地历史文物、社会生活、节事活动等民俗的独特吸引力，通过体验性民俗产品和特色空间的打造，运用商业化的手法，集休闲观光、民俗生产体验、民俗表演、购物等于一体进行综合运营的特色小镇，如北京古北水镇和云南彝人古镇等。

民俗小镇的发展关键在于将民俗文化资源结合市场的需求，在不破坏民俗文化本源的前提下，活化为经济发展的动力。民俗文化往往通过体验式旅游去传播，来达到传承的目的。因此，民俗小镇多以旅游为载体，以生活体验、节庆体验为主要形式，通过文化与旅游的互动途径增加小镇的魅力，形成独特的民俗文化旅游品牌，吸引客源消费，带动小镇发展。

在民俗小镇的各种形态中，古镇以其幽静的环境、传统的风貌建筑、丰富的风水情调和民俗文化等，吸引着越来越多的旅游者和投资者，比如，乌镇、西塘等江南六大名镇以及彝人古镇等，随着特色小镇的政策发布和大众旅游业的发展，古镇旅游掀起了一批开发建设的热潮[2]。

民俗小镇作为文旅产业的重要核心组成部分，其培育和发展的核心在于小镇主题文化的体验情境设计，发展的关键在于如何延长游客的停留时间。

---

[1] 陶思炎：《略论民俗旅游》，《旅游学刊》1997年第2期。
[2] 华侨城将通过政府与社会资本合作的PPP模式，建成若干个大型新型城镇化示范项目，并以"100个美丽乡村"计划，投资建设一百座具有中国传统民俗文化特色小镇，创造数十万个创业和就业岗位，与城镇居民共同创业实现共同富裕。

同质化是民俗小镇开发面临的主要问题，挖掘小镇特色主题，形成鲜明的主题形象，是民俗小镇开发的首要任务。民俗小镇在经历以"奇"为特色的观光主导、以"商"为核心的商铺为王阶段后，以"夜"为核心的休闲体验发展，已经成为民俗小镇开发的重点方向。因此，民俗小镇的业态向休闲化发展是必然趋势，以夜景观光、夜间活动、夜晚休闲为核心的夜游项目，保证了持续的人流和消费，从而保持了民俗小镇旅游的旺盛生命力。

### 四　艺术小镇

随着我国人民收入水平的提高和中产阶层人口规模的增长，人们对艺术的消费也不断增长，基于艺术消费的艺术产业也逐渐进入了普通消费者的生活中。作为处于发展黄金期的艺术产业与特色小镇的结合体，艺术小镇发展进入了一个高峰期。艺术小镇是融合了艺术创作场景、艺术拍摄、艺术后期制作并集艺术、观光、住宿为一体的小镇。在业态上，依托文化艺术与生态环境，艺术小镇整合各方资源，激发民间创客活力，形成一个集艺术研究、教育、生产、展示、交易、交流等相关服务功能为一体的业态体系。

艺术小镇在特色上一是需要众多的文化艺术活动来聚集人流；二是要具有极具辨识度的体现艺术与人文气息的建筑与环境风貌；三是要有艺术产业或独特 IP 延伸出的艺术商品，包括艺术品、电影、小商品等，成为推动艺术小镇经济发展的重要动力；四是艺术小镇建设属于"轻资产"文旅产业，应避免过去城镇化发展产生的土地、房产等资源的浪费；五是，由于艺术和设计服务业一般是接地气的"亲民"产业，与老百姓的生活方式息息相关，老百姓容易接受且很容易成为项目的参与者，所以能够快速带动乡民就业和进城农民工回乡创业等。结合艺术小镇的以上特性，在艺术小镇的打造上，需要做到如下几点。

首先，要通过艺术和设计产业的介入，依托现有的小镇格局或历史留下的建筑和环境，创新改善小镇的环境，为产业的孵化延伸提供必要的空间条件。

其次，艺术和设计服务业的发展都需要强大的地域文化做支撑，应充分利用千百年来农耕文明留下的遗产，最大限度地保护好或者开发、再利用和活化原有文化资源。

最后，需要策划高端、参与性强的艺术节事活动，如艺术节、双年展、设计周、戏剧节等，形成特色产业并拉动周边旅游业的发展，从而为小镇的经济发展带来新的动力。

## 第三节　文旅特色小镇的典型案例

### 一　国外案例

#### （一）日本柯南小镇

日本是世界上最大的动漫产业创作和输出国，基于发达的动漫产业链和广泛的受众，日本催生出了一批以著名动漫 IP 为主体和本底的动漫主题小镇。这种小镇是动漫 IP 实现较高品牌价值之后的产物，通常依托动漫作者或作品带来的人文资源优势和当地政府的政策支持进行发展。其中最具代表性的莫过于北荣町的柯南小镇。

北荣町所在的鸟取县是日本动漫圣地，这里诞生了以水木茂先生、青山刚昌先生、谷口治郎先生为代表的众多著名漫画家，另外日本还有《哆啦A梦》《圣斗士星矢》《铁臂阿童木》《七龙珠》《灌篮高手》《蜡笔小新》《千与千寻》等众多动漫 IP 资源。而北荣町因是《名侦探柯南》的作者青山刚昌的出生地而被人熟知，经过当地精心的规划，成为名副其实的柯南小镇。现在在北荣町的各个地方，都能看到柯南的身影。

北荣町原来是普通的沿海农业小镇，以西瓜种植和海水养殖为主，西瓜收入是当地居民的主要收入来源。后来由于北荣町是青山刚昌的家乡，当地政府决定借助《名侦探柯南》的影响力在当地发展主题旅游业。如今北荣町的主导产业为动漫旅游产业，形成了以动漫 IP 为主向外延伸的动漫旅游产业。利用柯南这个超级动漫 IP，将动漫作品人物、场景、动漫衍生品、动漫作家等 IP 元素与旅游产业相结合，推出了一系列的动画电影、动漫游戏、漫画杂志、衍生品开发等，是动漫产业和旅游产业相结合的优秀案例。

为了更好地将柯南文化与小镇的产业完全联系在一起，当地采取了一系列措施行动，促进柯南文化更好地融入产业中。比如，小镇特意在车站附近的观光室为游客有偿提供了盖章手册。收集齐所有印章后，游客就可以再回到观光室领取一个完步证明，证明你已经走完了柯南小镇的柯南之路。印章设置的地方一般是车站、观光所、邮局、特产店、道具商店、柯南博物馆等。事实上，通过这样的一种企划，游客在收集印章的过程中，不断地加深对小镇的柯南印象，使游客获得了更好的旅游体验。

小镇还建造了以青山刚昌的动漫作品世界为主题的博物馆——青山刚昌故乡馆（又称"柯南博物馆"），这是北荣町的主要产品，集展示、体验、销售等功能为一体。该馆以《名侦探柯南》为中心，铺设出了青山刚昌绚丽的作品世界。博物馆分为6个分区，除了青山刚昌的个人介绍、漫画作品和动画作品的展示区以外，自助餐厅和大量的动漫工艺品店也被设立其中。馆内的互动功能具有很强的代入感和针对性，比如馆内会举办"纪念馆大师赛"，柯南的"粉丝"可以挑战这个比赛，根据结果得到等级不同的认证。不仅如此，游客也可以亲身试用滑板、蝴蝶结变声器等动漫中的道具。该馆还会每年举办动漫大会，吸引世界各地的动漫迷前来参观体验。源源不断的客流为小镇带来了巨大的经济效益。

**图 10-1　柯南大桥**

### （二）美国卡梅尔艺术小镇

卡梅尔（Carmel-by-the-sea）是美国加州蒙特雷半岛上的一个精致小镇，以优越的自然美景和浓厚的艺术气息闻名美国西部。它在1902年建成，在1906年旧金山地震后，大批音乐人、作家、画家抱着重现辉煌艺术的想法纷纷涌进了卡梅尔。当地也提供给他们很便宜的土地，于是艺术小镇的种子就这样萌发了。1910年的时候60%的房屋的建造者都是投身艺术的，甚至早期的城市议会也由艺术家们占据，其中著名作家兼演员 Perry Newberry 和著名演员兼导演 Clint Eastwood 都先后出任过卡梅尔的市长[1]。

早在100年前，"艺术家、诗人和作家的卡梅尔"已经名闻遐迩。1969年，中国著名国画大师张大千曾居住在此，称其居所为"可以居"。一百年

---

[1] 欣美途：《美国卡梅尔小镇，现代世外桃源》，欣美途旅游网，2013年3月18日。

来，迄今为止只有四千多名居民的卡梅尔风采依旧，它以优美的自然环境和优雅的艺术氛围成为加州十七英里黄金海岸公路的一大亮点。在这里，无论是时装店还是古董店，糖果店还是画廊，玩具店还是日用工艺品店，从门面到商品都能让人们眼前一亮、沉醉其中，只觉得唯有推开一扇扇别具意蕴的店门，才得以领略卡梅尔的优雅风情和丰厚积淀、体会它历久弥新的魅力。让孩子们接受艺术熏陶，感受艺术氛围。在这里，很多画廊、雕塑精品店的主人本身就是成就卓著的艺术家，不少店家的商品是世上独一无二的珍品。难得的是如果恰好碰上旅游淡季，街道、商店都比较清静，感觉比参观博物馆更过瘾。

卡梅尔是一处世外桃源般的地方，许多风格独特的艺术家和作家住在这个依山面海的充满波西米亚风情的小城市中，奇特的建筑物和景色美得如童话一般。这里的居民们极力抗拒现代化。如今市内仍禁止张贴广告、装霓虹灯或停车咪表和盖快餐店，以便维持原貌。原始的风情带给人朴实、祥和和温馨。沿小镇的主街 Ocean Avenue 向西走到尽头，就是"十七英里"海滨拥有的独一无二的大沙滩——卡梅尔海滩。

风光明媚的蒙特雷半岛被称为世界上陆地、海洋、蓝天的集大成者，并被公认为理想的度假胜地。十七英里卡的梅尔则是其中的精华，碧海蓝天、鲜花礁石，随处可见的松鼠、海鸟和海豹、悬崖峭壁、古老的松柏，构成了十七英里迷人的画卷。

如今卡梅尔小镇是游客的天堂。这里有各种精致而富有特色的艺术画廊、餐厅、酒店和精品店。酒店和餐厅都是像艺术品一样来布置，希望营造一种童话般的氛围，让每个客人都感觉到浪漫，其每个细节都是通过艺术家的眼睛来审视的，总是从每个角度都创造出一种纯粹的美和精致。

图 10-2　卡梅尔艺术小镇

资料来源：作者自拍。

## 二 国内典型案例

### （一）余杭艺尚小镇

艺尚小镇位于杭州余杭临平新城，2015年6月被列入浙江省首批特色小镇名单，是杭州市唯一发展时尚文化产业的特色小镇。小镇规划面积约3平方公里，作为新丝绸之路重要节点和中国创意文化产业中心，杭州拥有与生俱来的时尚产业发展动力因子。小镇及其周边区域，是余杭和杭州城东城市化程度最高、城市功能最完善、对外交通联系最发达、产业基础最扎实、推动"大众创业、万众创新"最成熟的区域。

规划显示[1]，艺尚小镇以时尚服装等产业为特色，兼具时尚设计发布、时尚教育培训、时尚产业拓展、时尚旅游休闲、跨境电子商务和金融商务六大功能。为延长时尚产业链，配套大数据、云服务、培育孵化、设计研发、时尚教育、电子商务、智造物流等一系列服务产业，打造"创业苗圃+孵化器+加速器+产业园"接力式链条的时尚创意产业新生态，把推进国际化、体现文化特色与加强互联网应用相结合，打造集高端设计研发、智能生活制造、时尚艺术传播、展示体验消费及人才创业创新为一体的时尚名镇。

在空间布局上，艺尚小镇提出构筑"一心两街"空间格局，其中"一心"作为艺尚小镇环东湖时尚产业中心，形成小镇时尚文化融合空间，提供产业可持续内生动力；"两街"包括时尚文化街区和时尚艺术街区，前者主要功能为艺术家村落、时尚研发中心、时尚休闲娱乐等，是一个富有影响力的高层次设计人才聚集地，打造一条时尚文化步行街；后者引进中国艺尚中心为核心引擎，发展世界级时尚产业总部集群，建立国际文化沟通纽带与价值桥梁，为杭州带来时尚国际化动力，打造地铁上盖时尚艺术步行街。

### （二）楚雄彝人古镇

彝人古镇位于云南楚雄市经济技术开发区永安大道以北、太阳历公园以西、龙川江以东、楚大高速公路以南，占地约1740亩，是集商业、居住和文化旅游为一体的文旅特色小镇，2017年6月被列为云南省20个创建全国一流特色小镇之一。

---

[1] 王璐：《特色小镇产业生态链及其空间载体构建研究——以余杭艺尚小镇为例》，《小城镇建设》2016年第3期。

**图 10-3 余杭艺尚小镇**

资料来源：李忠①。

人文旅游资源对游客的吸引具有重复性，"彝人古镇"突出彝文化并在古镇荟萃与展示，让商住和游客体验博大精深的彝文化，集中体现在全国乃至世界的唯一性，彝人古镇必将成为"游云南必到之地"。

楚雄彝人古镇于2005年4月动工，2006年火把节正式接待游客，2012年12月全部竣工投入运营，现已成为国家4A级旅游景区、国家文化产业示范基地，年接待游客800万~1000万人次，为楚雄彝族文化走出楚雄、走出云南搭建了一个重要的文化传承平台，实现了文化与经济的成功嫁接。为进一步丰富旅游业态、优化服务功能，培植与古镇民族文化旅游要素相吻合的吃、住、行、游、购、娱全产业链平台，促进彝人古镇全面转型升级，计划通过三年的努力，将彝人古镇打造成为特色化、高端化的全国精品景区，成功创建全国一流特色小镇，促进全市旅游业与彝族文化融合发展、提速发展②。

**图 10-4 云南彝人古镇**

资料来源：云南城镇设计公司。

### （三）宋庄艺术小镇

宋庄镇是全国新型城镇化综合试点地区北京市通州区所辖的一个镇，位

---

① 朱时伯：《艺尚小镇：打造时尚文化新高地》，《文化交流》2016年第11期。
② 楚雄市发改局：《"楚雄彝人古镇"被列为云南省20个创建全国一流特色小镇之一》，楚雄在线，2017年6月30日。

于北京东部，镇域面积116平方公里，下辖47个行政村，总人口约10万人。二十年前的宋庄只是北方众多农村中极其普通的一个。20世纪90年代早期，最早聚集在圆明园画家村的自由艺术家们发现了这里。1993年冬天第一批画家入住小堡村，从那之后，越来越多的画家迁徙至此。2000年后，宋庄规模迅速扩大，逐渐形成了今天以小堡村为核心，包括徐辛庄等22个自然村在内的约5000名艺术家以及产业人士入住聚集地，原来的传统农业镇变成了世界上规模最大的艺术家聚集区。

宋庄当初能吸引众多画家，一个很重要的因素是这里有便宜的房子和宽松的创作空间。贫穷和相对包容的地域文化，使宋庄镇小堡村接纳了第一批艺术家，并由小堡村逐渐扩散至全镇。后来宋庄镇政府明确将"文化造镇"作为发展理念，并将其体现在具体规划和政府行动中，将宋庄文化创意产业聚集区定位为国家创意设计与艺术品交易功能区。

宋庄镇从2005年开始创办中国宋庄文化艺术节，并从2007年起纳入中国北京国际文化创意产业博览会。通过开展各种类型的展览、学术讲座凸显宋庄当代、原创、生态、前沿的特点，艺术节经过多年的发展已成为艺术品产业博览交易会（艺博会），并被冠以"大众艺术节"的称号，极大地提升了宋庄整体文化品牌号召力。

宋庄原创艺术集聚区成为北京市首批认定的十个文化创意产业集聚区之一。宋庄根据区域发展规划引导和选择文化创意机构进驻宋庄，并提供有效的政府服务支持。同时，宋庄还注重文化与产业深度融合，引进了中国艺术品交易中心、国家时尚创意中心等重点项目，着力打造中国的"文化硅谷"。北京电影学院新址位于通州新城正北，宋庄文化创意产业园区西侧，北京电影学院新校区落户宋庄后，将吸引上下游关联企业，形成区域影视文化产业集聚效应。

图 10-5　宋庄艺术小镇

资料来源：作者自拍。

# 第十一章

## 体育特色小镇规划

### 第一节 体育特色小镇的类型特征

随着运动健康、低碳休闲的生活理念深入人心，户外运动也成为一种时尚，推动着健身休闲产业迅猛发展。国际经验显示，当人均 GDP 超过 8000 美元时，体育健身将成为国民经济的支柱型产业，2016 年我国人均 GDP 刚好超过了 8000 美元[①]，预计未来几年我国体育消费将迎来爆发。"体育+旅游"的消费趋势将会湮灭"专业式"体育和"观光式"旅游，"平民式"体育和"体验式"旅游渐成主流。山地户外、冰雪运动、水上运动呈现井喷式发展，涌现出一批健身休闲产业，"体育+休闲小镇"为热门趋势，可以预见，未来徒步、滑雪、潜水、滑翔、运动自行车、马拉松等新兴运动项目将注入小镇。

所谓"体育小镇"，是指通过建设体育基地、体育设施、举办体育赛事等，形成可观看、欣赏和参与各种体育活动的行为，形成体育产业，进而发展观赏型体育旅游和参与型体育旅游，从而形成生态环境较好的特色小镇。

2017 年 5 月，国家体育总局出台《关于推动运动休闲特色小镇建设工作的通知》，提出"建设运动休闲特色小镇，是满足群众日益高涨的运动休闲需求的重要举措，是推进体育供给侧结构性改革、加快贫困落后地区经济社会发展、落实新型城镇化战略的重要抓手……建设运动休闲特色小镇，能够推动产业集聚并形成辐射带动效应，为城镇经济社会发展增添新动能；能够有效促进以乡镇为重点的基本公共体育服务均等化，促进乡镇全民健身事

---

① 根据国际货币基金组织的数据，我国大陆人均 GDP 为 8113 美元，全球排名第 74 位；根据国家统计局公布的数据，2016 年中国大陆人均 GDP 为 53974 元，约合 8126 美元。

业和健康事业实现深度融合与协调发展"①,并于 2017 年 8 月评选公布了第一批 96 个运动休闲特色小镇试点项目（见附件四）。

根据体育小镇的业态特点，可以将它们分为赛事型（C51）、康体型（C52）、休闲型（C53）和产业型（C54）四小类②。其中赛事型体育小镇是指依托有影响力的单项体育赛事，延伸赛事相关的服务，完善休闲体验活动而形成的体育小镇；康体型体育小镇是指以良好的生态环境为基础，以体育运动为载体，以健康养生为主要目标，结合旅游度假等的康体度假型特色小镇，其与医疗健康特色小镇有交集；休闲型体育小镇是指以良好的生态环境为基础，结合场地资源，以多样化的、极具参与性与体验性的体育休闲运动如登山、徒步等山地运动，钓鱼、游泳等水上运动，保龄球、高尔夫等球类运动，滑雪溜冰等冰雪运动以及其他传统体育运动、特种运动等的聚集为核心形成的面向大众消费的体育小镇，其与生态旅游特色小镇有交集；产业型体育小镇是指以体育用品或设备的生产制造为主导，纵向上延伸发展研发、设计、会展、交易、物流，横向上与文化、互联网、科技等产业融合发展，打通上下游产业链，最终形成二、三产业融合发展的产业聚集区，其与制造类特色小镇有交集。

## 第二节 体育特色小镇规划的思路与重点

总的说来，体育特色小镇的建设要紧密结合百姓的体育生活方式，发展"体育+"，打造赛事 IP，并融合高科技元素，强化服务，推动户外运动用品的供应，最终将体育运动与工业、科技、文化、旅游有机结合，形成户外休闲、冰雪运动、骑行文化、极限探索、运动品牌等休闲产业，根据体育业态的不同，在打造要点上也有相应的不同侧重点。

### 一 赛事型体育小镇

无论是竞技体育还是群众体育，赛事是关注度最高、影响力最大的体育活动，尤其是国际性的大型赛事。作为赛事主办地，需要具备符合赛事要求

---

① 国家体育总局：《国家体育总局办公厅关于推动运动休闲特色小镇建设工作的通知》（体群字〔2017〕73 号），2017 年 5 月 9 日。
② 绿维创景：《体育小镇分类及打造要点》，绿维旅游运营网，2017 年 4 月 7 日。

的场地条件,高标准的赛事场馆以及高水平的赛事服务能力。举办大型赛事带来的,除了赛期内直接的经济效益外,对当地知名度的提升、上级和地方政府资金和政策上的扶持、赛事对当地基础设施和当地人口素质的提升等,都具有长远效应的间接收益。

体育赛事型小镇的打造第一任务是要做好赛事本身,每个赛事都是很好的体育 IP,无论是引进赛事还是自身培育赛事,都需要从硬件上进行高标准建设,从软件上给予高水平服务,从而为游客带来极强的赛事观赏体验,为组织者带来良好的经济价值。第二任务是通过多元业态的构建,充分利用赛事场地,做好赛事后的有效利用。赛后的利用主要有三个方向:一是充分利用场馆场地开展培训及日常训练;二是运用体育赛事的 IP 价值,开展主题活动、衍生周边娱乐活动;三是组织开展其他类型的体育休闲运动,以及各类美食节、音乐节等大型活动,实现体育与旅游的融合发展。

### 二 休闲型体育小镇

休闲型体育小镇一般依托景区发展,与生态休闲旅游产业相互融合发展,因此,在小镇的选址上,需要考虑小镇辐射范围内的受众群体特征(如规模、结构、消费习惯等),在大中城市周边或依托大型旅游目的地路线是较理想的选择。

在业态和项目上,休闲型体育小镇一般以一个或几个核心资源项目为引领,形成以休闲为核心的多个大众型体育项目,并充分考虑家庭老、中、青、幼不同年龄段人群的需求特征,打造集体育运动、休闲娱乐、教育研修、亲子游乐等于一体的完整业态的休闲体育产业功能平台,它是一种大众参与性的体育特色小镇。

另外,休闲型体育小镇对基础设施的配套要求较高,需要参考生态旅游小镇的开发要点,进行符合生态休闲旅游要求的基础设施体系的配套。

### 三 康体型体育小镇

康体型体育小镇以温泉、负氧离子等独特的康养自然资源或太极拳、瑜伽、禅修等传统的康养人文资源为基础,是以康体养生、修心教育等为核心的体育项目集聚区。相较于休闲型体育小镇,其运动项目具有低运动量、低运动频率、低风险的特征,更加注重康体、养生、养心、养颜等方面的功能,多面向较为高端的人群,虽然受众基数较小,但消费频率及消费总额较高。

康体型体育小镇重点在于面向养生人群、亚健康人群、中老年人群不同的需求，因此与康体养生型的医疗健康特色小镇的打造要点有类似的地方，要形成具有针对性的、完善的健康硬件配套设施及健康服务，最终形成一个以运动健康养生为主题，集养生环境、养生运动项目、养生服务及养生居住于一体的高端特色小镇。

### 四　产业型体育小镇

该类型小镇以生产制造及其上下游产业为核心功能，以休闲体验为配套功能，依托城市而发展，一般分布在大中城市周边。在产业空间分布上，宜以体育核心型企业为中心，配套企业或相关企业围绕其分布，形成中心—外围的布局结构。

产业型体育小镇的打造首先是对于体育产业本身的打造，参考制造业类小镇的打造手法和要点，明确主导产业的定位与方向，并根据核心项目的市场特点，形成相对完善的产业链。对能够聚集人力、技术、信息、资本等要素，并具有先天发展优势的产业资源，如体育某一细分领域装备用品的生产制造，或某个细分体育领域在行业中的标志性地位，难以复制的先天市场环境等进行发掘提炼，确定主产业发展方向，并实现其延伸产业、配套产业、服务产业、支撑产业的聚集，形成产业集聚。其次是要促进体育产业与旅游等其他产业的融合，进行三产化、体验化、消费化延伸，即以体育优势产业为核心，有选择地充分链接文化、教育、健康、养老、农林水利以及通用航空等产业。

## 第三节　体育特色小镇的典型案例

### 一　国外案例

#### （一）英国温布尔登（Wimbledon）网球小镇

英国温布尔登（Wimbledon）是位于伦敦西南部的小镇，其知名度主要来自温布尔登网球公开赛（简称温网，是全球四个大满贯赛事之一）。温网由全英俱乐部于1877年举办，是全球四大网球公开赛中历史最为悠久的赛事。温布尔登没有其他支柱产业，温网自举办之日起，就以巨大的吸引力带动温布尔登小镇相关产业的发展，是一个典型的体育赛事型特色小镇。

温网于1877年首次于全英草地网球和门球俱乐部管理之下在温布尔登Worpl路附近的一块场地举行，在1968年网球公开时代到来之前，只对顶级的业余选手开放，此后温网是所有职业选手的圣地。温布尔登现在有18个草地、9个硬地和两个室内球场。比赛举办时，现场观众累计可达30万人次以上，而观看电视实况转播的人次则在5亿以上。据媒体报道，2016年温网的赛事总收入达到2.03亿英镑，其中门票、食物和周边商品约5000万英镑，赞助商和供应商约4000万英镑，赛事净利润为4200万英镑。

由于没有其他支柱产业，更没有工业，温网及其带动的基建、观光、餐饮活动等成为小镇的重要收入来源。球场持续翻新刺激小镇经济增长，每年温网赛事需要消耗50000余个网球，超过35万杯茶和咖啡，超过2.8万公斤的奶油草莓，温布尔登网球博物馆、球场是游客参观的重要景点，著名的温布尔登手巾在赛事期间可以卖出约28600包；迷你型小球场可供球迷们在排队间歇打球娱乐，还有大牌球星候场对弈；帐篷露营也是旅行的重要活动[1]。

图11-1　英国温布尔登（Wimbledon）网球小镇[2]

**（二）新西兰皇后极限运动小镇（Queenstown）**

新西兰皇后镇（Queenstown）位于新西兰第三大湖泊瓦卡蒂普湖北岸，为南阿尔卑斯山包围的美丽小镇，小镇依托天然的湖泊和多样的地形地貌特征，是全国地势最险峻美丽而又富有刺激性的地区，形成了数量众多的户外休闲运动项目，其中众多项目以极限、探险为核心，蹦极、高空弹跳、喷射

---

[1] 中商产业研究院：《2017年国外体育特色小镇案例分析及经验借鉴》，搜狐财经，2017年8月9日。

[2] 筑龙网：*New Master Plan for Wimbledon Incorporates Green Walls*，http：//bbs.zhulong.com/101020_group_201885/detail10066023，2013年6月24日。

快艇等很多极限运动发源于此，这里被称作"极限运动的天堂"。小镇面积25平方公里，人口稀少，只有1.4万多人，常住人口主要从事与旅游和酒店相关的工作。

皇后镇具有商业蹦极发源地的独特地位，从单一的蹦极项目发展到户外运动综合胜地，形成了极限运动的集群效应。小镇所处的南阿尔卑斯山南段能进行攀山、漂流、山地自行车和冰川徒步等项目；在冬天，整个山体被冰雪覆盖，小镇附近有四处天然滑雪场；瓦卡蒂普湖则能发展帆船划艇和水上飞机活动；小镇还开展滑翔伞、跳伞、热气球等项目。由于地理条件复杂多变，种类齐全，小镇可发展的项目众多，成为有超过200多个项目的综合性户外运动的"探险之都"。

皇后镇的体育和旅游产业为经济发展提供了强大动力，双轮驱动的体育小镇在全世界尚属少见。户外运动作为皇后镇旅游发展系统中的重要元素，是形成体育旅游共生体的基本条件。上述运动具有探险性、挑战性和刺激性特征，皇后镇则利用高山峡谷、急速湍流、冬季白雪皑皑等优越地势，开发激流泛舟、跳伞、滑雪、蹦极、喷射快艇、漂流、山地自行车等户外运动，为各地户外运动发烧友提供了良好的体验场地。此外，由于是《指环王》的取景地，电影的IP宣传，为皇后镇赢得的"魔戒仙境"的名号已享誉全世界。

图11-2 新西兰皇后极限运动小镇

资料来源：携程网。

## 二 国内典型案例

### （一）上海陈家镇体育旅游特色小镇

陈家镇位于崇明岛的最东部，上海长江遂桥崇明岛登陆点，位于东海之滨，长江入海口，具有我国"T"字形国土发展轴线交汇点的战略位置，是长江的第一镇。陈家镇是一个具有300多年历史的老镇，人勤地沃，滩涂资源极为丰富。该地成陆于清初，康熙、乾隆年间，经围垦由南而北延伸，始建协隆镇，续建朝阳镇、八滧镇，乾隆后期建陈家镇。

陈家镇资源丰厚、文化深厚、交通便捷，是国家沿海沿江发展轴的交汇点，上海与长三角的连接点，水陆空交通的汇聚点，上海轨道交通的直通点，全镇现建有60公里自行车专用绿道、国际一流的体育训练基地、国家体育产业示范基地。

**图 11-3　上海陈家镇体育旅游特色小镇**
资料来源：上海崇明 mp。

"中国崇明体育旅游特色小镇"立足于良好的生态环境基础和体育设施基础，坚持项目突出、产业协同、合作共进的原则，以体育为平台，协同引领旅游、康复、休闲等相关行业发展，吸引长效投资项目落地，促进当地经济社会全面、协调、可持续发展。

规划依托坐落于陈家镇的上海崇明国家体育训练基地，重点发展体育旅游、体育培训、运动康复等体育产业，同时在陈家镇瀛湖的建设过程中有机植入水上、自行车等体育元素，积极发展户外健身休闲运动。

以上海打造国际著名赛事之都为目标，积极承办国际大型户外赛事，吸引游客前来观赛，成为世界大赛的集中举办地；以上海国家级体育集训基地为依托，吸引国际国内各项专业队伍来镇集中训练，成为国际国内体育专业队伍训练的集聚地；依托体育集训基地的运动康复技术，结合上海体院领先的运动康复研究，为体育损伤提供专业的医疗康复服务；依托体育集训基地的场地和师资力量，结合小镇社会办训机构为体育爱好者提供专业的体育培训场所，形成培训与度假的融合发展；以陈家镇地区良好的旅游资源和宾馆酒店为基础，打造国际国内体育运动发展交流合作的平台，实现以论坛引领体育小镇的发展；以集训基地和上海体院的人才优势，打造体育创新的平台，让来镇旅游的游客体验全新的体育智造的成果。

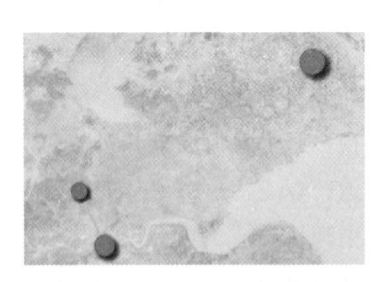

## （二）浙江莫干山裸心体育小镇

莫干山裸心体育小镇位于浙江德清县，莫干山海拔724米，海拔不足千米，山脚下就是小平原，靠近中国人口最稠密的长三角地区，交通方便；另外，虽然海拔不高，但山势却是多变，有悬崖峭壁，也有缓坡平地，它既能开展攀岩、登山等极限运动，也能举行山地车速降等极限运动。莫干山是著名的避暑胜地，其游客都是热爱生活、热爱生命的人群，很容易就会被"体育小镇"的概念吸引，从而给体育小镇带来流量。

莫干山裸心体育小镇现有体育产业企业70多家，均以体育健身休闲、场馆服务及体育用品的销售和制造为主，已实现体育产业销售收入过百亿元，体育产业集群效应明显。小镇以打造"裸心"体育为主题，规划"一心一带两翼多区"，全力打造体育特色小镇，将体育、健康、文化、旅游等有机结合，以探索运动、户外休闲、骑行文化等为特色，带动生产、生活、生态融合发展。重点建设Discovery探索极限基地、久祺国际骑行营、莫干山山地车速降赛道以及"象月湖"户外休闲体验基地[①]。

莫干山裸心体育小镇依靠体育产业传统优势，活化"体育+旅游"产品，将打造辐射长三角地区的户外休闲运动品牌，将体育产业、文化、旅游三元素有机结合，打造成为具有山水特色的户外运动赛事集散地、山地训练理想地、体育文化展示地、体育用品研发地、旅游休闲必经地和富裕民众宜居地。

图11-4　莫干山裸心体育小镇

资料来源：诺狮研究院。

---

① 中研智库：《体育小镇微观察第一弹——莫干山为何要打造体育小镇》，2017年6月15日。

# 第十二章

# 特色小镇开发与运营规划

特色小镇的核心是通过特定的政策扶持，吸引市场的投资，促进产业融合与延伸，由此促进人口聚集、产业聚集、消费聚集，延伸出产业的延伸环，形成居住功能，结合社区配套网络，构建新型城镇化发展模式。在这个复杂系统中，不仅要导入产业，还要导入事业和导入一系列的IP。在各类特色小镇的开发过程中，最核心的内容涉及要打造产业业态以及多业态的服务关系，最后落在商业地产、居住地产、大城市的二居地产，养老和度假的旅游地产，由此构成房产开发、业态开发、产业开发的整个结构链，它是一个复杂的开发系统。本章主要讨论特色小镇的开发模式、运营和投融资三个方面的内容。

## 第一节 特色小镇的开发模式规划

### 一 特色小镇投资开发主体选择

特色小镇的参与主体构成包括政府、企业（市场）和社会（公众）三个层面。其中企业是投资开发主体，政府引导、服务，负责小镇的定位、规划、基础设施和审批服务，在市场运作的基础上，引进民营企业建设特色小镇；公众作为具体参与者与监督者参与特色小镇的开发建设全过程。

根据国家三部委出台的特色小镇培育指导意见，特色小镇的开发运营应秉承"政府主导、企业主体、社会参与"的原则，由政府与投资企业，共同组建特色小镇运营管理组织机构，一般以投资开发公司的形式运作，作为一级投资开发主体。政府的引导作用主要在于制度的建设、顶层设计和执法治理，进行产业培育创造制度环境，建设基础设施提供公共服务，从而加强社会治理；市场的运用作用起着决定性作用，即通过市场来配置优化资源；

企业在特色小镇建设中起着主体的作用，企业在寻找市场机会，进行资源整合中发挥自身的优势；社会则起着参与监督的作用。

国内目前有很多开发企业作为特色小镇的开发主体投入特色小镇的开发建设，虽然有很多项目是挂着特色小镇之名，走房地产圈地开发之实，但不可否认的是这些开发企业在一些特色小镇开发过程中作为资本方和小镇运营方所起的重要作用，如中青旅的文旅小镇开发、华夏幸福的健康产业小镇开发、绿地集团的文旅小镇开发、碧桂园的科技小镇开发等。

特色小镇的全部开发过程会涉及多企业共同合作开发建设，如西盟佤部落特色小镇，参与投资的企业有云南公投高速公路经营有限公司、云南农垦普洱云象橡胶有限公司、云南司岗里房地产开发集团有限责任公司、西盟龙潭旅游投资开发有限公司、云南鑫盟投资开发有限公司与大连东软控股有限公司等。各投资开发主体主要投资项目如表12-1所示。

表12-1　云南西盟佤部落特色小镇项目开发主体一览

| 序号 | 项目名称 | 项目投资主体 |
| --- | --- | --- |
| 1 | 熙康云舍 | 大连东软控股有限公司 |
| 2 | 小龙潭度假酒店 | 云南农垦普洱云象橡胶有限公司 |
| 3 | 星河国际商业广场 | 西盟龙潭旅游投资开发有限公司 |
| 4 | 佤山星河美食街 | 普洱宏宇房地产开发有限责任公司 |
| 5 | 西盟印象 | 云南司岗里房地产开发集团有限责任公司 |
| 6 | 佤寨部落旅游综合体 | 云南公投高速公路经营有限公司 |
| 7 | 生态停车场 | 云南公投高速公路经营有限公司 |
| 8 | 旅游集散中心 | 云南公投高速公路经营有限公司 |
| 9 | 城市规划展览馆 | 政府投资 |
| 10 | 青少年活动中心 | 政府投资 |
| 11 | 西盟党校 | 政府投资 |
| 12 | 勐梭幼儿园 | 政府投资 |
| 13 | 基础设施建设 | 云南鑫盟投资开发有限公司 |
| 14 | 东梭河绿地公园 | 政府投资 |
| 15 | 民族文化广场 | 政府投资 |

资料来源：北京北达规划设计研究院：《西盟佤部落特色小镇规划》，2017。

## 二 特色小镇开发流程

特色小镇的开发过程，根据系统工程方法可以分为四个阶段，包括规划设计、资金统筹、开发建设和运营管理。

规划设计：该阶段依据城市规划编制的相关法律法规的规定，由政府委托专业机构来完成。

资金统筹：该阶段政府应该聘请有投融资经验的专业咨询机构制订投融资规划，明确资金需求、投资主体，选择融资方式，分析资金平衡条件等，为落实特色小镇的规划设计奠定物质基础。

开发建设：该阶段主要是通过具体的建设开发主体来实现，由特色小镇的行政管理机构如管委会等指导和监督，是特色小镇的具体建设阶段。

运营管理：该阶段由政府与特色小镇的开发主体企业共同构建的特色小镇运营机构来承担，是特色小镇最后成效实现的阶段。

规划设计 ⇨ 资金统筹 ⇨ 开发建设 ⇨ 运营管理

图 12-1 特色小镇开发流程

资料来源：作者自绘。

## 三 特色小镇开发的利益协调

### （一）政府的区域发展逻辑

对于政府而言，特色小镇的开发建设是推进地方经济社会供给侧结构性改革的重要平台、实现新型城镇化的重要抓手、促进城乡统筹的重要手段，也是推动经济和产业转型升级的主要动力。通过特色小镇的开发建设，促进当地产业发展升级、推动城镇化发展进程、带动新农村建设，摆脱传统城镇发展中依靠土地开发及基础设施建设拉动的增长模式，搭建一个创新创业的空间，实现自我造血功能，从根本上改善民生。

因此，政府作为特色小镇的引导者、监管者，应该在政策制定、土地优惠、居民易地搬迁安置、项目开发建设等方面，积极协调和配合企业，统筹工作开展，以保证特色小镇的顺利开发建设，满足政府在产业化、城镇化等方面的发展诉求。

涉及小镇内部的公共设施（教育：小学、幼儿园，医疗卫生：医院和卫生站的建设等）、民生项目等可以采取"政府+企业+社区居民"共同参与的方式进行开发建设。对于道路交通、电力通信、给排水、垃圾处理（环境卫生）等旅游公共服务设施应由政府主导积极包装争取纳入 PPP 项目，形成政府+投资企业+社会投资人共同组成以 PPP 的模式进行开发建设，另外还可以 BT、BOT 等模式进行投资开发建设。

政府除了负责小镇必要的公共基础设施配套建设以及水、电、交通等基础设施、公益性设施的建设外，还需要出台土地优惠政策，以产业发展用地的供地方式进行开发建设，降低投资门槛；负责与投资商共同争取公共性基础设施建设项目及扶持资金；负责协调土地流转、设施用地等工作。

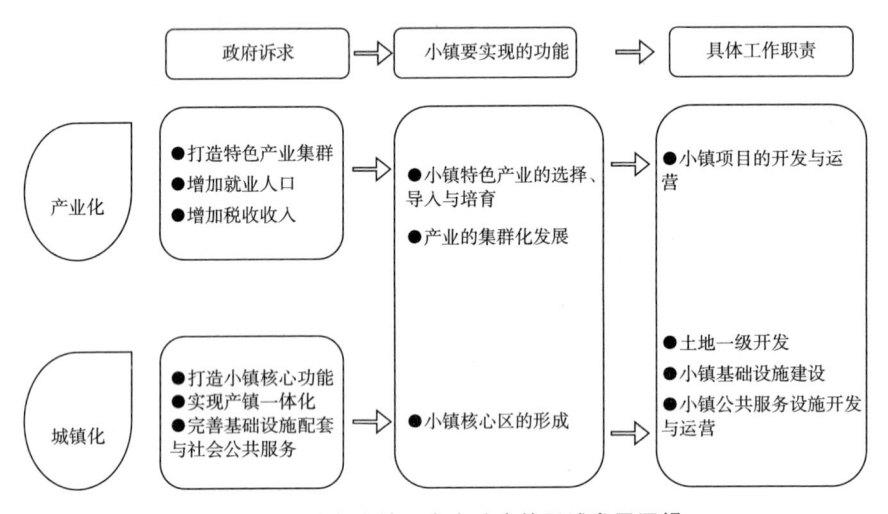

图 12-2　特色小镇开发中政府的区域发展逻辑

资料来源：作者自绘。

### （二）企业的市场运营逻辑

企业是特色小镇的开发主体，更是扮演着市场化运作体制下弥补政府短板、激发市场活力的重要角色。其价值一方面体现在资本能力上，企业以强大的资本能力及融资手段，通过 PPP 模式，能够解决政府建设资金不足的问题；另一方面体现在市场化的运营模式上，企业有着敏锐的市场观察力、较强的风险管控能力以及强大的项目运营能力，可以很好地弥补政府在小镇运营上的缺陷。因此，企业希望能够发挥自身的优势，参与特色小镇的开发建设，并追求与付出相匹配的利益。

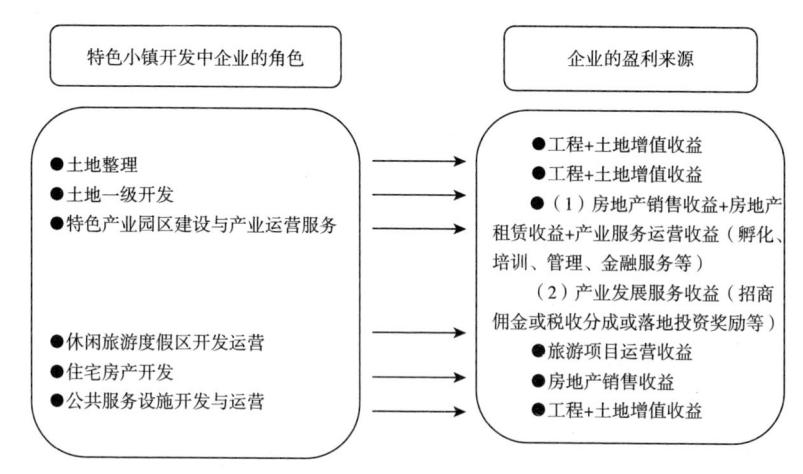

```
┌─────────────────────────┐              ┌─────────────────────────┐
│ 特色小镇开发中企业的角色 │              │     企业的盈利来源      │
└─────────────────────────┘              └─────────────────────────┘

● 土地整理                      →         ● 工程+土地增值收益
● 土地一级开发                  →         ● 工程+土地增值收益
● 特色产业园区建设与产业运营服务 →        ●（1）房地产销售收益+房地产
                                          租赁收益+产业服务运营收益（孵化、
                                          培训、管理、金融服务等）
                                          （2）产业发展服务收益（招商
                                          佣金或税收分成或落地投资奖励等）
● 休闲旅游度假区开发运营        →         ● 旅游项目运营收益
● 住宅房产开发                  →         ● 房地产销售收益
● 公共服务设施开发与运营        →         ● 工程+土地增值收益
```

图 12-3　企业的市场运营逻辑

资料来源：作者自绘。

### （三）居民的工作生活逻辑

特色小镇建设最主要和终极的目标是要提高农民经济收入，改善当地百姓生活，提升居民的幸福感，让他们在这里能够方便就业、幸福生活、尽情娱乐、安全居住、享受教育、陶冶情操。因此，在特色小镇的开发中除了要大力发展特色产业、解决人们的就业问题之外，还需要为他们配套多样化的公共服务设施、开发精品化的休闲度假项目、提供便捷化的公共管理服务、塑造文化精神领地。因此，企业应携手政府做好社区居民的易地搬迁安置工作，通过对社区居民的教育，提高居民主人翁意识和服务意识，引导社区居民投入特色小镇发展中，解决自身就业问题，提高收入。

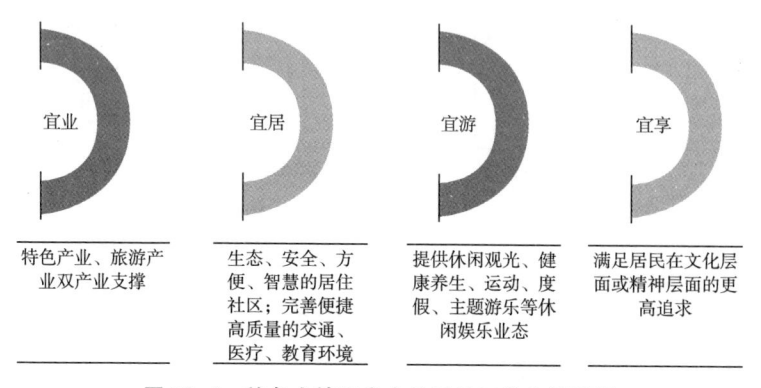

| 宜业 | 宜居 | 宜游 | 宜享 |
|---|---|---|---|
| 特色产业、旅游产业双产业支撑 | 生态、安全、方便、智慧的居住社区；完善便捷高质量的交通、医疗、教育环境 | 提供休闲观光、健康养生、运动、度假、主题游乐等休闲娱乐业态 | 满足居民在文化层面或精神层面的更高追求 |

图 12-4　特色小镇开发中的居民工作生活逻辑

资料来源：作者自绘。

针对农业类特色小镇、文旅特色小镇、体育特色小镇等普遍存在的农业类项目，投资运营公司可以通过土地流转方式进入，通过农业景观营造，村民有土地流转的收益和从农民转化为农场工人的工资收益（成为小镇从业人员）。社区居民还可借助易地搬迁安置工程，以商、旅、住一体的形式，主动参与到小镇开发建设过程中，为小镇提供必需的商业服务配套（社区居民可将搬迁安置补偿的住房，改造为旅游接待：客栈、酒店、餐馆、商铺等）。

### 四 特色小镇的综合开发体系

特色小镇的综合开发体系从前期到后期，其核心主要包括五个方面：土地一级开发、二级房产开发、主导产业项目开发、产业链整合开发和城镇建设开发。这五个开发是必须要做的，不能单一开发，要统一整合开发。IP的导入对于特色小镇的开发来说，是推动其落地建设的重要抓手，是支撑其健康发展的关键内容，是盘活其现有存量资产的重要手段。IP的导入不同于招商引资，其贯穿在特色小镇开发的全过程中。

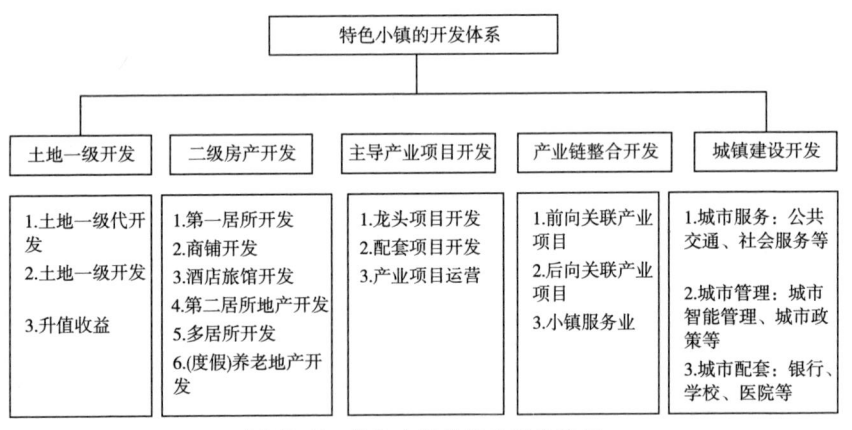

**图 12-5 特色小镇的综合开发体系**

资料来源：作者自绘。

#### （一）土地一级开发

土地一级开发，是指由政府或其授权委托的企业，对特色小镇一定范围内的国有土地、乡村集体土地进行统一的征地、拆迁、安置、补偿，并进行适当的市政配套设施建设，使小镇范围内的土地达到"三通一平"、"五通一平"或"七通一平"的建设条件（俗称"熟地"），再对"熟地"进行有偿出让或转让的过程。作为一个市场主体，既可以只做土地一级开发的代开发，通过工程获取收益；也可以全面托管土地一级开发，通过土地的升值或其他补贴方案，获得收益。

### （二）二级房产开发

土地二级开发即土地使用者将达到规定可以转让的土地通过流通领域进行交易的过程。包括土地使用权的转让、租赁、抵押等。特色小镇开发过程中，主要涉及二级房地产开发，是指土地使用者经过开发建设，将新建成的房地产进行出售和出租的过程。包括小镇商业地产、居住地产（一居所地产、城市商业地产）及旅游地产三大类。其中旅游地产又可分为二居所地产（周末）、三居所地产（度假）、养老地产、旅游休闲商业地产、客栈公寓型地产等小类。

### （三）主导产业项目开发

包括主导产业龙头项目开发及主导产业的配套项目两大类。主导产业龙头项目是整个特色小镇的市场引爆点，如以加工制造为特色的产业园、产业孵化园、双创中心等主体产业项目，同时还有结合科教文卫等事业，开发产业科研基地、教育培训园区、产业博物馆等一般由财政投资的事业型项目；主导产业的配套项目则是支撑主导产业龙头项目发展的项目体系。

### （四）产业链整合开发

包括前向关联产业项目、后向关联产业项目和小镇服务业。上下游的支撑产业项目类型众多，包括承担小镇旅游吸引核功能的主题公园、演艺广场，以休闲消费聚集为主要功能的餐饮、酒吧、夜间灯光秀，以及为游客提供居住功能的度假地产等，这类产业项目的开发主要通过项目的运营获得收益。

### （五）城镇建设与公共服务开发

包括小镇服务、城镇管理以及银行/学校/医院等小镇公共配套项目。对于文旅小镇而言，小镇公共服务较之一般旅游区有更高标准的需求，也是增加游客体验价值和提升满意度的重要方面。建立高层次、精细化的服务体系，是打造小镇旅游核心竞争力的关键。当然，特色小镇不仅服务于游客，小镇服务体系还需要根据不同的服务对象和需求，从硬件设施和软件服务两方面入手，硬件方面是建设相关的基础设施，而软件方面则是建立高标准的服务规范和制度。

## 第二节 特色小镇的投融资规划

特色小镇的投资建设,呈现投入高、周期长的特点,纯市场化运作难度较大。因此需要打通三方金融渠道,保障政府的政策资金支持,引入社会资本和金融机构资金,三方发挥各自优势,进行利益捆绑,在特色小镇平台上共同运行,最终实现特色小镇的整体推进和运营。特色小镇的建设包括政策、项目、资金、主体建设方四个方面,因此特色小镇的建设是一个多方共同运营建设的结果。特色小镇的投融资模式主要以构建项目为核心,以特色产业投资为支撑,多种投资平台相互协调,投融资平台互为支撑的投融资框架结构。

### 一 特色小镇资金需求

#### (一) 特色小镇开发资金测算

小镇开发资金预测是特色小镇投融资规划的首要工作,通过科学的方法合理测算小镇开发的资金需求,是确定下一步资金融资路径的基础。

开发资金测算常用的测算方法有资金周转率法、单位生产能力估算法、生产能力指数法、比例估算法、系数估算法、综合指标投资估算法以及建设投资分类估算法等。

#### (二) 特色小镇与金融支持的关系

金融支持,一般是指金融资本对经济发展的支撑作用。金融支持的作用在于金融业通过自身的金融行为促进资金产出率和经济运行效率的提高,从而起到缓解资金供求矛盾、支持地方经济发展的作用。实践证明金融体系越健全、金融工具越丰富、金融服务的效率越高、金融交易越发达,经济增长速度就越快。根据资金来源不同,金融支持可分为政策性金融支持、开发性金融支持和市场性金融支持。

1. 特色小镇开发需要金融支持

在特色小镇开发建设阶段,政府需要提供大量的公共物品,包括城市交通、供水、供电、通信、土地平整等基础设施和医院、学校等公共服务设施。这些公共物品是特色小镇开发前期政府必须提供的,有了它们特色小镇才有继续开发和升值的机会。这一类设施的投资规模都非常巨大,且没有相应的收益,带有明显的外部性。同时,特色小镇自身还没有具备回报社会投资的环境和机制，很难吸引社会资金，特色小镇建设资金来源渠道少，投入瓶颈难以突破。目前特色小镇建设基本上是靠财政的有限投入及投资商的自投入，这无形中增加了投资商的投资成本，部分投资商因为投资基础设施建设过大而放弃在小镇开发中投资导致小镇开发的停滞或者出现债务纠纷。因此，新城在开发建设阶段需要金融支持，而且是要有多种方式多渠道的金融支持。

2. 特色小镇运营需要金融支持

特色小镇的运营是指在特色小镇开发完成后，特色小镇的利益相关者或政府机构对特色小镇的经营管理，主要包括对城市的运营和对产业的运营。对城市的运营主要是指维持特色小镇的正常运行、为居民的生活提供正常的环境，包括社会治安、城市供水、供电、城市绿化、污水处理和环境保护等。对于这些项目，金融支持也必不可少。传统的方式是完全由政府财政提供，但是这一模式的运作已经越来越困难，其带来的后果不仅是财政负担增加，而且城市运作效率也非常低。因此，在政策性金融支持的前提下引入开发性金融支持和市场化金融支持显得格外重要，特别是市场化金融支持。

## 二 特色小镇融资规划目标与内容

### （一）融资规划目标

特色小镇融资规划的目标包括融资时序与收益还款安排。

融资时序。设计与建设开发、产业经营资金需求时点相配的投融资时序，保证融资来源及时可靠。

收益还款安排。通过小镇经营，回收投资，实现效益。产业发展与旅游经营都可成为经济增长点。其特点为赢利点分散，回收周期长。可创新金融手段，平衡现金流。

### （二）融资规划内容

融资规划方法是复杂系统工程中的综合集成方法，需要综合考虑的因素包括融资背景、融资项目类型及特征、融资工具及模式、融资来源等，在对这些因素综合分析的基础上完成融资规划，而且融资规划的方案还应该是一个动态的方案，要根据实际情况进行调整优化。在实际工作中，融资规划大致可分为以下几部分。

1. 对现状和规划进行分析

以实施规划有什么影响为出发点，对特色小镇的土地利用现状、制约条件、规划文本等进行分析，找出主要的控制性条件。

2. 研究特色小镇项目

梳理实施规划需要完成的融资项目，按照功能、类型、对应的投融资模式、投融资主体等进行分类，并对各类项目的投融资需求进行估计。

3. 基于规划对可利用资源进行评估

对特色小镇开发过程中能够用于投资项目资金平衡的各种资源进行评估，主要是指土地资源和收费项目等。对居住、商业等需要进行二级开发的土地，结合各类基础设施、公共服务设施等对土地成熟程度及土地价值的影响进行土地价值评估；对收费项目，建立现金流量模型，分析预测其未来资金流特征，用现金流量模型分析其融资支撑强度。这一步的作用可作为研究不同开发时序对新城功能和价值影响的基础。

4. 设计发展模式，提出初步的开发时序

在前面几项研究工作的基础上，与相关政府主管领导、各行政部门等进行研讨，共同为特色小镇的开发工作提出一套发展模式，包括小镇开发的启动点、成长模式、价值提升路径等。

### 三 特色小镇融资途径设计

根据资本运营的特点以及特色小镇资金需求的实际，特色小镇的融资模式可以有项目融资、基金融资、资产证券化、债务性融资、股权融资、融资租赁以及信托融资等多种，不同类型的特色小镇根据融资主体、项目母公司或实际控制人、项目现状、增信措施、风控措施、财务状况、资产情况、拥有资质等情况，综合判断特色小镇开发的资金融入通道，灵活选择适合自身的融资模式。

（一）项目融资

项目融资（Project Financing）是20世纪中期发展起来的一种无追索权或有限追索权的融资方式。它是一种为特定项目而进行的一次性融资方式，通过发起人成立项目公司，并以此为主体与银行、开发商、出口商签订协议，进行资金融通。在项目融资中，BOT方式运用最为广泛，还有BT、TOT和PPP等方式可以选用。

1. BOT融资模式

BOT（Build-Operate-Transfer）即建设—运营—移交。BOT是指政府让私有机构、非公共机构及外商等社会投资者，对传统上由政府公共部门专营的基础设施建设项目进行融资、设计、建造、经营、维修和管理，在指定年限（特许期）后将项目无偿移交给政府。

对于特色小镇营利性强的项目如青少年活动中心、医院、幼儿园等项目建设与运营可采取政府机构通过特许经营合同授权社会投资者成立的 BOT 项目公司融资、建设、运营建设项目，社会投资者通过在特许协议规定的时间内经营项目来获得收益，特许经营权结束后，转让给政府相关部门的"建设—运营—移交"的 BOT 模式。

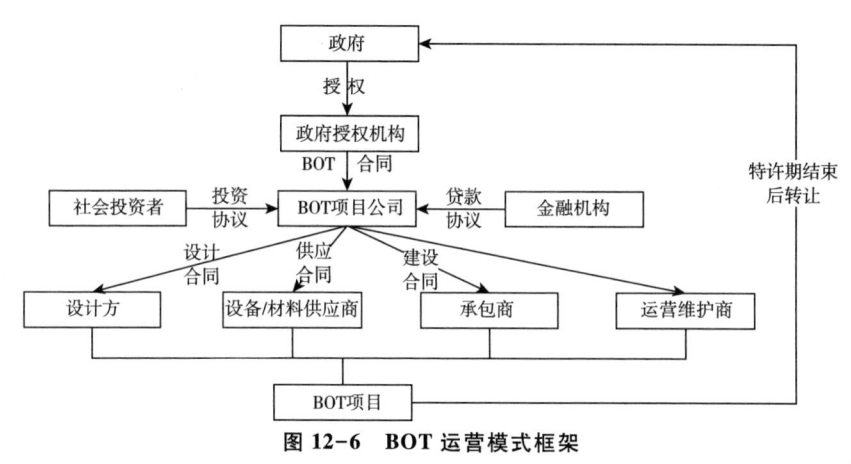

图 12-6　BOT 运营模式框架

资料来源：作者自绘。

2. TOT 融资模式

TOT（Transfer-Operate-Transfer）即移交—经营—移交。TOT 是私营机构、非公共机构、外资等社会投资者参加国有基础设施建设、经营、发展的新型模式。指政府（项目的拥有者）把已经投产运营的公共基础设施项目的经营权，在一定期限内有偿移交给私有机构、非公共机构及外商等社会投资者经营，经营收益归社会投资者所有；以公共基础设施项目在该期限内（特许经营期）的现金流量为标的，一次性地从社会投资者那里获得一笔资金，用于偿还公共基础设施项目建设贷款或建设新的公共基础设施项目；特许经营期满后，再把公共基础设施项目无偿移交回政府。

3. BT 融资模式

非经营性公共服务设施项目，主要包括西盟行政服务中心、民族文化广场、东梭河绿地公园，由于其无收费机制，没有资金流入，为了减轻政府负担，政府有必要引入多元化投资，建立政府与民间部门合作伙伴关系，即由项目发起人通过公开招标方式确定项目承建人，由项目承建人负责资金筹措和项目建设，项目建成竣工验收合格后由项目发起人向项目承建人回购项目的 BT（Build Transfer）模式。这种模式既能有效解决政府部门巨额资金投入的问题，也能使得民营部门参与项目建设，在短时间内收回成本。

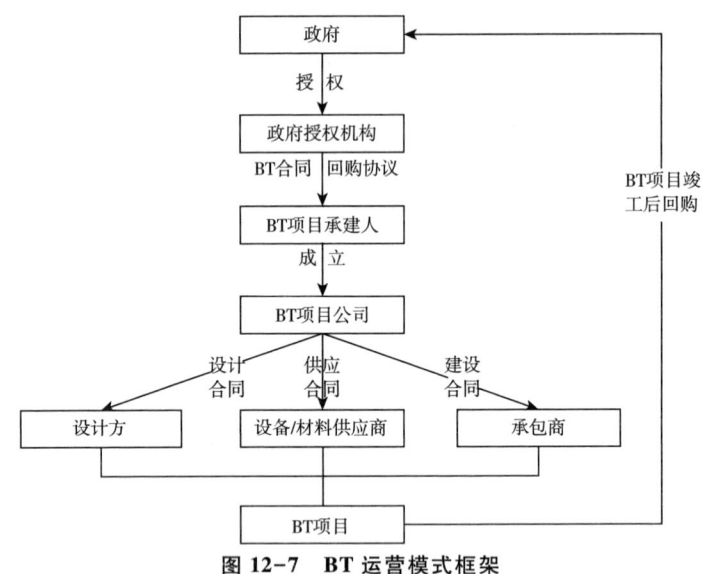

图 12-7　BT 运营模式框架

资料来源：作者自绘。

4. PPP 模式

PPP 模式从缓解地方政府债务角度出发，具有强融资属性。在特色小镇开发过程中，政府与选定的社会资本签署 PPP 合作协议，按出资比例组建 SPV，并制定公司章程，政府指定实施机构授予 SPV 特许经营权，SPV 负责提供特色小镇建设运营一体化服务方案，特色小镇建成后，通过政府购买一体化服务的方式移交政府，社会资本退出。

在特色小镇建设中引入 PPP 模式，不仅有利于缓解政府财政压力，对民营企业的发展和完善也有利。首先，PPP 模式可以作为特色小镇建设的一种稳定的投资渠道，获得经济利益；其次，在 PPP 模式下，社会资本通过投资特色小镇，除了可以获得直接的经济利益，还可以获得其他衍生利益，例如参与特色小镇的商业设施和公共服务设施的日常经营和管理，获得较为合理的经营性收入；最后，在 PPP 模式下，社会资本参与特色小镇建

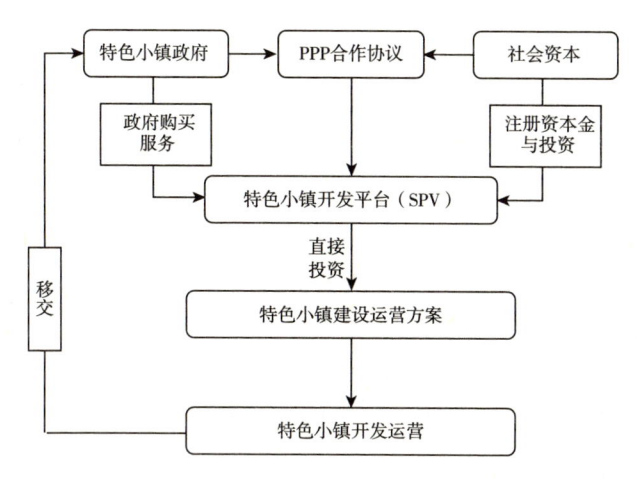

图 12-8　PPP 模式概念框架

资料来源：作者自绘。

设，可以提高特色小镇的建设效率，提高政府资本的投资效率，拉动区域经济发展和投资需求。

PPP 项目公司（SPV 特殊目的公司）是 PPP 项目的具体实施者，由政府和社会资本联合组成，主要负责项目融资（融资金额、目标、结构）、建设、运营及维护、财务管理等全过程运作。政府部门（或政府指定机构）通常是主要发起人，通过给予某些特许经营权或一些政策扶持措施来吸引社会资本并促进项目顺利进行。政府在 PPP 模式中的职能主要体现在：招投标、特许经营权授予、部分政府付费、政府补贴、融资支持基金（股权、债权、担保等形式的支持）、质量监管、价格监督等方面。

社会资本也是主要发起人之一，同政府指定机构合作成立 PPP 项目公司，投入的股本形成公司的权益资本。社会资本可以是一家企业，也可以是多家企业组成的联合体，主要包括私营企业，国有控股、参股企业，混合所有制企业。

金融机构在 PPP 模式中主要提供资金支持和信用担保，也可作为社会资本参与投资。由于特色小镇项目投资规模大，在 PPP 项目的资金中，来自社会资本和政府的直接投资所占比例通常较小，大部分资金来自金融机构。向 PPP 模式提供贷款的金融机构主要是国际金融机构、商业银行、信托投资机构。

PPP项目属于基础设施与公共事业，这决定了它需要在社会资本收益和公共利益之间寻求平衡，收益率大概只能达到10%。因此，特色小镇建设的社会资本方一开始就要降低收益预期，另外，明确项目收益及补偿来源，主要包括开发建设成本补偿和特许经营收益。还要明确项目周期。一般PPP项目都有长达10~30年的运营期，要靠后期运营的收益来弥补前期投资，因此，需要社会资本方具有强大的运营能力。

### （二）基金融资

基金融资是特色小镇开发过程中仅次于项目融资的政策性融资模式，按照基金的募集方式，可以分为产业投资基金、PPP基金、政府引导资金和城市发展基金等类型。

#### 1. 产业投资基金

产业投资基金是指一种对未上市企业进行股权投资和提供经营管理服务的利益共享、风险共担的集合投资制度，即通过向多数投资者发行基金份额设立基金公司，由基金公司自任基金管理人或另行委托基金管理人管理基金资产，委托基金托管人托管基金资产，从事创业投资、企业重组投资和基础设施投资等实业投资。

产业投资基金进行投资的主要过程为：首先，选择拟投资对象。其次，进行尽职调查。当目标企业符合投资要求后，进行交易构造；在对目标企业进行投资后参与企业的管理。最后，在达到预期目的后，选择通过适当的方式从所投资企业退出，完成资本的增值。其选择的退出方式主要有三种：一是通过所投资企业的上市，将所持股份获利抛出；二是通过其他途径转让所投资企业股权；三是所投资企业发展壮大后从产业基金手中回购股份等。

产业投资基金的特点使之成为适合基础设施融资的工具之一，因此在特色小镇开发中也能得到广泛运用。产业投资基金规模大，投资周期长，很适合基础设施投资要求规模大、回报期长的特点。而且，产业基金的投资不以控制股权为目的，较少参与企业管理，从而较好地解决了基础设施敏感的控制权问题。此外，由于产业基金是股权融资，没有硬性的利息负担，投资者的回报与项目的盈利程度相关联，因而降低了基础设施建设的融资成本。

## 2. PPP 基金

PPP 基金是指专门成立服务于 PPP 项目的基金，发起人包括财政部[①]、省（区、市）一级政府、金融机构、大型央企（国企）、民营资本等，银行、证券公司、信托公司作为主流的金融机构，是 PPP 项目最重要的资金提供方，三者采用不同的方式参与到 PPP 项目中。根据基金发起人的不同，PPP 产业基金主要分为三种模式。

（1）由省（区、市）政府出资成立引导基金，再以此吸引金融机构资金合作成立 PPP 产业基金母基金。各地方政府申报的 PPP 项目经过金融机构审核后，由母基金作为 LP 优先级，地方财政作为 LP 劣后级，这种模式政府一般会对金融机构提供隐形担保。

（2）由金融机构联合地方政府发起成立有限合伙基金，一般由金融机构充当 LP 优先级，地方国企或平台公司作为 LP 劣后级，由金融机构指定的股权投资管理人作为 GP。

（3）由具有建设运营能力的实业资本发起成立产业投资基金，该实业资本和政府签订框架协议以后，通过联合银行等金融机构成立有限合伙基金，对接项目。实业资本和银行系基金公司合资成立产业基金管理公司担任 GP，银行系基金公司作为 LP 优先级 A，地方政府指定平台公司作为 LP 优先级 B，实业资本作为 LP 劣后级。

## 3. 政府引导基金

政府引导基金又称创业引导基金，是指由政府出资，并吸引有关地方政府、金融、投资机构和社会资本，不以营利为目的，以股权或债权等方式投资于创业风险投资机构或新设创业风险投资基金，以支持创业企业发展的专项资金。政府引导基金对特色小镇开发建设与运营的作用有以下四点。

（1）支持阶段参股。引导基金向创业风险投资机构参股，并按事先约定的条件和规定的期限，支持设立新的创业风险投资机构，扩大对科技型中小企业的投资总量。

---

[①] 2015 年 9 月，财政部联合建设银行、邮储银行、农业银行、中国银行、光大集团、交通银行、工商银行、中信集团、全国社会保障基金理事会、人寿保险等 10 家机构，共同发起设立中国 PPP 融资支持基金，重点支持公共服务领域 PPP 项目发展，提高项目融资的可获得性。

（2）支持跟进投资。引导基金与创业风险投资机构共同投资于初创期中小企业，以支持已经设立的创业风险投资机构，降低其投资风险。

（3）风险补助。对已投资于初创期高科技中小企业的创业风险投资机构予以一定的补助，增强创业投资机构抵御风险的能力。

（4）投资保障。创业引导基金对有投资价值但有一定风险的初创期中小企业，在先期予以资助的同时，由创业投资机构向这些企业进行股权投资的基础上，引导基金再给予第二次补助，以解决创业风险投资机构因担心风险、想投而不敢投的问题，这对于产业类特色小镇中的科技企业孵化器等中小企业服务机构尤其适用。

4. 城市发展基金

城市发展基金是通过向特定机构投资者筹集资金，用于城镇化基础设施建设，并向其提供经营管理服务的利益共享、风险共担的集合投资方式。设立城市发展基金，可以较好地缓解地方政府的财政融资压力。

城市发展基金是由地方政府牵头发起设立，并由财政部门负责，通过地方政府融资平台公司具体执行操作，募集的资金主要用于城市建设的基金。其投资方向为地方基础设施建设项目，通常为公益性项目，例如市政建设、公共道路、公共卫生、保障性安居工程等。通过财政性资金还款，还款模式主要为债权，最终由地方政府融资平台提供回购。

（三）资产证券化

特色小镇建设项目的资产证券化融资是指通过发行资产支持债券来融资的一种方式。它把缺乏流动性但能够产生可预见的稳定的现金流量资产，通过一定的结构安排，对资产中风险与收益要素进行分离与重组，进而转换成为在金融市场可以出售和流通的金融产品。在该过程中资产被出售给一个特设目的载体（SPV）或中介机构，然后，该机构通过向投资者发行资产支持债券以获取资金。资产证券化的目的在于通过其特有的提高信用等级的方式，使原本信用等级较低的项目照样可以进入资本市场，利用该市场信用等级高、债券安全性和流动性高、债券利率低的特点，大幅度降低发行债券、募集资金的成本。

特色小镇属于政府、企业、银行三方进行协调的综合体，并且属于经营性PPP项目，而经营性PPP项目建成后的运营收益是资产证券化重要的基础资产，且项目运营收益大多为收费收益权，未来PPP项目资产证券化极有可能是按照企业资产证券化的方式运作。

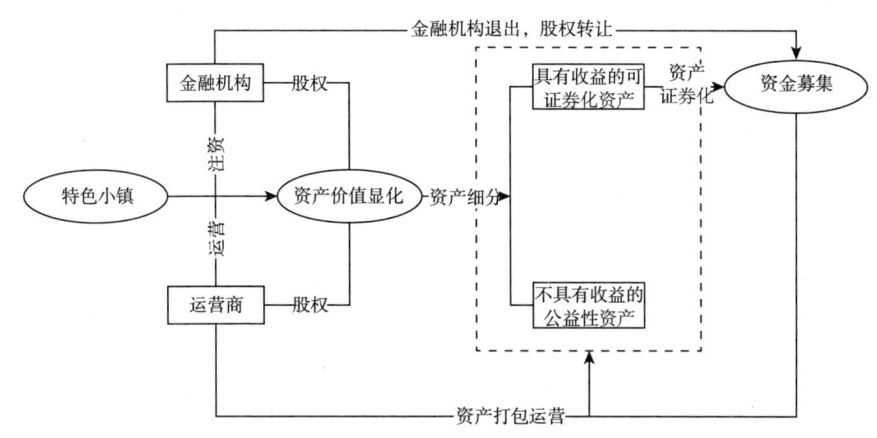

图 12-9　资产证券化融资模式框架

在项目初始期，金融机构和运营商分别介入小镇的整体打造，把土地等相关资产价值显化，并结合小镇特点实现专业的产业运营，从而可以得出资产证券化的流程：第一步构建资产池，第二步设立特殊目的载体（SPV），第三步设计交易结构，第四步发行资产支持证券。

资产证券化方式对被证券化的资产的要求是，资产能够产生固定的或者循环的现金收入流。在特色小镇开发建设中，有大量的经营性基础设施项目，如供水、供电、收费道路、收费桥梁、铁路等。这类项目具有稳定的可预测的现金流，是优良的证券化资产，只是资金周转的时间比较长，需要占用长期投资资金。运用资产证券化可以在很大程度上解决这一不足。

对于特色小镇开发建设项目，政府都是作为项目债务的最终担保人，在资产证券化中，政府也愿意为发行债券进行信用增级，因此风险较低。在特色小镇建设中，类似于经营性基础设施这类项目的建设可以采用资产证券化的形式。

但基于我国现行法律框架，资产证券化存在资产权属问题，如特色小镇建设涉及大量的基础设施、公用事业建设等，基础资产权属不清晰，在资产证券化过程中存在法律障碍；《物权法》规定：铁路、公路、电力设施、电信设施和油气管道等基础设施，依照法律规定为国家所有的，属于国家所有；特许经营权具有行政权力属性，《行政许可法》规定行政许可不得转让原则；司法实践中，特许经营权的收益权可以质押，并可作为应收账款进行出质登记；《资产证券化业务管理规定》第 9 条规定原始权益人应当依照法律法规或公司章程的规定移交基础资产，但缺乏真实出售标准，司法也无判例参考；发起人、专项计划管理人之间无法构成信托关系，不受《信托法》保护；等等。

**（四）债务性融资**

我国地方政府的债务融资始于20世纪80年代，通过各种建设债券、银政合作和融资平台等方式筹款，为地方基础设施建设、吸引投资和经济发展发挥了不可或缺的作用。我国地方政府债务融资的主要方式包括地方政府融资平台贷款、发行城投债、地方政府债券、利用外资等。

债务性融资对特色小镇开发的支持可以从直接融资和间接融资两方面得到体现，前者包括国际金融组织贷款、外债和发行地方债（即国债转贷）；后者包括以各种融资平台取得的商业银行贷款和政策性银行贷款。

1. 地方政府融资平台贷款

在目前我国《预算法》明确规定地方政府不能直接负债的情况下，"融资平台+土地财政+银行贷款"是近年来地方政府融资的基本模式。地方政府通过财政性资金注入、国有资产注入、土地划拨、赋予特许经营权等方式，使融资平台符合银行借贷条件，通过国家开发银行及其他商业银行的大额授信，在地方政府承诺、地方人大同意将其债务纳入地方财政预算并确保还本付息的条件下，融资平台成为地方政府承贷、偿债与资本运作的载体。总体上看，融资平台已成为我国现行的财政融资体制下地方政府融资主要的制度安排。

2. 发行城投债

"城投债"又称"准市政债"，是城投类企业公开发行的企业债和中期票据，资金主要投向地方基础设施与公益项目，并利用项目自身产生的现金流或地方政府的各种补贴偿还债务。从性质上讲，城投债类似于市场经济国家的收入市政债券，直接构成地方政府的或有债务，城投债的发行正逐渐成为地方政府债务融资的重要方式。

3. 发行地方债券

地方债也叫地方公债，指有财政收入的地方政府及地方公共机构发行的债券，是地方政府根据信用原则、以承担还本付息责任为前提而筹集资金的债务凭证。同中央政府发行的国债一样，地方政府债券一般也是以当地政府的税收能力作为还本付息的担保。它是作为地方政府筹措财政收入的一种形式而发行的，其收入列入地方政府预算，由地方政府安排调度。

地方政府通过发行地方债融得的资金主要用于以下几个方面的建设项目：农林水利投资；交通建设投资；城市基础设施和环境保护建设投资；城乡电网建设与改造以及其他国家明确的建设项目。对于特色小镇的开发，交通建设投资、小镇基础设施和环境保护以及供水电网等项目的资金都可以通过发行地方债来提供。

4. 国外贷款

国外贷款是地方政府直接或间接地从国际金融机构、国外政府、国际资本市场筹集资金。由于受国家外汇管理以及相关法律法规的约束，这一融资方式目前在地方政府融资中所占比重较小。

（五）股权融资

就我国特色小镇运作的实际情况来看，其资金来源主要有三方面：一是政府财政直接投资；二是债务性融资，三是股权性融资。除了政府的财政直接投资外，债务性融资在现阶段特色小镇开发中发挥了重要的作用，特色小镇所需资金大部分来自债务性融资所得，但是股权性融资作为一种补充工具也应该得到发展和应用，为今后特色小镇的开发建设提供多样化的融资渠道选择。

股权融资在特色小镇开发建设中的实现方式可主要采用两种形式，即公募形式和私募形式。公募是指在资本市场上通过出售股票公开募集资金，即企业上市，具体方式为 IPO 或借壳上市。私募即是设立私募股权基金（PE），吸收诸如社保基金、养老基金等社会资金进入特色小镇的开发领域。

1. 上市公募

作为特色小镇开发融资主体的地方政府融资平台公司一般都由政府出资组建并控股，因此完全有条件对下属优质资产进行整合，通过发行股票上市或买壳上市来融得特色小镇开发建设资金，或是通过配发、增发、发行可转换债券等再融资手段持续融资。发行股票具体而言又有 A 股、B 股、H 股、红筹股等几种形式，特色小镇开发建设项目中的交通运输、自来水工程、港口等都可以考虑通过发行股票筹集资金。

2. 股权投资基金

股权投资基金，是指以非公开方式募集的、专项用于对企业进行直接股权投资资金的集合。该基金是由基金管理人管理、基金托管人托管，并由投资者按照其出资份额分享投资收益，承担投资风险的基金。股权投资基金一般具有私募的性质，也叫私募股权投资基金（即PE）。

### （六）融资租赁

融资租赁（Financial Leasing）又称设备租赁、现代租赁，是指实质上转移与资产所有权有关的全部或绝大部风险和报酬的租赁。融资租赁集金融、贸易、服务于一体，具有独特的金融功能，是国际上仅次于银行信贷的第二大融资方式。

在特色小镇开发建设过程中，有一些项目的建设需要大型设备，如供水、供电等项目，对于这一类项目可以考虑融资租赁的方式，以此来减轻融资负担。

融资租赁的三种主要方式：直接融资租赁，可以大幅度缓解建设期的资金压力；设备融资租赁，可以解决购置高成本大型设备的融资难题；售后回租，即购买有可预见的稳定收益的设施资产并回租，这样可以盘活存量资产，改善企业财务状况。

### （七）信托融资

信托融资就是委托人将自己合法拥有的财产委托给信托公司，由信托公司以自己的名义按委托人的意愿或按双方的约定并为了受益人的利益，进行项目建设和经营方面的投资。

在特色小镇的开发建设中，由于很多公共物品的供给具有自然垄断性质，而其中一些项目还具有收益稳定、现金流充足的特征，而且作为特色小镇开发中的项目，一般也能得到地方政府的有力支持和政策优惠，这也使得特色小镇建设项目的收益得到保证，风险得到控制。

信托是唯一可以横跨货币市场、资本市场和保险市场的金融工具。在我国，信托机制具有广泛的资金来源，其中主要的渠道包括：一是通过"信保合作"方式，吸引规模庞大的保险资金；二是通过"银信合作"方式，由商业银行发行理财产品购买信托计划；三是通过信托公司自身渠道，向众多的机构投资者和个人投资者募集资金。

图 12-10 信托融资的基本逻辑框架

## 第三节　特色小镇的运营规划

特色小镇"非镇非区"的特点决定了其运营更像是管理一个小型的城市经济综合体或者一个城市功能区。特色小镇作为一种产业平台，其运营要善于利用自身优势，并引进外部资源，搭建各种产业发展平台，来提升特色小镇的运营效率和服务水平，这就是所谓的"平台化思维"。这些平台包括开发合作平台、产业发展合作平台、立体品牌推广平台、综合投融资平台等。

### 一　特色小镇的商业模式

#### （一）特色小镇的收益途径

特色小镇的开发运营收益包括多个层面，大致可以分为如下六个收益点，即工程建设收益、土地升值收益、主导产业收益、旅游业收益、房地产收益以及城镇建设收益。

1. 工程建设收益

这里主要是指土地整理和公共基础设施的工程建设收益。公共基础设施包括公共道路、供电厂、供排水厂、供热网络、通信设施等基础设施；学校、医院、公园、广场、文化体育设施、综合服务区、游客接待中心等公共服务设施。开发企业对小镇范围内的土地进行统一的征地、拆迁、安置、补偿，并进行适当的市政配套设施建设，变毛地为熟地后，可以通过政府回购，获得盈利。

2. 土地升值收益

这里主要指土地的一级开发，也就是由政府主导的方式。特色小镇的发展成熟必将带来周边土地的溢价，政府通过土地财政可以获得大量收入。除了这些财政收益以外，特色小镇将为地方带来更多无形的收益，如城市环境的优化、民生的改善、城市影响力的提升等，这些难以用金钱衡量的社会经济环境改善，是政府大力推动特色小镇开发的重要动力。

3. 主导产业收益

特色小镇必须发展成为现金流聚集的产业，包括主导产业项目开发，如科教文卫等产业事业导入及产业园、孵化园等产业本身开发以及旅游产业项目开发，包括旅游吸引核项目（如主题公园）、休闲消费聚集项目、夜间休闲聚集项目，通过项目的运营获得收益。小镇自身依托优势产业形成产业盈利链条，同时与旅游结合实现盈利，该类型一般自身产业基础较为雄厚，需要充分结合已有产业优势，进行适度旅游产业融入、功能拓展和环境营造。

4. 旅游业收益

主要指旅游产品体验性附加价值收益。发展旅游业可以带来现金流回报、旅游产品体验性附加价值收益，即景区模式运营，除门票收入外，住宿、餐饮、购物等业态收入也是主要盈利来源。该类模式相对清晰，市场上也有相对成熟和可以对标参考的对象，操作的关键在于是否有专业景区运营能力。浙江乌镇是景区盈利的典型代表，其经营模式被誉为行业典范，偏重旅游的特色小镇，旅游消费产业链完善，上下游产业核心都掌控在投资者手中。旅游业收入还包括生态健康旅游、生态健康休闲、生态健康养生养老、生态健康度假、生态康复保健与生产性服务等特色产业的体验、服务性消费收益。依托主导产业形成产业盈利链条，同时与旅游结合实现盈利。

5. 房地产收益

在特色小镇的建设过程中，通过一定程度的地产开发用地和产业用地的配比，开发商可以以短平快的地产收益平衡见效慢的产业开发支出，长短相济，长远发展。同时，在开发地产的同时，还可通过配套度假型项目实现盈利。这里主要指二级开发，即企业通过地产销售和自持物业经营获利。包括工业地产租售、居住地产租售、商业地产租售、休闲地产租售。虽然在特色小镇的建设过程中，以地产运作的理念去打造小镇是为人排斥的，然而从企业角度来看，这的确是一个快速实现投资回报的模式，且通过特色小镇政策可以获得土地，这也是不少房地产开发商进入特色小镇开发的原动力。碧桂园科技小镇是一个典型例子，小镇规划创新小镇产业用地、产业配套用地、生活配套用地比例大致为3∶3∶4。

6. 城镇建设收益

城镇建设收益主要指依托具有地方特色的主题功能拓展经营形成相关盈利，围绕主题功能，联动旅游体验，形成食、住、行、游、购、娱、康、教等多元业态的消费盈利。该类模式的关键在于如何发掘和寻找具有地域特色的主题功能，专业运营，拓展盈利链条。此外还包括特色小镇开发城镇服务：公共交通服务、社会服务等盈利以及城市配套、银行、学校、医院等运营盈利。

表 12-2　西盟佤部落特色小镇盈利项目统计

| 分类 | 盈利项目 | 盈利说明 |
| --- | --- | --- |
| 门票类 | 窝朗房 | 整体纳入西盟佤部落小镇收费 |
|  | 司岗里童梦乐园 | 特色体验项目，需单独购买门票 |
|  | 木鼓文化广场 | 整体纳入西盟佤部落小镇收费 |
| 交通类 | 自驾车营地 | 自驾服务收益 |
|  | 生态停车场 | 停车费用收益 |
|  | 旅游集散中心 | 交通客运站收益 |
|  | 自行车 | 常规交通工具，收益平稳 |
|  | 观光车 | 常规交通工具，收益平稳 |
| 餐饮体验 | 傣味美食街 | 物业收益与餐饮经营收益 |
|  | 佤山星河美食街 | 物业收益与餐饮经营收益 |
| 购物体验 | 西盟生活商贸街 | 购物经营收益 |
|  | 傣风集市 | 购物经营收益 |
|  | 星河国际商业广场 | 物业收益、购物经营收益与休闲娱乐经营收益 |
|  | 西盟集贸市场 | 购物经营收益 |
| 民俗体验 | 傣族风情园 | 休闲娱乐经营收益 |
| 活动体验 | 逮猎乐园 | 休闲娱乐经营收益 |
|  | 七彩梯田农场 | 休闲娱乐经营收益 |
| 度假类 | 小龙潭度假酒店 | 物业收益、旅游经营收益与休闲娱乐经营收益 |
|  | 野奢稻田酒店 | 物业收益、旅游经营收益与休闲娱乐经营收益 |
|  | 西盟印象 | 物业收益、旅游经营收益与休闲娱乐经营收益 |
|  | 傣风渔庄 | 物业收益、旅游经营收益与休闲娱乐经营收益 |
|  | 四季花庄 | 物业收益、旅游经营收益与休闲娱乐经营收益 |
|  | 禅茶农庄 | 物业收益、旅游经营收益与休闲娱乐经营收益 |
| 产业类 | 熙康云舍 | 物业收益、旅游经营收益与医疗经营收益 |
|  | 佤寨部落旅游综合体 | 物业收益、旅游经营收益、休闲经营收益与文化经营收益 |
|  | 国际康疗中心 | 物业收益、旅游经营收益与医疗经营收益 |
|  | 西盟中医院 | 医疗经营收益 |

资料来源：北京北达规划设计研究院：《西盟佤部落特色小镇规划》，2017 年 12 月。

## （二）特色小镇的盈利模式

不同类型的特色小镇有不同的盈利模式，根据收益途径的差别，可以将特色小镇的盈利模式分为如下几种，需要说明的是对于一个特定的特色小镇而言，盈利模式并不一定是单一的，可能是上述几种盈利模式的组合，因为单一的盈利模式根本无法支撑小镇的持续健康发展。

1. 产业经营模式

以小镇作为平台，利用特色小镇这个平台资源来开发与主导产业相关的关联产业，从而获得比较多的收益。如中国首个云计算产业生态小镇——西湖云栖小镇，小镇的经济收入主要是靠以阿里云为代表的云计算产业的经营收入。农业类、制造业类特色小镇大多属于这种模式，也是特色小镇培育的一个主要方向。

2. 门票经济模式

门票模式一般针对文旅特色小镇，源于旅游区的经营思维。这种商业模式就是简单的门票经济，利用天然的资源进行简单的改造，同时修一个大门收取参观费用。这是目前国内以观光型生态旅游景区为核心的小镇的主流模式，这种模式是否成功依赖于其旅游资源的品位。这种模式投资小，但如果资源品位不高，也难以形成有效的资金循环。当然，如何抓住卖点进行营销推广也很重要。

3. 二次招商模式

这是一些距离中心城市较近的文旅特色小镇开发的通行模式。具体思路是由一个投资商控制小镇的核心资源，做好小镇的基础设施，然后对各种项目进行二次招商，联合小投资商一起参与小镇经营。一级投资商不经营具体项目，小镇内部的经营项目都由众多的中小投资商建立。小镇的收入类型主要有餐饮收入、住宿收入、租金收入、演艺收入以及其他消费收入等。

4. 地产开发模式

一些以养身度假为主题的特色小镇，在开发盈利模式上，主要靠房地产的销售获得开发的回报，具体包括度假、养老主题的公寓、别墅，以及旅游商业等。这种模式严格说来已经超出特色小镇开发的主体思路，已经成为国家重点调控的对象，但仍然大有市场。

5. 资本运作模式

此模式是最大化地降低前期投资压力、快速推进项目的方式，但首先必须做好整体策划，在此基础上引进战略投资者，最终实现上市，或者通过资本运作，实现融资和资本退出渠道。如乌镇和古北水镇引入上市公司"中青旅"开发古镇旅游，是资本运作的成功案例之一。

6. 混合模式

混合模式是前几种模式的综合运用，小镇的运营从前期的资金募集到后期的运营管理采用多种模式同时运作，或者在不同的阶段采用不同的模式。

## 二 特色小镇项目运营策划

### （一）产业类项目运营策划

产业类项目是特色小镇的命脉所在，因此对产业项目的运营策划是小镇运营策划的核心内容之一。对产业类项目的策划，首先需要对小镇的主题有一个非常清晰的定位和认识。在明确小镇定位以及龙头项目的基础上，进一步落实龙头产业项目的业态内容、运营方式、市场营销措施以及项目的盈利方式，并对项目的运营进行投资回报的测算。

### （二）公共服务类项目运营策划

对公共服务类的项目，在运营策划过程中，要明确如下几个方面的内容：一是项目主要经营内容，明确项目的定位和功能，如医院，需要明确医院的等级、规模、拟开设的科目，需要整合的其他医疗资源，设置哪些特色项目等。二是项目的主要消费客群，明确公共服务项目的主要消费群体并分析其消费习惯和心理，一般公共服务的消费群体为小镇居民及周边乡镇普通居民、就业者和游客等几类群体。三是项目的盈利点，根据上述盈利途径，明确公共项目的盈利点，如医院的盈利点可以包括基本科室门诊收费、住院服务收费、医药收费、专家会诊费用、医疗器械收费、特殊医疗护理服务费等。四是运营管理模式，公共服务类项目在运营管理模式上，根据实际情况选择 BOT、BT 或者 PPP 的模式。

### （三）基础设施类项目运营策划

特色小镇的基础设施类项目常采用"PPP+EPC"模式，即采用 PPP 模式建设运营的项目，政府部门在选择社会投资人的同时确定项目的工程承包方（EPC）。工程建设企业与金融企业组成联合体参加 PPP 项目社会投资人投标，其中工程建设企业作为共同的投资人，并作为 PPP 项目建设承包商与项目公司签订建设合同，这种模式有如下几个方面的优势。

（1）减轻政府部门的财政压力。通过合理的 PPP 设计，可调动此前闲置且正在寻求投资机遇的本地、地区或国际范围内的私人资本。参与 PPP

的私人资本通过提供服务获得政府补偿，从而获取适当的投资回报，达到双赢的效果。

（2）政府部门和民间部门可以取长补短，发挥政府公共机构和民营机构各自的优势，弥补对方身上的不足。由政府财政单独投资并进行经营管理的生产方式往往缺乏效率，比如财政资金是共有资金，使用财政资金是在花别人的钱办别人的事，难免缺乏效率。采取 PPP 项目模式则将花别人的钱办别人的事转变为企业花自己的钱办自己的事，必将提高生产效率。

（3）设计方案更加合理。PPP 结合 EPC 模式在设计本工程时，某些工程部位的设计不能直接套用以前的设计模式时，需要在满足符合规范的情况下更精细地设计规划，因此施工企业在设计阶段要与设计单位深入沟通、密切合作，这样对企业管理人员综合能力的提高具有极大的推动作用；由于设计、采购、施工都可以在一个项目部宏观控制下完成，技术人员可以相互交流，密切配合，使得设计更加易于施工操作，更经济合理。设计、采购、施工阶段部分工作重叠进行，大大缩短了工程工期。工期缩短了降低了工程费用，工程也可以早日投产使用创造效益。

（4）PPP+EPC 把 EPC 里面的精细化管理方式融入 PPP 里面去。PPP+EPC 能较好地将项目的投资、工期、质量控制在最合理的范围内，这对于 PPP 项目的总融资及资金链有了目标计划，能较好地保证项目实施。

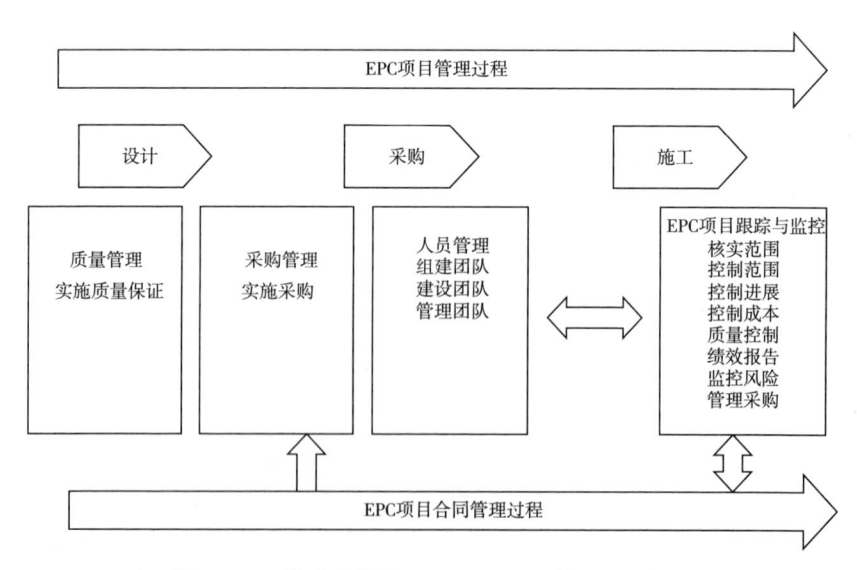

图 12-11　基础设施类项目 EPC 项目管理过程框架

## 三　特色小镇的品牌与营销规划

### （一）特色小镇营销规划的内容

特色小镇的开发是一种政策引导下的商业开发行为，因此，塑造和传播特色小镇的品牌形象，是特色小镇运营的一个重要任务之一。塑造出一个理想的小镇目标形象将赋予特色小镇强大的生命力，而特色小镇的目标形象如果塑造得不合理，将会导致整个小镇的营销计划的失败。只有正确地塑造小镇的整体形象，小镇的运营才显得有意义，所以必须对小镇的目标形象进行科学的设计策划，尽可能地设计出一个理想的小镇品牌形象来。

将特色小镇作为一个产品对象进行整体营销，具体的工作内容包括制定营销思路、营销目标、品牌策划、营销的路径和营销的具体措施等。

### （二）特色小镇品牌策划

特色小镇品牌的重要性不言而喻，品牌是特色小镇的身份和名片，是特色小镇的独特魅力所在，是一个特色小镇区别于其他特色小镇的特征。打造特色小镇品牌，可使特色小镇在国际国内市场竞争中获得更多的发展机会，是特色小镇可持续发展的保障。

特色小镇的品牌最重要的是产业和服务特色。所谓特色小镇品牌定位，就是使其品牌在顾客心智中占领一个有利的位置，它是细分市场、选择目标、市场活动的延续和发展。如果说前者是站在特色小镇的角度来选择消费者，而后者则主要是从消费者的角度，让消费者对这个特色小镇有一个清晰的认同与选择，从而使消费者对这个特色小镇有一个深刻的识别与记忆。因此，品牌定位也叫争夺消费者心智的战争，是激发消费者心智脑海的心智战。可以说品牌定位是特色小镇营销的向导，也是特色小镇传播的基础，其目的是在目标顾客的心目中树立品牌个性，塑造独特形象。

总体上，在特色小镇的品牌打造过程中，要坚持如下几个方面：要有自己个性化的定位和自己的主题，要有一句叫得响的口号和自己品牌的个性形象；要有自己的核心价值和自己的"软件"以及自己的传播方式。特色小镇可以整体营销，也可以分别切割营销，要打造自己的核心竞争力，品牌打造要有连续性，最好与产业链结合。

### （三）特色小镇的营销目标制定

营销目标是指在规划期内特色小镇运营所要达到的目标，是小镇营销规划的核心部分，对特色小镇的营销策略和行动方案的拟定具有指导作用，营销目标从阶段上分为短期目标、中期目标和长期目标。

根据特色小镇的市场消费特征以及自身的产品特点，制定适合特色小镇自身实际的营销目标。在类型上可以包括定性与定量目标。在定量目标的制定过程中，可以根据小镇的类型，进行差异化的指标体系的构建，如生产加工产业类的特色小镇，其营销的目标侧重于经济产值和效益；文体旅产业类的特色小镇目标则需要侧重小镇的影响力、游客量等指标。

（四）特色小镇营销行动计划

围绕制定的营销目标与实施路径，落实具体的营销举措，包括渠道的建设、媒体的投放以及活动的组织等。

1. 营销渠道的建设

如成立专门的营销机构与组织、完善特色小镇相关职能部门的自媒体体系、与关联机构的互助营销、特定类型特色小镇的体验点建设、建立同类型特色小镇主导产业的产业联盟、平台内容定制与推广等。

2. 媒体投放

包括媒体选择、定制投放的内容、制订合理的投放计划等。

3. 活动策划与执行

包括小镇的整合营销、招商推介、节庆活动等。

## 四　特色小镇 IP

IP（Intellectual Property 的缩写，全称为 intellectual property right），是一种无形的财产权，也称智力成果权，它指的是通过智力创造性劳动所获得的成果，并且是由智力劳动者对成果依法享有的专有权利。这种权利包括"人身权利"和财产权利，也称之为精神权利和经济权利。所谓"人身权利"是指权利同取得智力成果的人的人身不可分割，是人身关系在法律上的反映。例如，作者在其作品上署名的权利或对其作品的发表权、修改权等。所谓"财产权"是智力劳动成果被法律承认以后，权利人可利用智力劳动成果取得报酬或者得到奖励的权利，这种权利也称为经济权利，知识产权保护的客体是人的心智、人的智力的创造，是人的智力成果权，它是在科学、技术、文化、艺术领域从事一切智力活动而创造的智力成果依法享有的权利。

特色小镇运营体系中的 IP，已大大超出了"知识产权"的概念范畴，对特色小镇来说，IP 是小镇核心认知产品，可以理解为小镇的核心吸引力、细分到极致的特色产业。换言之，IP 就是特色小镇的"特"，IP 就是特色小镇的产业核心。

　　特色小镇 IP 是自身"特"的显示和提炼，也是特色小镇特色产业的描述；综观目前特色小镇发展，其 IP 属性种类较多，如影视 IP、动漫 IP、农业 IP、音乐 IP、金融 IP、汽车 IP 等不同 IP 属性。特色小镇通过挖掘和发现 IP 属性，打造自身发展特色，找到小镇发展特色灵魂产业的支撑。如影视 IP 主题文旅小镇开发注重对影视、动漫 IP 元素场景化展现、场景化营造，IP 元素空间利用，延伸影视、动漫 IP 产业，开发衍生品，如影视动漫类文创产品，拉动购物产业发展；开创演艺、活动、表演等形式产品，加强场景化体验、互动化体验。

# 第三篇
# 中国特色小镇规划实践

"纸上得来终觉浅,绝知此事要躬行。"自特色小镇在浙江试点以来,国内特色小镇规划的需求不断提升,特色小镇规划的实践也在不断地摸索前进。

本篇从特色小镇的空间分布、特色小镇类型等角度出发,选择了四个不同类型和不同区域的规划实践案例,对案例结合前述理论内容进行系统的介绍,以期在对理论进行验证的同时,给读者提供几个实践的参考案例。

案例一为北京四季花海园艺风情小镇规划案例,此案例属于农业类特色小镇的典型案例。该镇地处北京延庆东部山区,为典型的农业镇。四海镇围绕鲜花种植和园艺培育,走出了一条独具特色的花海园艺发展道路,近年来紧紧把握北京举办2019年世界园艺博览会的历史机遇,大力发展园艺产业,目前已入选成为2019年世界园艺博览会分会场之一,是农业与加工业和旅游业三产融合发展的一个典型代表。

案例二为广东顺德北滘智能制造特色小镇规划案例,此案例属于制造业类特色小镇的典型案例。北滘镇地处改革开放前沿广东省佛山市,是在改革开放早期的工业化浪潮中,最早形成的独具特色的乡镇企业发展模式明星乡镇之一,是一个从知名专业镇向特色小镇升级的典型代表。

案例三和案例四为服务业类的小镇案例,其中案例三是云南西盟佤部落特色小镇规划案例,属于文旅小镇典型案例;案例四为湖南锁石花之缘特色小镇规划案例,属于生态旅游特色小镇的典型。

# 第十三章

# 北京四季花海园艺风情特色小镇规划[*]

## 第一节 规划背景

四海镇位于"北京的后花园"延庆东部,地处北京南北中轴线延长线上,在北京空间布局上具有巨大的都城史文化价值。四海镇不仅是延庆东部山区与怀柔区、中心城联系的门户,也是延庆东部山区综合服务中心、延庆发展东部山区的重要节点,是沟域内成为环线的南入口区,北京城区向北进入该区域的南大门,是延庆东南部山区延琉路和安四路两条市级公路的交会处。基于国际节事红利、国家特色小镇的政策指引以及京津冀协同发展的外部机遇,结合自身的产业基础和价值定位,开展了本次园艺风情特色小镇的规划编制工作。

### 一 世园会与冬奥会带来的国际节事红利

2019年延庆世界园艺博览会将成为一届绿色生态、低碳环保的盛会,成为生态文明新典范。世园会将推动延庆园艺经济、生态经济、建筑业经济、房地产经济、旅游经济、服务经济、交通经济、运输经济等的发展,提高其知名度和品牌效应,当地基础设施得到完善,城镇化进程进一步加快,同时展会上的高科技、新技术在区域内得到传播应用,旅游业健康可持续发展。四海镇将抓住重大绿色发展机遇,站在生态文明的战略高度,促进花卉产业的提档升级和跨越式发展。此时的延庆区,面临着巨大的机遇和挑战。

---

[*] 项目编制单位:北京巅峰智业旅游文化创意股份有限公司。项目编制成员:温锋华、许立勇、王强、黄玮玮、胡莎莎、孙庆尧、宋泳辉、李苏、章雷、代嘉勉。案例整理人:温锋华、王翠。编制时间:2016年12月。

2015年7月31日，北京荣获2022年第24届冬季奥林匹克运动会举办权。延庆作为其中一个赛区，将与张家口一同承办所有的雪上项目，冬奥会的举办为四海镇旅游业的进一步发展带来了契机。

## 二 国家特色小镇培育工作指引的政策导向

新常态下的中国发展，要以新兴产业为支撑，走新型城镇化的道路，推动城乡统筹发展；国家多项战略齐头发力，产业转型升级势在必行。国家《住房城乡建设部、国家发展改革委、财政部关于开展特色小镇培育工作的通知》（建村〔2016〕147号）提出到2020年，我国将培育1000个左右各具特色、富有活力的休闲旅游、商贸物流、现代制造、教育科技、传统文化、美丽宜居等特色小镇，并陆续出台了一系列的配套政策，四海镇作为具备一定特色产业基础的中心镇，看到了搭乘国家政策红利的历史机遇。

## 三 京津冀协同发展的历史机遇

京津冀协同发展战略进入实施阶段，为以四海镇为代表的北部山区地区带来了绿色产业发展的难得历史机遇。北京市政府通过大力发展沟域经济，整合沟域范围内的产业资源、自然景观、人文遗迹，对山水林田路村和产业发展统一规划，有序打造，实现产业发展与生态环境相和谐，一、二、三产业相融合，点线面相协调，带动区域经济发展。延庆沟域经济涉及山区和半山区15个乡镇的9条沟域，并形成东2、南5、北1、中1的沟域经济发展空间格局，深度融合一、二、三产业，包括农业、花卉加工业、旅游业等，涉及面广，美景富民。

## 四 四海镇发展园艺特色小镇的基础

四海镇拥有独特的自然景观优势，丰富的生态资源，历史悠久的人文古迹，拥有花、文、林、村、山、农六大核心资源。

花：四海镇所在的"四季花海"沟域花卉总面积近万亩，品种有万寿菊、向日葵、薰衣草、百合等，联合新科技手段将花卉花期进行了合理的安排，打造出了北京乃至华北地区面积最大、观赏效果最佳、独具特色的大地"花海"景观。

文：四海是历史上有名的文化古城，四海地域内古文化的遗迹也随处可见，镇域村落多为明清两代建置，清属延庆洲。有明代天顺八年（1464）

四海城遗址，建于明代的长城九眼楼、箭楼遗址，有古寺庙遗址 32 处。

林：森林覆盖率较高，四面环山，森林资源丰富，植被茂盛，森林覆盖率为 79.42%。地表水源有新华营河和菜食河两条河流，菜食河为白河支流，属四级河，源于四海镇海字口村，流经四海镇、珍珠泉乡等地流入怀柔区。

村：四海镇辖 1 个社区（四海镇社区）、18 个村委会，西沟里村、西沟外村、四海村等村庄风貌保存完好，乡土气息浓厚，历史遗迹营造出富有年代感及历史底蕴的风光。

农：土壤主要由山地棕壤、山地淋溶褐土和少量普通褐土组成，自然肥力较高，适宜农业生产。除了有大量果树、花卉、蔬菜、中药材栽培外，还有大面积的玉米、小麦等大田作物种植，已经形成一定的品牌和影响。

四海镇主要发展产业有粮食作物种植、花卉苗木种植、畜牧业和林下种养种植业四种类型。第一种植业是四海镇的重要产业，主要种植小麦、玉米、豆类等粮食作物和板栗、核桃、李子、鲜杏等林果作物；第二是花卉种植，规模为 5023 亩，主要种植万寿菊、茶菊、玫瑰、百合等，其中，万寿菊 2500 亩，玫瑰 1200 亩，花卉种子种苗基地 751 亩，茶菊 300 亩。第三是畜牧业，以奶牛、肉牛养殖为主，南湾村有成规模的肉牛养殖小区。目前全镇有 2 个牛场，1 个鸡场，30 多头猪和 600 多只羊。第四是林下种养业，主要种植白口蘑、栗磨、香菇等食用菌和猪苓、黄芩、西洋参、柴胡、黄芪等中药材，经济产值约是种植普通农作物产值的 1.5 倍至 5 倍。目前四海镇的粮食作物和花卉种植稳定；同时受禁伐禁牧影响，畜牧业发展缓慢；林下种养业迅速发展，品种与规模逐年增长，花卉产业逐渐发展为主导产业。

## 第二节　规划定位与目标

四海镇园艺风情小镇的规划理念为坚持创新、协调、绿色、开放、共享的发展理念，从首都建设国际一流和谐宜居之都、延庆奋力推动国际一流的生态文明示范区建设的宏伟目标出发，深入实施生态文明发展战略，紧抓京津冀协同发展、世园会与冬奥会举办等重大发展机遇，持续加强园艺特色产业发展，完善基础设施服务，提升城镇特色与文化，加快体制机制创新，把四海镇建设成为京郊知名的花韵文化古镇。

## 一　规划定位

规划提出，要将四海镇打造成为产业特色鲜明、生态环境优美、彰显文化特色的国际园艺风情小镇。成为国际一流和谐宜居之都样板区、国家级美丽乡村示范基地、京津冀生态旅游示范基地和"全域景区化"模式示范区。在形象定位上，规划提出"浪漫四海，花韵古都"的宣传口号。

## 二　发展目标

规划分三个阶段全面推进四海"全域景区化"，打造园艺风情小镇。分别是近期的整合优化阶段，成为京津冀生态旅游示范基地、"全域景区化"模式示范区；中期2020年的重点突破阶段，成为国内知名的园艺风情特色小镇、国家级美丽乡村示范基地；以及全面提质阶段，完成实现国际一流和谐宜居之都样板区的目标。到2025年末实现旅游总人数、总收入翻两番，人均消费赶超全区平均水平。

## 三　发展战略

规划提出四海镇的建设发展要紧紧围绕总体规划，全面深化产业融合、转型升级、精品引领和生态保护四大战略。

### 1. 产业融合战略

发掘花卉产业旅游价值，延伸花卉种植产业链，打造花卉主题旅游；外延花卉旅游附加价值，丰富旅游产品体系，实现旅游业对农业、加工业等关联产业带动性，多层次最大限度实现四海花卉资源价值，实现一、三产业联动融合发展。

### 2. 转型升级战略

依托2019年世园会等重大节事活动，找准四海在延庆旅游体系中的位置，围绕花卉园艺主题，通过主题化、差异化发展路径，打造四海花卉旅游，助力四海镇产业转型升级、多元发展，打造全国美丽乡村示范地。

### 3. 精品引领战略

以休闲农业和花卉产业为基础，以旅游业为主导，以酒店、精品客栈、会议会展等为配套服务，做精做大四海镇休闲度假旅游和花卉旅游，以文化创意为理念，面向中高端市场，提升旅游服务品质。

### 4. 生态保护战略

充分认识生态作为旅游产品核心竞争力的重要性，实施保护性开发，生态自我修复。

## 第三节 规划内容

### 一 产业特色打造

规划认为花卉产业将是四海镇未来发展的主导产业。花卉产业是以花卉种植、加工、展示及销售为主的多行业集聚性产业。

#### （一）打造完整产业体系

充分发展花卉的上游、中游和下游等关联产业，充实花卉文化的内涵和外延，构建"以生态休闲旅游为主导，以花卉加工与贸易、园艺业和林下经济为支撑，以主题酒店、特色住宿、民宿餐饮为配套"的"1+3+3"综合产业体系，实现多个产业集群相互促进、支撑与协调发展（见图13-1）。

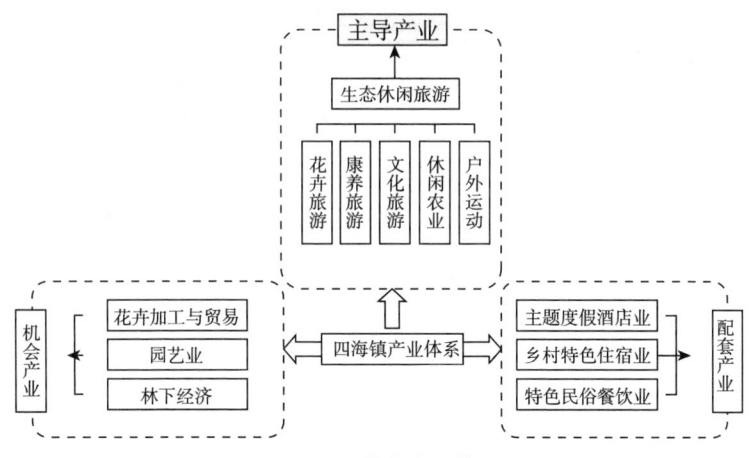

图 13-1 花卉产业体系

依托四海镇得天独厚的自然生态环境、花卉资源，以及丰富的历史文化资源，以休闲度假旅游为主导产业，大力发展花卉旅游、文化旅游、康养旅游、休闲农业、户外休闲等一系列新兴旅游产品，以旅游产业带动四海镇相关产业发展。

### (二) 构建花卉产业链

充分发展花卉关联产业，充实花卉文化的内涵和外延。构建集种植、加工、展示、销售于一体的完整花卉产业链（见图13-2、图13-3）。

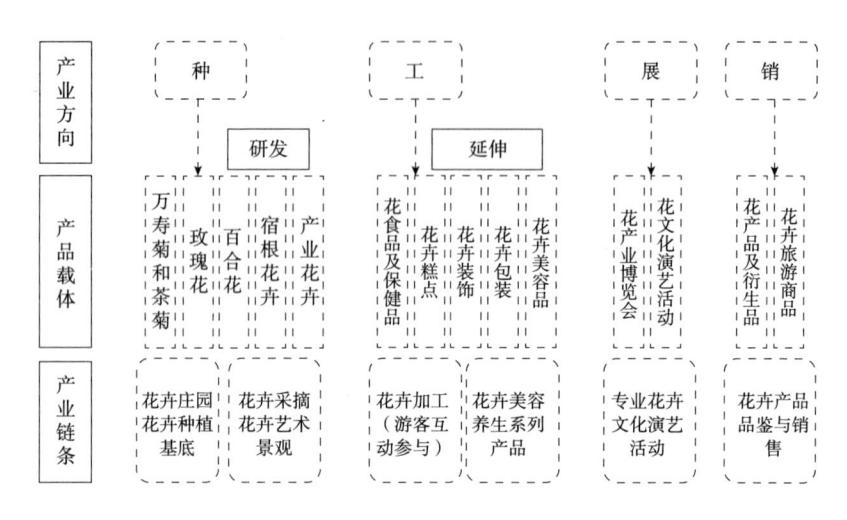

| 产业方向 | 种 | | 工 | | 展 | 销 |
|---|---|---|---|---|---|---|
| | | 研发 | | 延伸 | | |
| 产品载体 | 万寿菊和茶菊 / 玫瑰花 | 百合花 / 宿根花卉 / 产业花卉 | 花食品及保健品 / 花卉糕点 | 花卉装饰 / 花卉包装 / 花卉美容品 | 花产业博览会 / 花文化演艺活动 | 花产品及衍生品 / 花卉旅游商品 |
| 产业链条 | 花卉庄园花卉种植基底 | 花卉采摘花卉艺术景观 | 花卉加工（游客互动参与） | 花卉美容养生系列产品 | 专业花卉文化演艺活动 | 花卉产品品鉴与销售 |

图13-2 构建花卉产业的产业链

| 旅游"十二头"需求理论 | | | | | | | | | | | |
|---|---|---|---|---|---|---|---|---|---|---|---|
| 有看头 | 有住头 | 有玩头 | 有吃头 | 有买头 | 有疗头 | 有行头 | 有说头 | 有学头 | 有拜头 | 有享头 | 有回头 |
| 看有绝色 | 住有暖色 | 玩有喜色 | 吃有绿色 | 买有特色 | 疗有起色 | 行有个色 | 说有亮色 | 学有真色 | 拜有灵色 | 享有本色 | 回味无穷 |
| 花卉资源、历史文化遗址 | 度假酒店、星级酒店、乡村客栈等 | 山地运动、丛林探秘、休闲度假等 | 特色小吃、绿色食品、地方美食、养生餐饮 | 文化创意产品、土特产品 | 夏季避暑、山地养生、体育健身 | 特色交通方式（自驾、自行车、慢行道等） | 四海古城遗迹、长城遗址、历史文化挖掘 | 花卉科普教育、历史传承发展等项目 | 摩崖石刻历史遗迹 | 文化演艺民宿节庆活动等 | 游客口碑效应、旅游品牌效应 |

最健康的食 / 最具魅力的住 / 最具创意的行 / 最有文化的游 / 最具特色的购 / 最有主题的娱 / 最神奇的疗

图13-3 生态休闲旅游产业链

### (三) 推进产业融合发展

机遇花卉产业基底+旅游，打造产业循环，推动三大传统产业转型。全链融合式发展——3级链条助推四大产业融合。将花卉旅游作为促进产业融合的主要抓手，构建以花卉旅游产业为催化，现代农业、健康养生业、文化创意产业、体育运动产业融合发展的"一旅促四业"全产业体系，进一步完善旅游公共服务支撑，构筑四海镇旅游引领的复合型产业链条（见图13-4）。

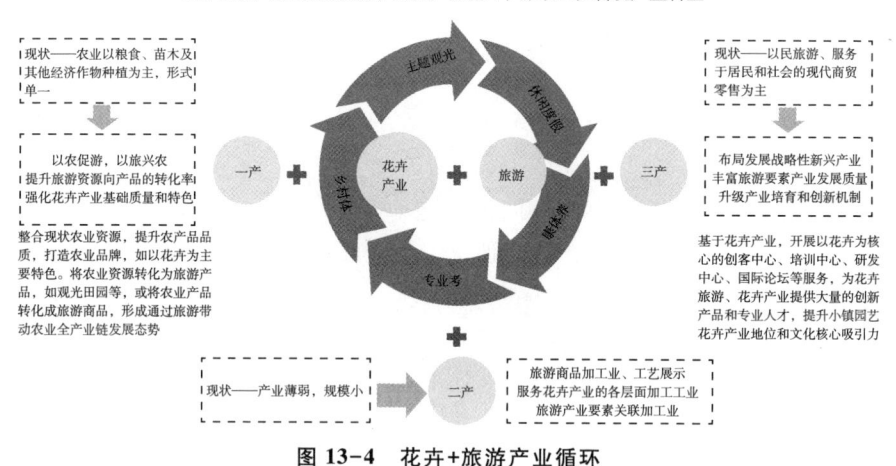

图13-4 花卉+旅游产业循环

### （四）构筑合理产业布局

为促进四海镇产业合理分工协作，实现产业布局与区域功能相适应、与资源环境相协调，规划提出打造"一核两轴六组团"的产业空间布局。"一个核心"将四海镇区作为整个花海古镇的花蕊，以其为中心恢复历史风貌，打造多功能齐全、具有文化气息的四海古城。"两条轴线"包括花卉观光休闲带和文化休闲度假带。这两条轴线以藤条生长之势向不同方向伸展开来，串联镇域特色村庄和主要景点。其中，以延琉路西北段和安四路南段为主线串联起沿线主要花卉村庄，以"一花一主题、一村一品"为理念，打造花卉主题村庄，将其打造为一条浪漫绚烂、五彩缤纷的花卉大道；以延琉路东段和北部四沙路为主线，依据沿线分布的休闲度假村庄和文化景点，着重打造为一条独具文化古韵、休闲特色的文化体验大道。

### （五）重点打造四大主题村庄

根据四海镇的村庄资源禀赋和花卉产业的发展基础，选择了四个村庄重点打造四个主题村庄，包括花乡田园主题村黑汉岭村，浪漫花谷主题村大胜岭村，户外探秘主题村西沟里、西沟外村，野奢养生主题村椴木沟村（见图13-6至图13-9）。

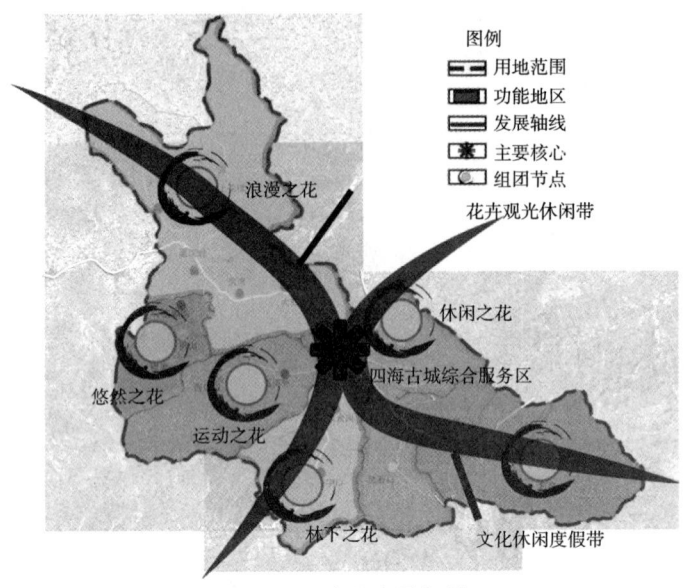

图 13-5　产业布局规划

1. 花乡田园主题村黑汉岭村

规划定位"村为基底，花为魂，京郊花主题休闲村落"。依托黑汉岭村的良好生态环境以及原乡气息，结合花卉产业及花卉文化，以花为魂，以花促游，打造"花+村"的主题村落。主题功能包括乐"花趣"——花间游乐、醉"花荫"——花间民宿和享"花食"——花间商业。

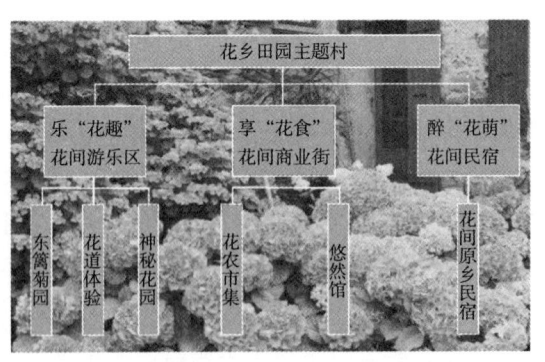

图 13-6　黑汉岭主题村项目体系规划

2. 浪漫花谷主题村大胜岭村

打造玫瑰花艺主题村落。在大胜岭村玫瑰花卉资源的基础上，打造玫瑰花艺主题村落。通过联动全产业链发展，构建集花卉观赏、休闲度假、娱乐体验、美食住宿体验为一体的综合型玫瑰花艺主题村落。主题功能包括花"游"——花间游赏区、花"梦"——花间休息区、花"匠"——花间体验区和花"香"——花间商业区。

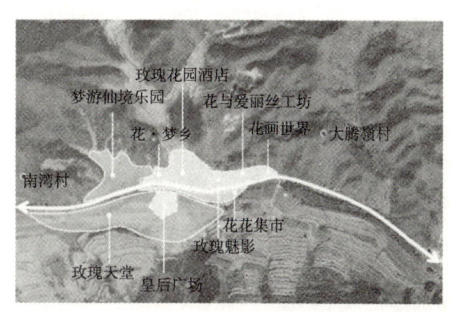

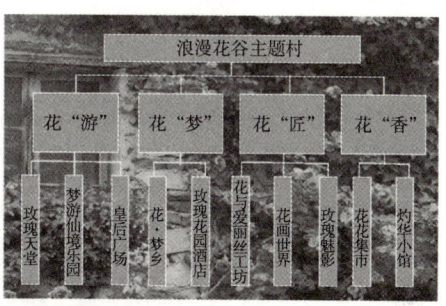

**图 13-7　大胜岭主题村项目体系规划**

### 3. 西沟里、西沟外——户外探秘主题村

总体定位京郊户外运动基地、延庆区生态涵养核心区。依托西沟里丰富的原始次生林优势，充分利用山泉流水景点、烽火台遗址遗迹、怪石瀑，打造一处让游客体验回归山林自然感受的纯自然景区，也为游客提供登山、丛林探险、户外运动，自行寻找山林的乐趣，同时开展养生休闲度假旅游，在山林中建设木屋，与环境融为一体。主题功能包括"探秘"山泉流水（户外自行车、户外徒步、林间漫步）、"追寻"烽火遗址（户外烽火 CS、）以及"体验"修养休闲（山林养生度假）。

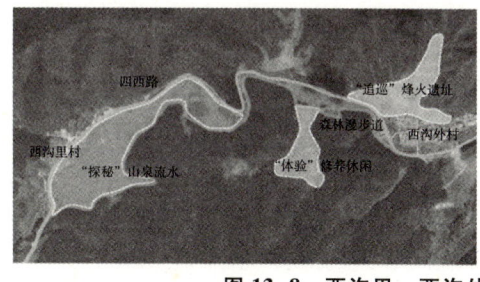

**图 13-8　西沟里、西沟外主题村项目体系规划**

### 4. 野奢养生主题村椴木沟村

定位为京北高端野奢休闲地，京郊慢享养生森林。依托清新安逸的自然生态环境，发展森林疗养、芳草养生休闲产业，让都市游客能够在这里放松身心，缓解疲劳。保留村落内的老建筑，坚持"修旧如旧、外旧内新"的

设计理念，保留村落的原生态山野趣味，打造高端野奢中式田园村落。主题功能包括森林疗养园、芳草园、森林漫步道。

图 13-9　椴木沟野奢主题村项目体系规划

## 二　文化特色规划

中国是世界园林之母，是观赏植物栽培起源国之一。中国的花文化始发于周、秦时期，在汉晋南北朝时期逐渐兴盛，到了隋唐达到了鼎盛。明清、民国是花文化的起伏停滞期，新中国成立后才逐渐恢复发展到了繁荣兴旺期。近二十年来，中国花卉事业蓬勃发展，1984 年中国花协成立；1987 年评选十大名花：梅花、牡丹、菊花、兰花、月季、杜鹃、山茶、荷花、桂花、水仙；中国花文化形式多样，包含物质形态和精神形态两种类型（见图 13-10）。

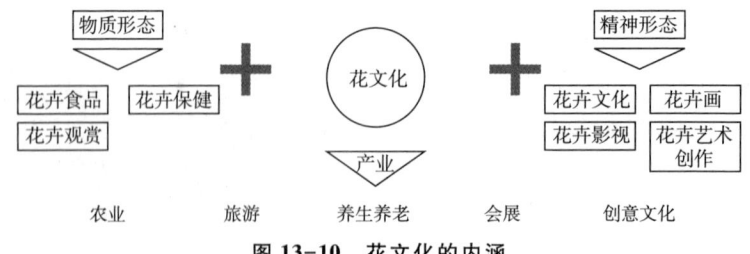

图 13-10　花文化的内涵

### （一）花文化

为突出花卉文化，规划一方面将花文化与传统文化相融合，通过策划花朝节、重阳节系列活动，利用花朝节、重阳节等传统节日，设置赏花游园、祈福、庙会、制作传统糕点等节目，使游客体验节日风俗。另一方面将花文化与现代文化相碰撞形成花间大地艺术:将四海的花海与各种形式的现代艺术融合成一个神奇的自然体,通过大地艺术的形式,打造花卉艺术王国。另外,强化花文化的交流策划,进行一系列花艺展览、义卖、花文化交流论坛等,挖掘花卉文化的内涵,丰富游客精神世界,提升生活品质。

### (二) 园艺文化

作为园艺风情特色小镇,四海镇围绕花卉文化,结合世园会的园艺市场需求,按照"一村一特色"的原则,引入花卉种植基地+花卉研发、园艺创意设计、产业延伸+花海休闲度假理念,形成集大地艺术的花卉种植,以及花卉产业链延伸的花香工坊、与休闲旅游衔接的花卉休闲度假区,营造了浓厚的园艺文化氛围。

## 三 环境风貌特色规划

规划对四海镇道路、景观节点、标识系统、夜间亮化、民宿等进行了整治,形成了四海镇独特的风貌。

### (一) 道路风貌规划

打造一路有景、特色鲜明、步移景异的道路景观。采取立体绿化、彩色绿化、多树种绿化的模式。以花、林、山三大要素作为景观风貌打造的主题特色,根据沿线旅游资源分布和自然资源条件,分为花海、农林、山地三个主题段落(见图3-11)。

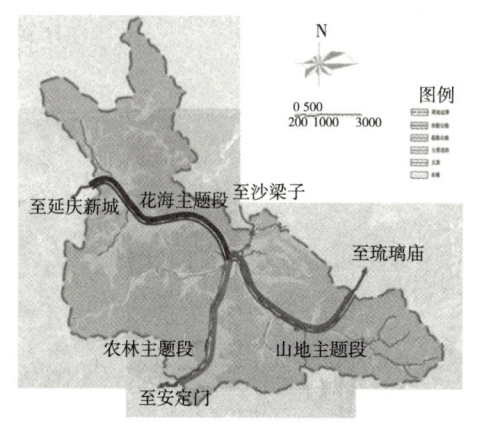

**图 13-11 道路风貌规划**

花海主题段塑造"春风十里"景观大道:沿道路打造四海园艺小镇的

"春风十里"景观大道,用桃花、樱花、海棠等观花植物营造热烈的鲜花氛围,地被植物选择薰衣草、玫瑰、菊花等花卉,营造五彩缤纷的风景廊道,彰显四海园艺小镇的形象气质(见图13-12)。

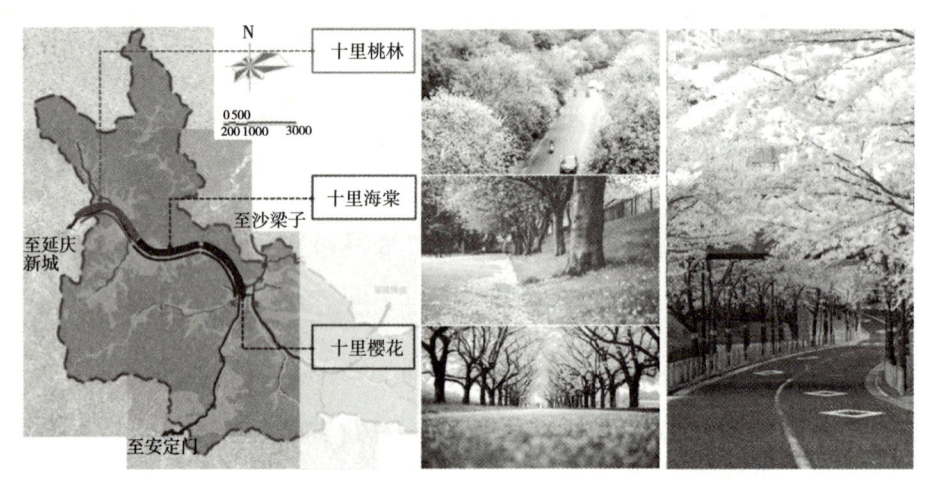

图13-12 "春风十里"景观大道示意

(二)景观节点设计

强化门户形象节点和特色主题节点的设计。在门户形象提升上,布置在进入镇区的重要道路节点上,打造四海的标志性景观节点。通过树立标志物、完善标识系统,在功能和形象上给游客留下深刻印象,树立品牌形象。特色主题节点则结合景区景点以及驿站布置,规划设计不同主题的特色节点,同时作为满足游客需求的功能性节点(见图3-13)。

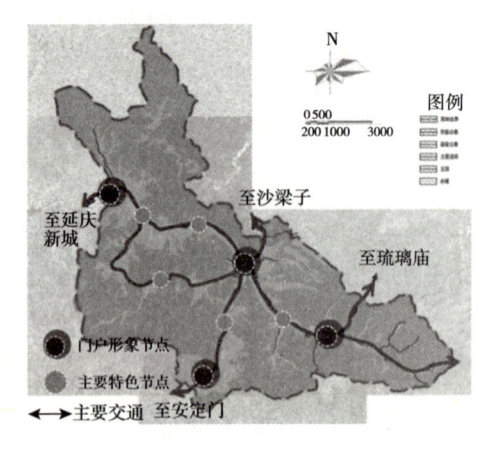

图13-13 景观节点规划示意

### (三) 夜间亮化工程

随着夜经济的发展,夜间亮化对于特色小镇的形象以及公共安全均具有积极的意义。四海镇夜间亮化工程包括道路亮化、特色亮化和节点亮化三个层面。道路亮化在满足需求功能的同时,考虑投入和运营成本,选择节能高光效的产品。特色亮化主要为营造旅游和生活的氛围,提升品位和档次,通过灯光的渲染,使花海景观在夜间更具艺术的表现力、感染力和吸引力。节点亮化按照契合整体景观概念,与环境相呼应,突出表现主题的要求进行详细设计(见图13-14)。

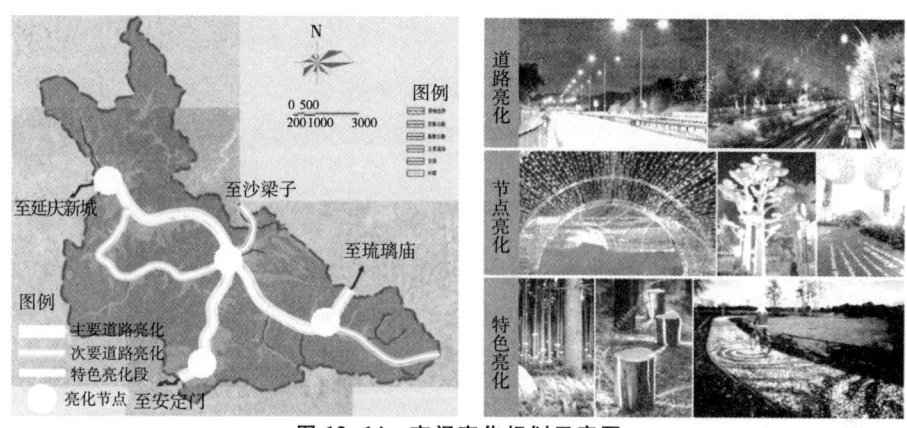

图 13-14 夜间亮化规划示意图

### (四) 民宿区规划

挖掘现有村落特点,结合整体风貌规划,集中打造五处特色民宿区,盘活农村闲置资产;以村企合作模式保障村民收益;以旅游专业合作社将农民组织起来。

在民俗建设与改造上,对建筑外观尽量保留老建筑形式,在原有老房的基础上装修改造;材料上选择红砖和石头。院内环境的改造,以简洁为主,铺设石头路,优化绿色空间。庭院内部增设游憩休闲设施;注重建筑内部改造,完善服务设施;宅子里的家具及摆件,可用老物件,与整体古朴风格相符。

## 四 机制创新

为了规划的顺利落地实施,从组织、政策、资金、人才、生态五大方面进行研究分析,并提出了相应的保障机制(见图13-15)。

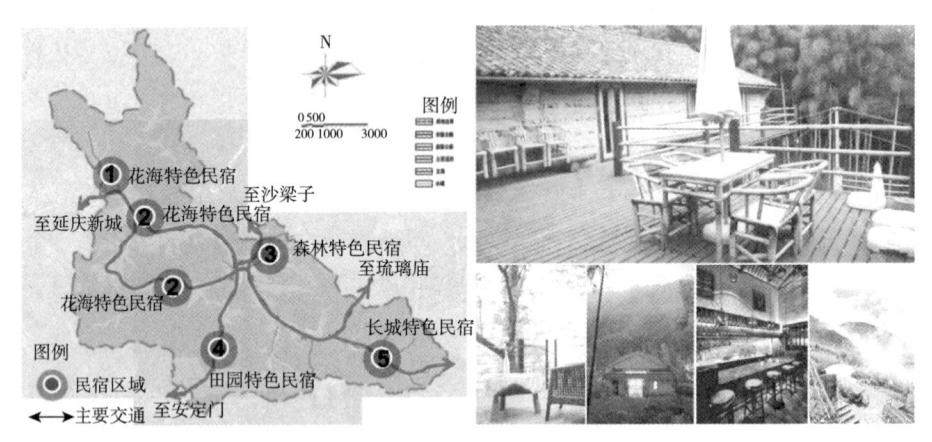

图 13-15　民宿区规划

### （一）组织保障机制

政府与投资商达成合作，协力助推小镇开发运营。政府和主要投资商合作成立开发管理公司，负责四海园艺小镇开发经营管理，这既有利于品牌提升和长远发展，也有利于实现各方权益的最大化。政府和企业共同承担开发成本、日常运作和管理支出，项目运营后共享公建设施日常运营收益（见图 13-16）。

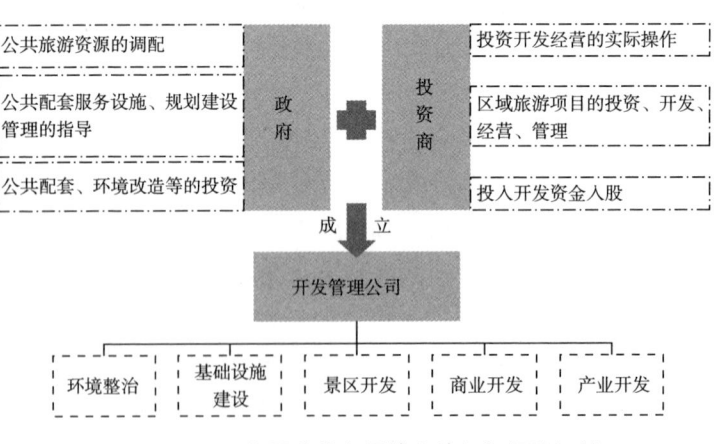

图 13-16　四海园艺特色风情小镇组织保障机制

### （二）政策保障机制

创新特色小镇的用地政策，放宽花卉与园艺主导产业领域的财税政策，鼓励、扶持旅游发展。在用地政策方面，规划提出一是要创新土地规划计划管理制度，探索建立延庆土地利用总体规划动态评估、滚动修编机制和五年土地利用指标一次下达制度；二是改革建设用地审批制度，允许旅游基础设施重点项目报批先行用地；三是规范农村土地管理制度，加大对农村土地流转的扶持力度，探索农村土地间接入市机制；四是加大旅游用地支持力度，优先保证纳入市旅游规划的重点项目用地，对与旅游配套的公益性城镇基础设施用地以划拨方式提供。

在财税政策方面，规划建议延庆区政府要对四海镇加大财政投入力度，设立旅游产业发展专项资金，并逐年递增，中央和省安排的各类专项资金，要向旅游项目倾斜；实行优惠税收政策，对符合条件的旅游企业，在税收方面给予一定的优惠，如对小型微利旅游企业、创新型旅游企业等的支持；推进营业费用减免，如对旅游饭店、旅游商品生产企业在用电、用水方面的优惠与减免。

### （三）资金保障机制

规划提出，以城投土地开发和专项建设资金，设立旅游投资基金，并引入市场化运作，充分发挥市场在花卉和园艺产业领域资源配置过程中的主导作用，打造多渠道、多层次的投融资体系（见图13-17）。

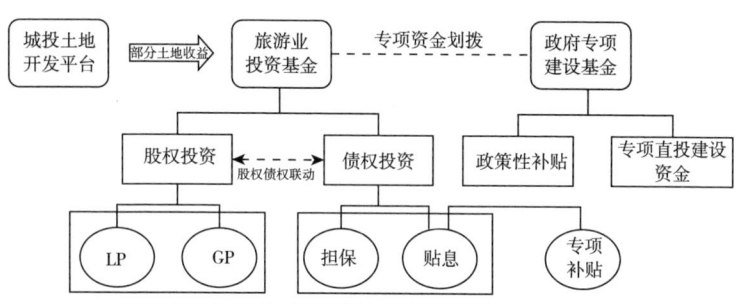

**图13-17　四海园艺特色风情小镇资金保障机制**

### （四）人才保障机制

人才是小镇未来发展的关键，规划制定了四大人才引进政策，强化优秀专业人才保障，为四海镇的发展提供智力支持。规划提出一要优化人才引进机制，重点针对花卉产业、旅游业、现代服务业等急需的高层次人才制定引进办法，强化资金支持和政策保障，切实提高引才实效；实施"人才强旅"战略，研究编制旅游人才队伍引进中长期规划，加大旅游人才培养力度。二要提高人才引进效率，大力发展人力资源服务业，发挥天使投资、风险投资机构和各类人才中介作用，探索运用市场机制选拔人才；建立有效的旅游人才考核体系，将人才考核与激励机制相结合，改革酬薪和福利体系，吸引高层次旅游人才。三要加大人才开发力度，针对专业性和稀缺性人才制订专门培养计划，加快培养适应新业态的管理型、技能型人才；实施分层培训，既要提高技术人员的专业素质，也要提高当地农民群众的专业技能与素养。同时培养一批精明强干的产后营销队伍；加紧培育乡土人才，乡土能人。

### （五）生态保障机制

积极落实环评制度、加强动态监测、制定绿色标准、开展生态示范四大持续举措，保障四海镇的生态环境建设。一是要落实环评制度，控制生态保护地区旅游项目开发及开发的规模；制定旅游开发生态环境和准入标准，严格环境影响评价制度；合理确定旅游地适宜的旅游环境容量。二是要加强动态监督，加强重点景区和村落环境污染防治设施的建设；加强景区景点开发前后的环境监控，制订详细的景区景点环境保护和管理计划并跟踪实施；旅游道路的建设应科学选线，加强对建设过程中的环境管理。三是要制定绿色标准，建立健全企业节能减排、污染防治、低碳考核及示范标准与制度体系；加快制定生态旅游开发标准体系指导旅游项目开发。四是要开展生态示范，大力推进低碳化改革创新示范，鼓励利用新的科技和管理手段，推进产业发展节能减排、清洁利用能源、循环利用资源；积极推进生态文明示范区建设，推广生态旅游理念及旅行方式。

# 第十四章

# 广东顺德北滘智能制造特色小镇规划*

## 第一节 规划背景

  北滘,古称"百滘",意为"百河交错、水网密集",隶属广东省佛山市顺德区,位于广佛都市圈核心区域,地处广州主城区、佛山新城区、顺德主城区三城交汇处。区位交通条件优越,毗邻广州南站、太澳高速、105国道、佛山一环、广珠轻轨等重大区域交通设施穿境而过,交通网络四通八达。改革开放以来,北滘历经从以农为纲,到工业立镇,再到工商并举,今天北滘已经发展成为产业特色明显、城乡环境宜人、人民安居富足的珠三角魅力小城。北滘支柱产业主要包括家电、金属材料以及机械设备制造等,拥有美的、碧桂园两家千亿元企业,以及精艺、惠而浦、蚬华、浦项、锡山等一大批中外知名的企业。家电优势尤为显著,是重要的国际级家电生产基地之一,是"中国家电制造业重镇",产业集群程度高、产业链完善。

  2016年10月,顺德北滘以全省第一的成绩入围首批中国特色小镇名单,"智造小镇"开始在国内掀起热潮,智能制造成为未来产业新趋势。以智能化、高科技为特征的第四次工业革命正在对全球产业产生巨大影响。家电之都北滘处于我国最早完成工业化并率先进入后工业化时代的珠三角地区,在传统家电产业基础上转型升级对于区域乃至全国都具有重要的示范意义。

  为了抓住北滘智能制造特色小镇发展机遇,积极利用特色小镇相关政策,按照《佛山市推进特色小镇规划建设实施方案》相关要求深入推进小

---

\* 项目编制单位:广东珠江发展规划院。案例整理与撰写人:罗小虹、温锋华、冯羽。编制时间:2017年6月。

镇规划与建设。在此背景下，2017年5月开展《顺德北滘智能制造小镇创建方案》的编制，并根据创建方案制订本顺德北滘智能制造小镇规划。

## 一 政策背景

科技时代的来临为高端产业的发展带来契机。国家和地方为加强智能制造产业的发展，特制定若干规划与政策进行支持。2015年5月，《中国制造2025》提出以推进智能制造为主攻方向并制订了智能制造发展规划。2015年7月，《广东省智能制造发展规划（2015-2025年）》提出推动智能制造核心技术攻关和关键零部件研发，全面提升智能制造创新能力，推进制造过程智能化升级改造。《珠江西岸先进装备制造产业带布局和项目规划（2015-2020年）》提出以佛山市、顺德区为主，重点发展关键智能制造基础共性技术，推进以传感器、自动控制系统、工业机器人、伺服和执行部件为代表的智能装置的研发和产业化。《佛山智能制造2025行动计划》提出重点发展"新一代信息技术、智能制造装备、汽车制造业、新能源装备、节能环保装备、生产性服务业"六大领域。

强有力的国家及地方政策支持进一步推动北滘镇制造产业智能化升级，北滘镇积极落实国家及省委政策，全力准备顺德北滘智能制造特色小镇建设工作。

## 二 规划工作方法

基于对顺德北滘智能制造特色小镇基础情况的调研以及发展条件的研判，此次规划的重点应落脚于挖掘、升级现有产业和完善空间布局两方面。制造业是北滘镇的传统产业，应进一步挖掘制造业的发展潜力，抓住工业4.0和中国制造发展新机遇，提高产业效能，进一步向智能制造方向深化。基于此，笔者确定基本产业发展思路，构建智造小镇产业生态圈，完善"双智双创"产业体系，最后落实于产业空间布局。在空间规划方面，构建三产融合的"创智水乡"格局，打造四大产业功能区。应着重落实创新创业服务平台设计，加快建设研发中心、研究院等载体；加快宜居环境建设，吸引企业、人才流入小镇，促进总部经济发展，形成人才聚集高地；配备创新的机制体制，提高建设、运营、维护等环节的工作效能；配备重点项目库和实施计划，并提供有效的保障机制确保规划落地（见图14-1）。

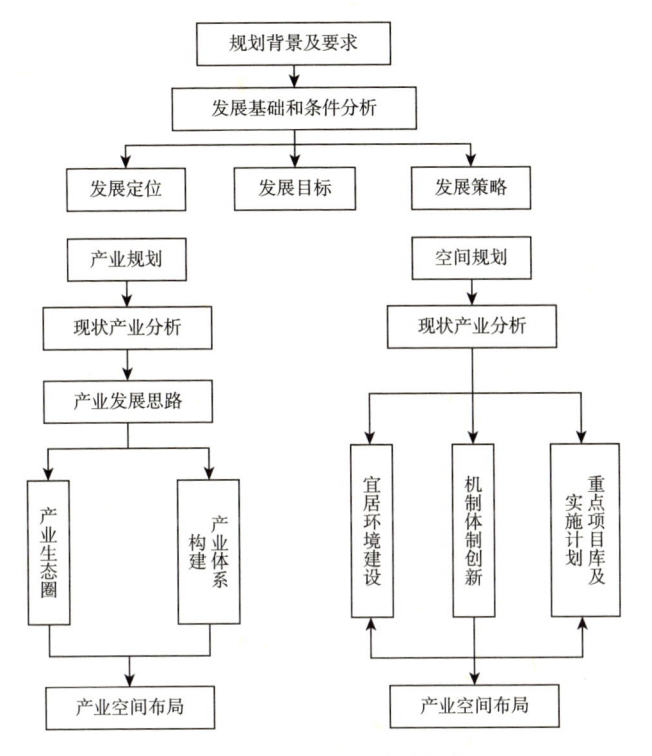

图 14-1　规划工作方法架构

## 三　发展基础

### （一）小镇现状概况

北滘以工业立镇，家电制造产业尤为突出，目前拥有全球规模最大最齐全的白色家电产业链和小家电产品集群，家电及配套产业产值超过 1000 亿元，占全国家电业总产值的 10% 以上。同时拥有 8 家上市（控股）公司并有 5 家企业登陆新三板和天津产权交易所。曾荣获"国家级特色小镇""全国重点镇""中国家电制造业重镇""国家卫生镇""国家级生态乡镇""全国安全社区""广东省专业镇"等称号，2015 年位列全国百强镇第八名，2016 年位列广东省专业镇创新指数工业组第一名。

北滘智能制造小镇范围内目前已集聚了相当数量的智能制造高端产业，拥有美的全球创新中心、广东工业设计城、总部经济区、慧聪家电城、广东（潭州）国际会展中心等重大创新服务平台。规划建设中的广佛环线、广州地铁 7 号线、佛山地铁 3 号线贯穿智造小镇，将小镇与广佛大学城连为一体。公共服务体系不断完善，建有北滘医院、新城区体育公园、文化中心等服务设施，小镇河网密布、水乡环境独特，潭州水道"一河两岸"景观带已打造成滨水景观精品工程。

### （二）小镇基础优势

产业、岭南水乡文化和创新服务三个元素是北滘智能制造特色小镇的基础优势，可作为北滘特色小镇的发展方向与规划重点。

1. 产业特色基础

北滘以工业立镇，尤以家电著称，历经三十多年的培育和发展，目前拥有中国规模最大最齐全的白色家电产业链和小家电产品集群，已成为全国三大家电产业基地之一，家电配套制造产业产值超千亿元，规模超过全国家电业总产值的10%，享有"中国家电制造重镇""广东省家电专业镇"的美誉。

智能制造产业抢占全球新高地，北滘镇的科技产业处于国内领先地位。面对机器人领域技术发展的日新月异，以美的集团为首的家电企业开展了广泛合作。在国际合作方面，盯住全球机器人四大家族。以300亿元成功入股国际领先的德国KUKA（库卡），快速提升自身的机器人研发与应用水平；与日本安川电机组建了工业机器人和服务机器人两家合资企业，工业机器人合资公司致力于成为中国领先的3C机器人厂家，服务机器人合资公司聚焦康复和养老助残领域。国内合作布局也同时展开。美的积极参与华南机器人创新研究院的建设，成功入股中国国内机器人企业安徽埃夫特。此外，镇内涌现出隆深、启帆、捷瞬等一批机器人企业，这些都为北滘智能制造的发展奠定了良好基础和提供了强大的技术支持。

工业设计和科技孵化环节日益完善。广东工业设计城是国家最具影响力的工业设计园区，获得国家级众创空间、省工业设计中心、省创业孵化示范基地称号。

广东（顺德）工业设计研究院已投入使用，与国内外87所高校联合培养近千名研究生。国际财富中心除了满足企业自身总部办公需求外，作为中小企业发展的孵化器，为北滘乃至顺德产业转型提供了更好的平台。

总部经济和商务会展蓄势待发。美的总部、碧桂园中心扎根北滘，成为总部经济发展的重要标杆。怡和中心打造国际化创意创业平台，盈峰·丰明中心双塔总部致力于打造区域金融中心，财富花园吸引优质项目落户，顺德北部特色总部商务区加速成型。

## 2. 文化特色基础

水乡生态文化魅力日趋靓丽。积淀深厚的岭南水乡文化与丰富多彩的现代企业文化相得益彰,古老的宗祠建筑与现代化的高楼大厦相映成趣。

岭南水乡文化特色鲜明浓厚。北滘镇全面启动古村落活化提升工程,推进中国历史文化名村、中国传统村落碧江等古村落的保护活化,修复古祠堂30座,打造以碧江金楼古建筑群、和园等为重点的文化旅游线路。

## 3. 公共服务基础

北滘既有国际化都市的效率和便利,又有小城镇的亲切和舒适。2015年民生服务支出为5.65亿元,占公共财政预算支出的65.45%。积极引入优质教育资源,华南师范大学附属顺德北滘学校是广佛都市圈的标杆学校;积极打造顺德北部片区的医疗卫生服务中心,其中北滘医院为顺德区花园式医院;体育休闲设施不断完善,新活力体育中心是广东休闲体育训练基地,也是佛山地区首个大型的集运动、休闲、娱乐、饮食和展览于一体的多功能综合性运动休闲场所。为各界人士和八方宾客提供了惬意的运动、休憩以及洽谈业务的好场所。北滘体育公园为市民提供了一个多功能的体育休闲场所。

## 4. 创新特色

北滘智能制造小镇已形成鲜明的产业特色,具备一定的产业基础。小镇范围内目前已集聚了相当数量的智能制造高端产业,拥有美的全球创新中心、广东工业设计城、总部经济区、慧聪家电城、广东(潭州)国际会展中心等重大创新服务平台。例如,广东工业设计城是国家最具影响力的工业设计园区,获得国家级众创空间、省工业设计中心、省创业孵化示范基地称号。目前,广东(顺德)工业设计研究院已投入使用,与国内外87所高校联合培养近千名研究生,中心除了满足企业自身总部办公需求,作为中小企业发展的孵化器,为北滘乃至顺德产业转型提供了更好的平台。

### (三)小镇选址

北滘智能制造小镇位于广东省佛山市顺德区北滘镇中部,北至美的大道与横五路,南邻林上路及美的全球创新中心,东至佛山一环,西至广碧路。总规划用地9.53平方公里,其中小镇核心区为3.2平方公里。其中,建设用地7.42平方公里(含现状保留和改造用地面积6.18平方公里,新增建设用地面积1.24平方公里),生态绿地2.11平方公里(见图14-2)。

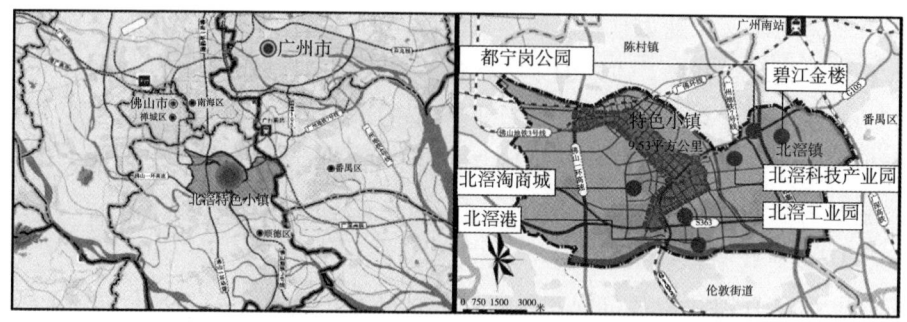

图 14-2　北滘智能制造小镇镇域区位分布

## 第二节　规划定位与目标

### 一　上位规划要求

以《广东省智能制造发展规划（2015~2025年）》提出的推动智能制造核心技术攻关和关键零部件研发、全面提升智能制造创新能力、推进制造过程智能化升级改造为引领，以《珠江西岸先进装备制造产业带布局和项目规划（2015~2020年）》提出的推进智能装置的研发和产业化为指导，以《佛山智能制造2025行动计划》提出的重点发展"新一代信息技术、智能制造装备、汽车制造业、新能源装备、节能环保装备、生产性服务业"六大领域为主要规划方向，制定北滘特色小镇规划。

### 二　总体定位

按照突出"智能制造"，构建"众创空间"，凝练"岭南文化"，发掘"机制模式"、实现"产城人文"的发展思路，加快推进产业向微笑曲线两端延伸，打造集创新、会展、制造、电子商务为一体的家电全产业链，全面提升智能制造水平，打造具有浓郁岭南特色的"创智水乡"。

### 三　发展目标

根据上位规划要求及特色小镇总体定位，可将北滘智能制造特色小镇总体目标分解为以下四点。

| 娱憩 | 创造 | 文化 | 美化 | 公共空间 | 世界建筑 | 步行可达 | 绿色能源 |
|---|---|---|---|---|---|---|---|
| 乐业 | 标志 | 水 | 修复 | 公共设施 | 沙漠绿洲 | 人性尺度 | 绿色建筑 |
| 安居 | 场所 |  | 保护 |  | 城市名片 |  | 绿色交通 |
| 生活 | 地区认同感 | 生命力 | 生态优先 | 美化元素 |  | 人性化 | 环境友好 |

图 14-3　北滘智能智造小镇总体定位分解

**（一）建设国家级顺德北滘智能制造小镇的领头羊**

打造智能产业研发中心，智能制造和智慧家居的自主研发水平得到进一步提升；建设国家级工业设计产业基地和粤澳产业创新设计中心，打造以工业设计产业为核心，提供高端增值服务的聚集区；强化与德国汉诺威展览公司等世界展览业巨头合作，打造国内知名的会展博览中心。

**（二）打造广东省从"制造"走向"创造"的核心基地**

打造区域创新平台，通过国际国内并购合作，瞄准国内外高端创新资源，大力开展科技合作；建设区域智能产业孵化器，依托美的、慧聪等企业提供资金、技术等资源建设孵化器。依托北滘新城区总部基地建设电子商务孵化器。利用三旧改造腾出空间建设创业创新孵化器和构建区域创业创新加速器。

**（三）建设"近者悦，远者来"的广佛魅力小城**

建立公交优先绿色低碳的公交体系和生态化的慢行系统，率先构建绿色智能的综合交通体系，建立交通仿真基础数据公共管理平台等；高起点、高标准推进信息化基础设施建设，加快推进智能物业、智能楼宇、智能家居、智能安防等试点示范建设，民生领域智慧应用得到进一步推广。推广特色节庆活动，"小城盛事"品牌得到进一步强化。

**（四）打造岭南园林式水乡建设的示范区**

挖掘岭南水乡生态特色，开展水系治理、现代桑基鱼塘和水乡湿地景观塑造，提升湿地生态地区维护水平，创建3A级以上旅游景区；活化利用特色生态、人文资源，全面启动古村落活动提升工程，修复古祠堂建筑，打造以岭南园林式水乡特色为重点的文化旅游线路，挖掘底蕴，凝聚乡情。推进低碳生态城市建设，推广绿色市政基础设施，探索低冲击开发、雨洪管理等"海绵城市"建设模式。

## 四　发展策略

### （一）构建"双智+双创"的特色产业体系

实施"智能制造+智慧家居"的创新发展战略。加快形成以创新为主要引领和支撑的经济体系和发展模式，使智能制造和智慧家居等新兴产业超过家电制造等传统产业成为经济发展的主引擎，重点打造美的全球创新中心、广东工业设计城等创新平台，实现发展动力的根本转换，到2020年，新兴产业增加值占比达到16%。研究与发展经费支出占地区生产总值的比重达到12%。支持工业设计企业做大规模，提升高端综合设计服务能力，推动工业设计向价值链高端环节延伸。

全面完善创新创业服务支撑体系。打造总部商务区和广东（潭洲）国际会展中心，使之成为区域性的服务平台，建立与珠三角核心城市紧密的直接经济联系，建设区域总部基地和会展服务中心。鼓励智造企业、电子商务等企业总部以及金融服务业在总部经济区的集聚与发展，全面对接广州大学城，吸引广东乃至整个珠三角的人才入住总部商务区。

### （二）建设公交优先绿色低碳的特色基础设施体系

以城际轨道、地铁、水上交通为重点，提供多样化的交通方式，完善城市公交智能化管理，建立富有水乡特色的公共交通体系。强力推进海绵城市建设，集中力量建设城市污水处理、城市垃圾无害化处理、环境监测等基础设施。推进智能电网和智慧信息网络建设，推广智慧交通、智慧家居、智能物业等民生领域的智慧应用。到2020年，公共交通机动化出行分担率在25%以上。城镇生活污水处理率达90%以上，生活垃圾无害化处理率达100%。实现公共Wi-Fi和数字化管理全覆盖。

### （三）完善宜居便民的特色公共服务体系

建立休闲、生活、工作等各种功能复合的"小镇—组团—社区"三级服务中心体系，依托北滘新城站和北滘公园打造镇级综合服务中心；依托四大功能组团打造智造产业创新、科技文化交流、人才服务、旅游服务等特色服务中心。依托公交枢纽、围绕社区绿地打造社区公共服务中心，为居民提供教育、医疗、体育等基础服务，到2020年，建成15分钟医疗卫生服务圈以及10分钟体育圈。推进零售商业和休闲设施的全方位覆盖。为往来北滘的科技人才等外来常住人员提供与本地人口无差别的公共服务和社会保障。

### (四）营造园林式水乡特色生态人文体系

以"园林式水乡"为重点，强化生态河道形成的廊道空间，构建蓝绿交织的城市生态格局。从水乡与城市的关系出发，以企业对外交流与文化展示为切入点，营造开放舒适的办公环境，构建具有弹性并充满活力的城市滨水空间。建造高效便捷的步行绿道，策划各类的生活场景设计以及项目，将人的生活重新带回水岸，确保人们居住在公园"十分钟步行圈"内，促进城市功能与空间的复合与多样发展。结合小镇固有旅游与工业文化资源，最大限度利用"水"和"旅游"优势，将旅游与工业文化相结合，按照3A级旅游景区的标准建造建筑物和配套设施，打造时尚繁华、工业创意的都市品牌，使之成为连接传统与过往的纽带。

### (五）推动形成要素自由流动的区域合作新局面

依托优势资源，积极承接珠三角地区的创新要素外溢，推动广佛与北滘区域价值链的双向延伸对接，促进广州大学城等高校、科研机构的科研成果在北滘转化。依托岭南水乡的环境优势，推动服务便利化，打造科技人才适合创新创业和居住的人居环境，为实体经济发展营造良好金融环境，引导珠三角的人才、资金等要素向北滘流动。积极衔接区域基础设施网络建设，促进水电路气信等基础设施联网、生态环保设施统一布局建设，逐步实现基本公共服务制度并轨、标准统一。

### (六）打造共建共享的开发建设新模式

搭建北滘特色小城镇发展建设综合信息平台，为特色小镇的发展、建设和运营提供宣传推广、信息发布、交流对接、运营管理等服务支持。围绕智能制造产业开展靶向招商，建立国际化的定向招商平台。实行主体项目与相关配套项目整体打包招商，创新PPP机制吸引社会资本深度参与，搭建开发建设投融资综合服务平台。搭建综合运营服务平台，引入高水准大型综合设计和施工企业等城市综合运营商。

## 五 阶段目标

规划提出，北滘特色小镇将按照"三年初见成效，五年基本成型"的步骤推进特色小镇的创建工作。

（一）近期目标为全面推进基础工作，顺利建设重大平台，美的全球创新中心、广东工业设计城等重大科技创新平台建设加快，交通、市政公服和商业配套基础设施等产业支撑体系建设逐步完善，进一步巩固家电行业领先地位。到 2020 年，新兴产业增加值占比达到 16%，研究与发展经费支出占地区生产总值的比重达到 12%，实现公共 Wi-Fi 和数字化管理全覆盖，城镇生活污水处理率达 90% 以上，生活垃圾无害化处理率达 100%。

（二）中期目标是开发建设全面开展，智能制造小镇初具规模。科技创新平台发挥辐射带动作用，吸引大量技术、人才和资金集聚北滘，推进家电产业向价值链高端环节延伸，"双智+双创"的特色产业体系基本建立。水乡生态格局初步形成，小镇环境明显改善。

（三）远期至 2030 年，建设成为水平一流、经济繁荣、社会和谐、环境优美的魅力小镇。建立完善的创新创业服务支撑体系，逐步成为智能制造强镇、区域总部基地和会展服务中心。构建宜居便民开放共享的服务体系，打造岭南水乡和智慧城市特色兼备的小镇风貌，成为产业特色鲜明、生态环境宜人的省内一流特色小镇。

## 第三节 规划内容

### 一 产业培育

北滘智能制造特色小镇正在积极构建"双智+双创"的特色产业体系，大力实施"智能制造""智慧家居"双智战略，重点完善创新创业服务支撑体系，形成以智能制造为特色的产业生态圈：依托美的全球创新中心、广东工业设计城等，加强智能家电、机器人研发设计；依托美的总部、国际财富中心等，积极发展总部经济和科创金融；依托潭州会展中心和广佛环北滘站前商务中心等，大力发展会展博览和跨境电商；依托农民创业园、中小微企业孵化区等项目，孵化培育一批众创空间和星创天地，打造吸引智能制造产业高端资源高度集聚的创新发展平台。

（一）构建智造小镇"五大"产业生态圈

依托家电制造业的产业基础，以"智能制造+智慧家居"的"双智"战略为核心，全面完善创新创业支撑体系，产业转型进一步深化，进一步提升区域辐射带动能力。集中打造"五大产业圈"：一是打造以众创空间为核心的创业服务产业圈，为创业人员的创业全过程，从初期创意、天使融资、财务管理等，到中后期的样品完善、风投进入、团队架构、产品计划和宣传推广等，提供有针对性的、全链条的服务。二是打造以研发设计为核心的创新

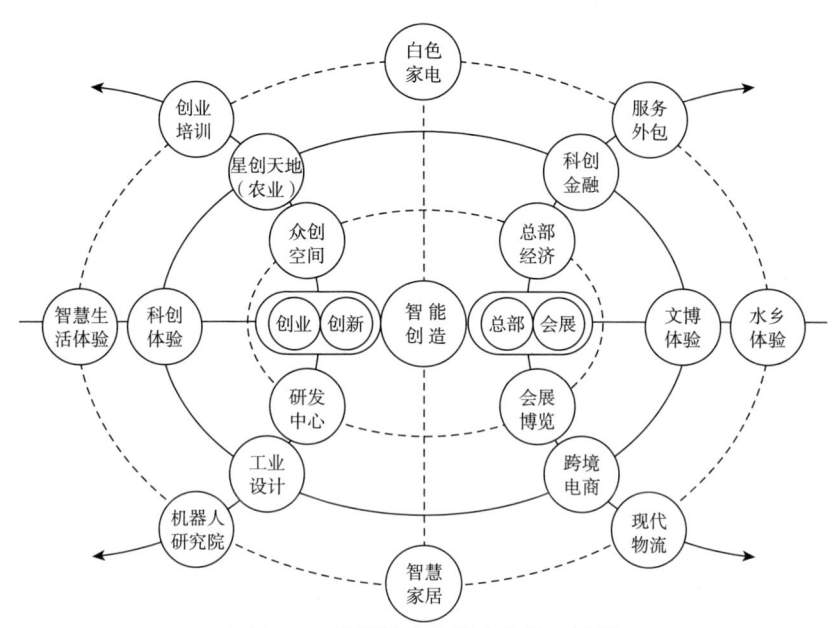

图 14-4　北滘特色小镇产业体系规划

服务产业圈，依托美的全球创新中心等研发平台，实施智能机器人科技重大专项。鼓励产学研合作，提升企业研发设计水平。三是打造以总部经济为核心的商务服务产业圈，启动总体招商推介，吸引区域内外的优质企业落户，将北滘总部经济区建设成"广佛顺"区域重要的高端经济区。四是打造以会展博览为核心的商贸服务产业圈。加快发展会展企业孵化，打造以会展企业总部基地、会展技术创新中心、国际会展设计中心、会展按需加工中心为主的会展产业集群。五是打造以文化体验为核心的旅游服务产业圈。重点打造"工业文化+旅游"项目，并结合"音乐+体育+盛事"和华语文学传媒盛典等项目，提升文化创意和设计服务水平。

**（二）完善"双智双创"产业体系**

以"工业4.0"变革推动智能制造产业的发展，加快推进产业向微笑曲线两端延伸，打造集创新、会展、制造、电子商务为一体的家电全产业链，全面提升智能制造水平。

1. 会展服务

以广佛环线北滘站（西滘）的 TOD 开发建设为契机，依托毗邻广东（潭洲）国际会展中心的区位优势，大力发展商业商务、科技服务、会展服务等现代服务业。

2. 创业孵化

打通区域水系，构建环形水网，打造特色田园风光的优美环境，依托优美的生态环境打造绿色生态办公区培育物联网产业企业。

3. 总部经济

依托新城区总部基地的建设，将此区域打造成为特色小镇区域内总部经济商务片区，成为新型现代产业的汇集中心。

4. 科技创新

依托广东工业设计城、美的创新中心、慧聪家电城建设，加快推进产业向微笑曲线两端延伸，打造智能产业全产业链。以"水墨林头"为主题，加快林头社区古旧建筑保护和利用以及"一河两岸"的水乡特色建设，构建特色水乡风情文化旅游区。

(三) 挖掘发展旅游业

挖掘小镇人文历史、老街古建资源，结合吃、住、行、游、购、娱六要素配套，打造北滘特色旅游产业。致力于按3A级景区标准完善旅游设施建设，按照3A级以上景区的标准来建设，完善旅游度假功能配套，使小镇的旅游项目与休闲交往空间融为一体，实现生产、生活、休闲的一体化。打造水乡文化游、休闲生态游、精品商务游和创新科技游四大文化游线，积极宣介推广北滘仲夏音乐节和岭南水乡文化节等"小城盛事"主题活动，构建浓郁的水乡小镇场景。

## 二 总体策划与分区指引

围绕产业生态圈的创业、创新、总部和会展四个环节打造四大特色产业功能区，同时形成以创新平台驱动周边产业整体升级的区域发展新格局，使智能制造和智慧家居等新兴产业成为北滘乃至更大区域经济发展的主引擎，实现发展动力的根本转换。把北滘智能制造小镇建设成为国家级智能制造产业集群的领头羊、广东省从"制造"走向"创造"的核心基地、"近者悦，远者来"的广佛魅力小城和顺德岭南园林式水乡建设的示范区。

(一) 总体策划

规划提出，积极构建三产融合的"创智水乡"格局，强化水乡特色，打造以"桑基鱼塘"为意向的城市空间格局。同时以"电路板"为意向建设绿道网络，串联公园、广场和公共服务设施形成完善的共享空间体系，不断强化城市功能，提升发展档次，建设宜创、宜业、宜居、宜游的新型空间载体。

建设公交优先、绿色低碳的基础设施体系，推进广佛环线、广州地铁 7 号线西延顺德段、佛山地铁 3 号线等轨道交通；建设宜居便民、开放共享的公共服务体系，推动北滘新城区学校、国际化医疗机构等高标准公共服务设施建设；营造岭南水乡和智慧城市特色兼备的生态人文体系，建设林头水乡、滨水市民长廊和小城盛世等旅游品牌项目，建设一个具有浓郁岭南文化特色和智慧城市生活特色的"创智水乡"。

按照规划，顺德北滘智能制造小镇的建设用地共 7.42 平方公里，其中小镇核心区为 3.2 平方公里。其中，公共管理与公共服务设施用地 0.55 平方公里，占 7.4%；商业服务业设施用地 1.96 平方公里，占 26.4%；绿地 1.10 平方公里，占 14.8%。

**（二）分区指引**

依托北滘家电、机器人等产业基础，推动智能制造产业向创业创新等产业前端环节延伸，同时加快布局总部会展等产业后端环节，打造创业孵化、科技创新、总部经济和商务会展四大产业功能区。

1. 创业孵化区

打通区域水系，构建环形水网，打造特色田园风光的优美环境，依托优美的生态环境打造绿色生态办公区，重点打造以中小企业孵化为主的众创空间以及面向农业创业为主的星创天地。

2. 科技创新区

依托广东工业设计城、美的创新中心、慧聪家电城建设，加快推进产业向微笑曲线研发设计端延伸，提升智能制造产业的研发设计水平。

3. 总部经济区

依托新城区总部基地的建设，将此区域打造成为特色小镇区域内总部经济商务片区，成为新型现代产业的汇集中心。

4. 商务会展区

以广佛环线北滘站（西滘）的 TOD 开发建设为契机，依托毗邻广东（潭洲）国际会展中心的区位优势，大力发展会展博览、跨境电商、现代物流等现代服务业。

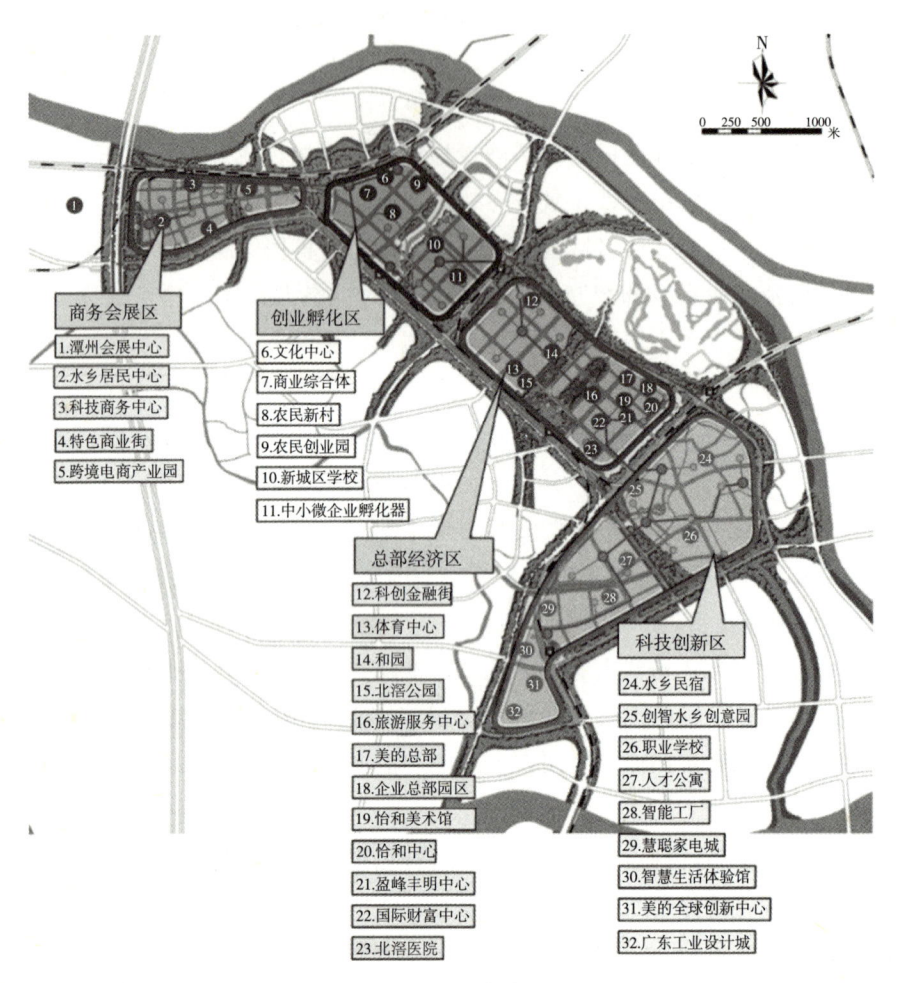

图 14-5　北滘小镇功能分区规划

## 三　宜居环境创建

### （一）打造创智绿道系统

规划提出要营造包括绿道系统、共享开放空间的小镇共享空间系统。规划首先以"电路板"为规划理念，打造创智绿道系统，实现"绿道连接，乐享生活"。以"电路板"的工艺形态打造北滘内部绿道组织，体现高速开放的交往空间，结合滨河绿色走廊与河道，打破传统社区的封闭形式，覆盖全部步行及自行车通道，接驳整个城市公共空间，串联传统的滨水生活与未来的都市公园，实现资源共享与互补和各类智慧创新要素迅速交融、渗透。

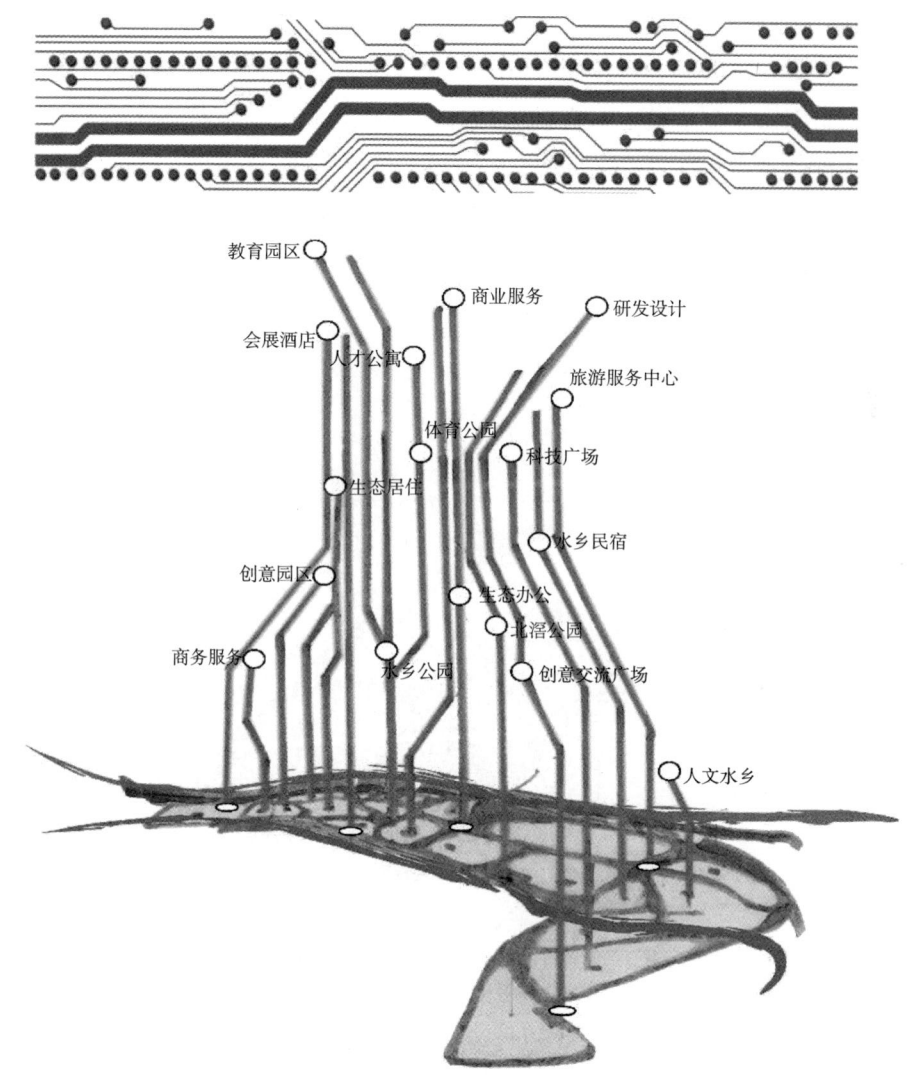

图14-6 小镇绿道系统规划的"电路板"规划理念

### (二)完善城市开放共享空间体系

完善城市开放共享空间体系。因地制宜地建设公共绿地,构建一个由"镇级公园—社区公园—小游园"三级共享空间的网络状生态绿地系统,依托水系和自然资源设置绿地廊道,形成北滘绿地公园体系。具体工作包括以下部分。

建设八大城市公园和营造城市共享空间。依托河涌水系、公交站场、公共建筑，建设中心公园（北滘公园）、站前公园、口袋公园、主题公园（极限公园，现代、未来、科技概念公园）等，使之成为市民日常休闲的场所。

营造城市共享空间。沿美的大道、横五路和105国道打造条形公共空间，引绿入城，串联开放办公和商业区域的街道空间，打造水乡特色浓郁的商业步行街，沿线汇聚业态多样的休闲娱乐商业类型，完善交流步行街的咖啡馆、超市等公共服务设施配套，营造悠闲漫步的滨水林荫大道和亲水空间，创造良好的交流氛围。

打造四大水乡主题街区，利用北滘沙涌、林上河、大耳锅河等重点打造四条特色"岭南水街"，引入特色商业业态，打造民俗风情街、岭南水街、滨水花街、酒吧街等主题岭南水街。

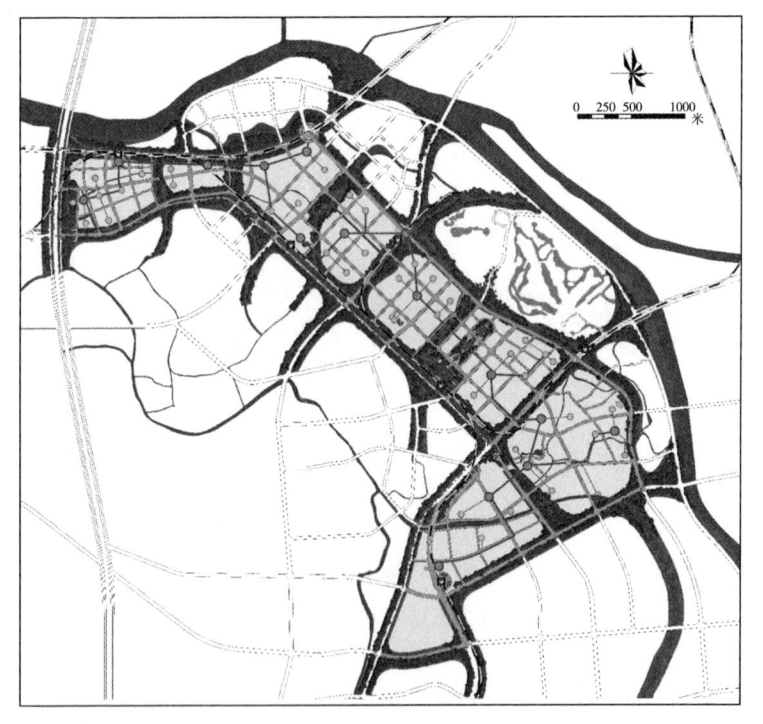

图 14-7 北滘特色小镇公共空间系统规划

### （三）建设有岭南水乡特色的海绵城市

以林上河、潭州水道为重点，加强水乡生态岸线保护。鼓励北滘文化中心、图书馆、音乐厅等公共建筑和新建小区建设绿色屋顶、雨水花园、透水铺装、凹陷式滞水广场、生态停车场等低影响开发设施。建设小区中水回用系统。在新建居住区、商业区和工业区等小区设置中水处理站，处理中水主要用于市政用水、景观环境用水、生活杂用水等。建设安全高效的供排水体系。

### （四）构建优美健全的环境支撑体系

建设水上环境卫生工程设施，保护北滘特色水乡环境，规划水上转运生活垃圾体系，布局以清除水生植物、漂浮垃圾和收集船舶垃圾为主要作业的垃圾码头。利用北滘智能制造优势，开发水上垃圾收集机器人。加快完善其他环境基础设施体系。规划建立"垃圾收集站+垃圾转运站"的垃圾清运设施系统，开展生活垃圾差别化收集。

## 四 完善宜居便民的服务设施

规划围绕公共交通枢纽，建设服务中心体系，引导新的生活方式、新的消费需求和新的就业机会全面提升。加快镇级乃至区域级公共服务资源在特色小镇集聚，全面提升教育、医疗、文化和体育等与百姓息息相关基本公共服务质量，形成北滘镇乃至顺德北部片区的公共服务中心。建立"镇—组团—社区"三级服务中心体系，完善公共服务设施建设，建设北滘镇教育高地，加强公共医疗服务体系建设，打造公共文化建设示范区，建设全民运动的康体小镇。

建设绿色低碳的特色交通体系。构建"三横三纵"的主干路网系统，强化小镇对外交通联系功能。优化内部路网结构，推广以轨道交通为重点的公交出行方式，建立以人为本的慢行交通系统，开辟"水上交通"系统。

构建"三网融合"的智慧小镇，推进智慧信息网络建设，构建便捷高效的信息服务平台，推广民生领域的智慧应用；加强智能电网和清洁能源建设，逐步推进智能电网建设，打造清洁多元的能源保障系统。

## 五 营造特色城市风貌

依托北滘特色小镇"百河交错，水网密集"的特点和地域传统民俗风情，推进河湖连通，通过引水入城，串联城市功能组团，结合现状人文资源点与滨水公共空间，打造文化多元的"园林式水乡"。

延续和传承地方历史文化特色。加快小镇范围内的历史文化资源的整合，促进北滘整体城市形象提升。注重历史文化资源的展示与宣传，提升北溶旅游业的知名度和影响力。努力做好历史文化资源的保护与适度开发，使其作为旅游业发展的有力支撑，兼顾考虑城市历史文化保护等，从而减少改造成本，延续城市文化。

将小镇产业文化特色融入城市景观设施。街道设施主要是对特色小镇区域内的路灯、交通标志、指示路牌、垃圾箱、公共汽车候车廊、公园座椅等设施进行完善。为体现"智能家电小镇"的特色主题和创造有秩序的街道环境，对街道设施、位置、色彩、形式和标示等进行统一设计，展示北滘智能家电特色功能片区独特街道景观。

表14-1 营造传统与现代相融合的建筑风貌

| 风貌划分 | 建筑风格 | 建筑形式 | 建筑风貌意象 |
| --- | --- | --- | --- |
| 岭南水乡风貌区 | 岭南传统水乡建筑 | 结合林头社区"一江两岸"进行景观风貌改造，对沿江两岸建筑进行拆除重建，采用"窝耳山墙+坡屋顶"形式，进行岭南传统建筑式改造 | |
| 现代居住风貌区 | 现代简约、高品质 | 高层SOHO+多层居住，底层配套咖啡室、便利店等生活服务设施，围绕社区公园形成庭院空间，提供创新人才交流空间 | |
| 田园生态风貌区 | 中西一体，现代与传统相融 | 现代化建筑立面形式，配合中式或西式传统建筑屋顶，低密度低层或多层别墅住宅 | |
| 创新创业风貌区 | 生态绿色办公建筑 | 多层+低层建筑，屋顶绿化，建筑形式自由，注重知识型空间塑造，以及创新科技氛围营造，同时配套完善的公共服务设施 | |
| 商务办公风貌区 | 现代行政办公建筑 | 以高层建筑为主，色彩单一明快，地块风格统一，展现现代化高端智能制造基地氛围 | |

### 六 体制机制创新

首先要创新小镇运营模式。一是开创建设投融资新局面。全力推动社会资源投入投融资模式创新项目，拓展合作模式，实现经济效益与社会效益双丰收，营造"以产促镇、以镇建镇、以镇养镇"的发展局面。整合提升北滘港现有资源，做好北滘港提升项目，提升港口运营的整体效益。二是创新土地开发模式。探索回购留用地的模式，积极创新土地开发模式，形成村镇共同开发模式及预兑现留用地价值模式。三是树立经营城市理念。逐步实现城镇资产从公共资产到可经营资产的转变，城市建设从市政公用事业到资本经营的转变，政府从城镇资产所有者到经营者的转变，把市场经济意识和经营城市意识渗透到城镇建设和政府决策实施行为中。另外，要从产业扶持、土地保障、财政支持、金融支持以及人才支撑等方面促进体制创新。

## 第四节 规划效益

### 一 社会效益

顺德北滘智能制造小镇建成后，预期的社会效益包括对居民收入、生活水平、生活质量、就业、地区文化、公共基础设施等多个方面的积极影响。

（一）增加就业

小镇建成后，预计新集聚企业5781家，新增就业岗位12000余个。工业设计、机械制造等高技术人才激增，集聚中高级人才约2500人，对当地居民收入有一定程度的提高。

（二）城市建设与居民生活水平提升

对地区基础设施、社会服务容量和城市化进程有积极影响，提高社会服务容量，有利于加快城市化进程，对当地居民生活水平和生活质量有积极的影响。

（三）提升文化旅游水平

建成顺德水乡旅游代表性地区，小镇整体申报成为3A级旅游景区，大大提升小镇的知名度与旅游客流量，预计旅游年税收收入100万元，年接待游客60万人次，年旅游总收入650万元。

## 二 经济效益

顺德北滘智能制造小镇预计投资总额 93.71 亿元。小镇建设可以带动小镇周边上下游相关产业发展，包括旅游业、会展业、智能制造、商贸物流等的发展。尤其对周边地区家电制造业的整体提升有较大作用。预计到 2020 年，智能制造产业产值为 2521 亿元，2017~2020 年年均增长率为 10%。建成后，预期年税收收入为 80 亿元。

## 三 环境效益

环境效益与经济效益双丰收。通过规划项目的实施，2022 年城市污水截流处理率为 95%；城市气化率为 88%；工业废水达标排放率为 93%；工业固体废物综合利用率为 88%；建设项目环境影响评价审批及环保"三同时"审批率均达到 100%，建成项目环保"三同时"验收合格率达 100%。而现在城镇大气环境质量、水环境质量、城镇噪声环境质量、城镇固体废物处理率、城镇人均公共绿地面积均已达到国家级生态示范区的验收指标。

# 第十五章

# 云南西盟佤部落特色小镇规划*

## 第一节 规划背景

西盟佤部落特色小镇位于云南省普洱市西南部的西盟县东城区,西盟是云南省佤族聚居边境县,西与缅甸为邻,距离云南省会昆明市625千米,距离普洱市225千米,与缅甸佤邦接壤,国境线长89.33千米。

2017年,西盟佤部落特色小镇成功入选云南省特色小镇发展领导小组办公室公布的创建省一流的特色小镇名单,为把握云南省特色小镇建设机遇,积极争取利用特色小镇相关政策,按照《云南省特色小镇发展总体规划编制导则》的要求,从特色小镇的发展定位、规划目标与指标体系、空间布局、特色产业发展、历史文化保护与发展、风貌塑造、生态环境保护、基础设施建设、公共服务和社会治理、体制机制创新、开发时序安排、年度实施计划和实施保障机制等方面出发全面谋划西盟佤部落特色小镇的发展,特组织编制云南省西盟佤部落特色小镇发展总体规划。

### 一 政策背景

特色小镇概念源于浙江省,逐渐成为中央号召地方关注、建设、落实的新型城镇化模式。2015年4月,浙江省人民政府出台的《关于加快特色小镇规划建设的指导意见》掀开了特色小镇建设的篇章。2016年7月,住建部、国家发改委、财政部下发的《关于开展特色小镇培育工作的通知》正式开启全国建设

---

\* 项目编制单位:北京北达规划设计研究院,云南东韵旅游规划设计有限公司,泛联尼塔(上海)工程设计有限公司。案例整理人:温锋华、冯羽。编制时间:2017年12月。

特色小镇的热潮。为了深入贯彻落实习近平总书记、李克强总理关于特色小镇建设的重要批示精神，按照云南省第十次党代会和云南省十二届人大五次会议的部署，以及《云南省人民政府关于加快特色小镇发展的意见》（云政发〔2017〕20号）的相关文件要求，加快推进全省特色小镇发展，按照"一年初见成效、两年基本完成、三年全面完成"的总体要求，西盟积极响应国家及省委号召，全力准备西盟佤部落特色小镇建设工作。西盟县组织开展西盟佤部落特色小镇规划的编制工作，以指导该片区的保护、管理和开发建设工作。

## 二　发展基础

### （一）现状概况

西盟主要对外联系道路为孟西路（孟连到西盟）、澜西路（澜沧到西盟）两条；其中澜西路现状为最重要的对外联系道路，穿小镇中间而过。西盟周边山体植被茂密，坝区有河道流经，环境优美秀丽。现状用地大部分为农田、闲置用地以及林地，村落布局略为零乱，建筑较为陈旧并且多沿用佤族老寨风格。

### （二）特色基础

通过梳理西盟佤部落特色小镇区位与交通条件、地理资源环境可知，该区域具有突出的资源环境优势和特色文化优势，因此将其作为特色小镇发展方向的重要规划依据。

1. 环境特色

西盟县自然环境优越。受孟加拉湾西南暖湿气流影响，西盟县属亚热带海洋性季风气候。由于相对高差达1869.9米，立体气候明显，降水量丰富。夏秋季节雨量高度集中，降水量占全年的90.1%，冬春季节雨量偏少，占9.9%。西盟佤族自治县地处怒山山脉南段，属中高山峡谷地带。主要有西盟山脉、拉斯龙山脉、盘龙山脉，均为南北走向。地形复杂，西盟县除勐梭镇有一块3000余亩的河谷川坝外，其余均为山区。

西盟县自然资源丰富。截至2016年，西盟县森林覆盖率为57.93%，植被主要有季节性雨林、季雨林、季风常绿阔叶林等。西盟县林地面积85.16万亩，占土地面积41.9%。树种类有40多科100多种、以壳斗科树种为主，其他还有山茶科、楝科、榆科、大戟科等。其中草药399种，蕴藏量约123万千克。

2. 文化特色

西盟县拥有悠久深厚的历史和民族文化底蕴，其中佤族文化为西盟县保留着原始、古朴、神奇的色彩，彰显异域文化特征。西盟是佤族文化活的博物馆，其民族文化具有无穷的魅力和极强的辐射力。特殊的地理位置及其独特的地形地貌，使西盟民族文化的历史呈现出多源性、封闭性、交叉性等显著特点。西盟绵延不绝的群山，纵横交错的江河溪流；宁静美丽的勐梭湖；神秘虔诚的"龙摩爷"祭拜仪式；佤族村寨留存的佤族服饰、生产工具、生活用品，佤族捻线、织布、舂米表演；佤族的传统乐器演奏、情歌对唱等民俗风情活动；气势雄浑的拉木鼓；惊心动魄的剽牛祭拜司岗里；魔巴低沉悠回的《司岗里》史诗吟诵……在这些佤族优秀传统文化符号、举祭活动和民俗风情的后面隐藏的是一个民族千百年来从血脉里就流淌着并延续下来的历史真相和本来面目。它们作为珍贵的历史遗产日益显示出特有的民族精神和民族文化价值。西盟完整地保存着全国最具特色的原生态民族文化[①]。

（三）发展选址

浙江特色小镇选址可分为四类：资源环境依托型、历史资源依托型、产业集群依托型、创新资源依托型[②]，西盟佤部落特色小镇属于资源环境依托型。根据环境资源、交通资源、文化资源、产业资源，特选址于云南省普洱市西南部的西盟县东城区。西盟是云南省佤族聚居边境县，西与缅甸为邻。县城距离云南省会昆明市625千米，距离普洱市225千米；与缅甸佤邦接壤，国境线长89.33千米。西盟佤部落特色小镇规划用地面积326.63公顷（约合4899.5亩）。

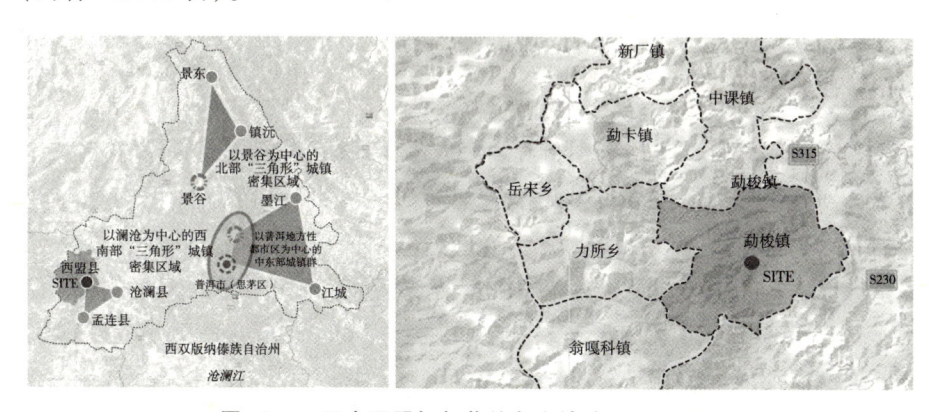

图15-1　云南西盟佤部落特色小镇地理区位分布

---

① 朱春玲：《浅议西盟佤族文化的发展》，《北方文学》（下半月）2012年第4期。
② 汤海孺：《空间的创新与创新的空间——浙江特色小镇的背景与生成机理》，《2016中国城市规划年会》，2016。

## 第二节　规划定位

### 一　总体定位

特色小镇因资源禀赋而"特",因规划设计而"特"。依托自身资源,找准未来发展定位并因地制宜设计发展路径,部署区域协同发展格局,形成特色化、差异化、可持续发展蓝图。

对接《云南省西盟佤部落特色小镇发展总体规划》,深化其总体规划构想,建成具有民族性、示范性、高端化的国际知名、国内一流的生命健康小镇——西盟佤部落特色小镇。依托西盟民族特色及周边优质的养生环境、佤文化、特色旅游资源、特色农副产品,以"人类童年"为核心理念,倡导一种以"绿色产业"发展为前提,以"大文化"为引领的健康生活引领者、践行者,从全城、全域,践行健康生活理念,开发建设一批高品质健康养生旅游度假产品,配套高品质的佤族特色与现代医疗相结合的康复疗养设施,打造产城融合、跨界融合、文旅融合的养体、养心、养老度假产品,建成具有民族性、示范性、高端化的国际知名、国内一流的生命健康小镇。

综上所述,根据对场地资源、场地空间特征的分析,以及云南省西盟佤部落特色小镇发展总体规划的空间布局,确定西盟佤部落特色小镇空间开发模式为自然人文型生命健康小镇。

### 二　规划工作方法

基于对西盟佤部落特色小镇规划区域的实地调研,结合小镇所在区域背景分析、相关规划解读以及基地现状分析进行规划概念梳理、规划目标确定、分区规划设计、重要节点设计,落实于空间模式、用地布局、道路交通和景观绿地等专项,最终形成西盟佤部落特色小镇规划方案。方案由功能结构、项目布局、交通规划、景观规划、旅游规划、工程规划和分区策划构成,辅助以保障机制确保规划落地。

制订规划的过程中尽可能保留原生态的地形地貌,原生态植被及原生态关系,体现原生态的自然风貌。动静分区清晰,功能上既相互分离又相互融合,景观上相互渗透。落实多样化特色情景体验区的建设。在空间层次上注意区分不同私密层级,并在规划设计上进行特色营造。注重不同时空情景的

图 15-2 规划工作方法架构

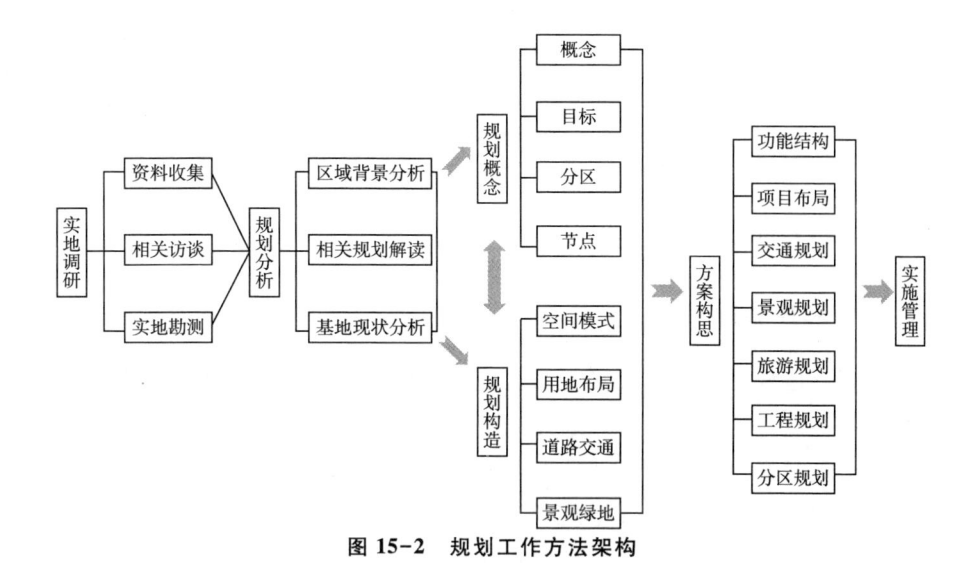

特色设计，将建筑隐于景观之中，形成良好的视觉景观效果。完善特色体验内容，重点打造想象力和创新性的休闲旅游度假体验。

## 第三节 规划目标

### 一 上位规划要求

《西盟佤族自治县县城总体规划（2013-2030 年）》提出四大要求：引导产业和人口向城镇集聚，全面提升城镇化水平、城镇化质量；强化西盟县城的县域中心作用、辐射作用，以县城带动县域经济的全面发展；依托"中心城区（勐梭）—勐卡—缅甸"、"中心城区（勐梭）—中课—临沧"两条交通轴线，重点扶持勐卡、中课的重点镇建设；农村地区实现剩余劳动力向城市转移，依托农转城促进城镇化，依托城镇化实现农业产业化。

同时，《西盟佤族自治县县城总体规划（2013-2030 年）》明确了城镇发展战略，包括以县城为西盟县域一级增长极，以勐卡、中课为县域次中心形成的梯度式发展模式；以西盟县城、勐卡、中课为"点"，以"县城（勐梭）—勐卡""县城（勐梭）—中课"公路为轴形成的点轴式发展；各城镇形成具有自身特色的经济产业，县域城镇整体形成产业特色化发展的局面；各城镇建设须结合自身民族文化，使城镇风貌民族化、本地化（地方化）、个性化；县域城镇化的推动必须以提高广大群众的生活质量、生活水平为根本目的。上述城镇发展战略为特色小镇规划奠定了发展基础。

西盟佤部落特色小镇范围包含东城区的全部范围和西城区南部滨水部分，明确提出要严格按照《西盟佤族自治县西城区控制性详细规划》和《西盟佤族自治县东城区控制性详细规划》的要求深化方案设计，尊重上位规划的空间布局要求，因地制宜地开展西盟佤部落特色小镇规划工作。

## 二　总体目标

根据上位规划要求，对接《西盟佤部落特色小镇发展总体规划》，深化规划核心区设计，提出项目修建性详细规划方案设计。细化土地利用规划，测算经济技术指标，完善基础设施方案。对特色小镇的运营实施与经营管理进行研究，在有效保护地方特色的前提下，合理利用佤文化优质资源并追求效益最大化。科学评估市民生活需要及游客的度假游玩需求，小镇的环境承载量及游客接待量，产生的社会经济环境效益，市民对特色小镇建设的满意程度以及方案对西盟整体城市环境的影响。提出环境保护措施，协调旅游开发与环境保护的关系，实现环境效益、社会效益、文化效益等各方面效益的和谐、可持续发展。

规划提出致力于建成具有民族性、示范性、高端化的国际知名、国内一流的生命健康小镇、云南省一流特色小镇——西盟佤部落特色小镇。逐步实现将特色小镇打造成云南省级一流特色小镇、中国佤族新圣地、国家AAAAA级旅游景区、国家级旅游度假区的目标体系。

## 三　不同发展阶段的目标确立

按照总体目标要求，围绕地域特征、产业特色、空间功能，将任务细分落实到时间维度，并以切实可行的行动计划为保障。西盟佤部落特色小镇规划面积326.63公顷，策划规划项目数量较多，开发起点参差不齐，市场前景风险大小不一，根据规划目标和项目建设时序划分原则，将开发建设项目分为近期项目和中远期项目分步实施完成。

### （一）近期发展目标

以熙康云舍、佤寨部落旅游综合体两大旅游核心吸引物建设打造为重点，建设一批主题休闲、文化体验、高端度假旅游项目；加快旅游设施及基础设施的配套建设，满足与市场规模增长相匹配的停车、餐饮、住宿等接待服务需求，初步形成旅游休闲业态聚集的旅游小镇。

**（二）中远期发展目标**

在前期发展基础上深化吸引核打造，逐步配套时尚运动、商务会议、创意艺术、乡村旅游类产品，完善西盟佤部落特色小镇的道路交通、服务网点、旅游信息平台等设施服务，形成多层次主题的休闲业态聚集。

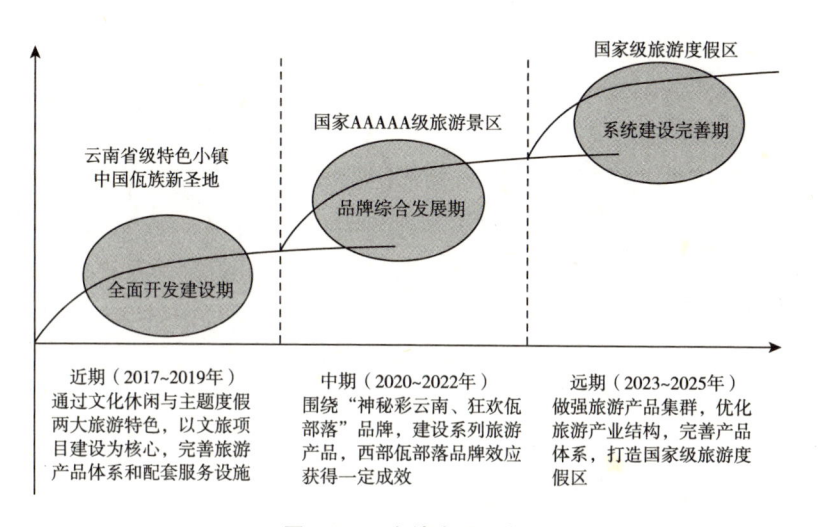

图 15-3　小镇发展目标

## 第四节　规划内容

抓典型，以点串线，以线带面，形成多景观立体层面。尽可能规划绿道进行串点，让市民及游客尽可能从多点、多线、多面观赏到西盟佤部落特色小镇的景观意象。根据西盟佤部落特色小镇的主题、各功能区的开发方向、景点分布及景观特征，通过合理设置绿化植物、适当改造和修整现有景观、适当增加景观点及景观小品等方式，结合考虑游览的视觉角度、景点间相互联系的景观过渡，营造一个景观优美、环境优越的旅游环境，增强西盟佤部落特色小镇的形象魅力。

### 一　产业特色规划

**（一）产业发展方向**

把握创建云南省一流特色小镇的发展机遇，以打造世界级原生态佤族文化体验旅游目的地为目标，大力实施"资源整合""项目带动""精品名牌"战略，突出以生命健康为特征的阿佤生活方式，抓好旅游休闲业与生命健康产业的开发，积极培育新业态，全力构建生态健康产业集群，以发展生态健康旅游、生态健康休闲、生态健康养生、生态健康度假与生态康复保健为旅游休闲业与生命健康产业的发展方向。

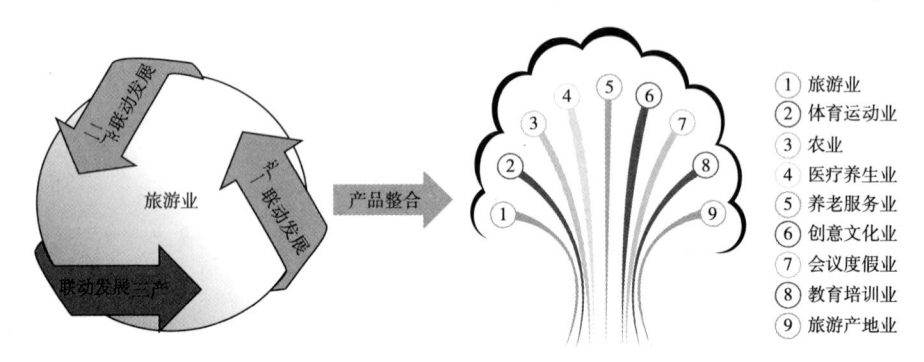

图 15-4　小镇以旅游业为核心的产业集群

### （二）产业组织体系

#### 1. 两大特色产业

生态健康旅游、生态健康休闲，充分挖掘利用西盟佤部落特色小镇的佤文化资源及其周边的旅游资源、特色化旅游产品，打造精品旅游项目，提升旅游产品质量；整合现有旅游资源，大力发展文化游、山水游。

#### 2. 四大潜导产业

大力培育生态健康养生养老、生态健康度假、生态康复保健与生产性服务业四大潜导产业。充分利用西盟地区的保健医药基础以及健康"互联网+"等先进的理念，积极引进优质医康养疗资源，承接发达地区医养度假等产业转移和扩散，加速建设区域性医养康疗中心；加快产业融合，适应制造业服务化和服务业制造化的发展趋势，大力发展现代物流、商务会展等生产性服务业。

### （三）产业培育重点

产业发展实施"资源整合""项目带动""精品名牌"战略，以项目的落地建设为产业培育重点，支撑生态健康产业集群的构建。

表 15-1　产业培育重点项目

| 产业培育重点 | 主要建设项目 |
| --- | --- |
| 生态健康旅游 | 七彩梯田农场、自驾车营地、逮猎乐园 |
| 生态健康休闲 | 佤寨部落旅游综合体、窝朗房、司岗里童梦乐园、傣风集市、西盟集贸市场、傣味美食街、星河国际商业广场 |
| 生态健康养生 | 佤山星河美食街、傣风渔庄、四季花庄 |
| 生态健康度假 | 禅茶农庄、小龙潭度假酒店 |
| 生态康复保健 | 熙康云舍、国际康疗中心 |

## 二　功能布局与分区指引

### （一）总体布局

规划提出依托西盟民族特色县城及周边优质的养生环境、佤文化、特色旅游资源、特色农产品，开发建设一批高品质健康养生旅游度假产品，配套高品质的佤族特色与现代医疗相结合的康复疗养设施，打造产城融合、跨界融合、文旅融合的养体、养心、养老度假产品，建成具有民族性、示范性、高端化的国际知名、国内一流的生命健康小镇。以"双城互动，对标5A，景城合一"的理念指导设计，按照国家5A级旅游小镇标准配置各项服务设施；以大小镇概念规划设计小镇，将小镇融入自然环境中，达到"景城合一"的理想状态。

在空间上形成"两心两轴五区"的总体布局结构。两心包括佤部落综合服务中心和空间发展中心，主要布局各项服务设施——旅游综合服务中心、行政服务中心、窝朗房（小镇会客厅）、民族文化广场。两轴包括小镇空间发展主轴和小镇空间发展次轴，小镇沿主干道两侧轴向发展，采用"西连、东拓"战略，西接老城区，向东拓展城市空间。五片区指西盟行政服务区、佤乡文化休闲区、傣味生活体验区、佤寨生命康养区和龙潭生态度假区。

### （二）分区发展指引

规划从项目策划、空间布局、交通组织、建筑风格、生态环境等方面对西盟行政服务区、佤乡文化休闲区、傣味生活体验区、佤寨生命康养区和龙潭生态度假区五个片区提出了具体的发展指引。

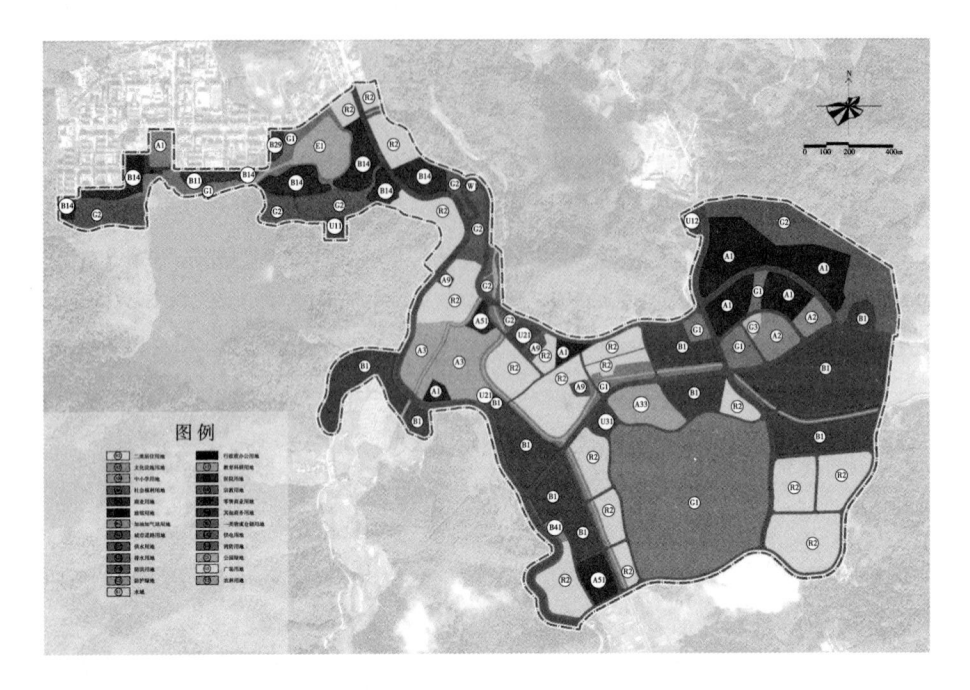

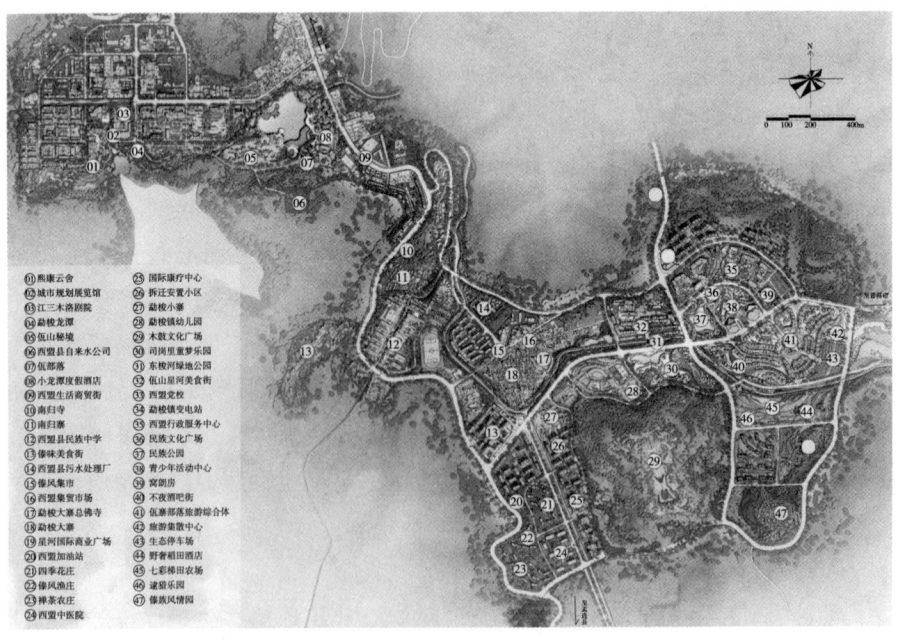

图 15-5　小镇土地利用规划及规划总平面分布

图 15-6　小镇规划效果分布

1. 佤乡文化休闲区

佤乡文化休闲区用地规模 118.9 万平方米，交通区位优越、生态环境良好、有大面积的开发建设用地，以云南公投建设集团有限公司投资建设为契机，充分利用西盟县民族文化资源、公共服务资源与艺术文创资源，以休闲化、体验化、艺术化的方式包装策划具有西盟佤文化特色的文旅项目，打造西盟旅游开发新的吸引核，优化布局场地内空间，针对滇西南旅游圈自驾游市场和生态旅游度假市场发展的新趋势，开发建设满足市场需求的旅游项目，加强旅游设施配套，形成西盟佤部落特色小镇内的休闲旅游业产业集群，为西盟申报国家级旅游度假区奠定坚实的基础。

佤乡文化休闲区将落实木鼓文化广场、司岗里童梦乐园、佤寨部落旅游综合体、野奢稻田酒店、勐梭幼儿园、傣族风情园、七彩梯田农场、逮猎乐园、不夜酒吧街、旅游集散中心等项目，实现交通集散、旅游服务、"非遗"保护、文化休闲、文创体验、生态度假等功能。

2. 佤寨生命康养区

西盟生态环境优越、气候宜人、农副产品绿色有机、医药资源物藏丰富，为发展康体养生旅游提供了极为优越的条件。佤寨生命康养区用地规模

30.34万平方米，片区内有东朗河穿流而过、田园风光优美、农业种植成规模有特色，有一定面积的可开发用地，为引导带动滇西南旅游圈康体养生旅游的发展，加强佤族传统医疗理念与现代养生需求的结合，积极引入国际知名医疗集团，以中医院、康疗中心建设为核心，提供慢病康复、康体养生等特色医疗服务，形成"防—治—养"一体化的康疗产业链，构建康复护理、疾病救治、老年慢性病防治产业体系，以主题化的田园农庄开发拓展医养产业内涵，积极发展具有西盟特色的"候鸟式"养老产业，打造具有区域影响力的康养度假品牌，促进西盟佤部落特色小镇休闲旅游产业的升级，为申报国家级旅游度假区奠定坚实的基础。

佤寨生命康养区将落实傣风渔庄、四季花庄、禅茶农庄、西盟中医院、国际康疗中心、拆迁安置小区等项目，实现康养度假、健康服务、田园生活、特色农业等功能。

3. 傣味生活体验区

傣味生活体验区用地规模69.94万平方米。该片区为西盟傣族聚居生活区，是勐梭镇镇政府驻地，集中分布西盟县城，有较多的基础配套与公共服务设施，主要有西盟县污水处理厂、西盟佤族自治县民族中学、西盟职业高级中学、西盟县审计局、勐梭镇卫生院与南归寺等；片区内人居环境较差、公共配套不足、傣族风貌不彰、商业设施不够，未能充分利用傣族民俗文化资源进行旅游开发；亟须对该片区进行旧区更新、提升人居环境、引入休闲业态、引导旅游开发，以打造建设西盟佤部落特色小镇的傣族生活体验区为目标，原汁原味地展现傣族生活习俗、民族文化与宗教信仰，为本地居民和外来游客提供高品质的生活游览空间。

傣味生活体验区将落实傣族风情商贸街、西盟集贸市场、傣味美食街、南归寺、东梭河绿地公园、星河国际商业广场、佤山星河美食街等项目，打造生活居住区、文化体验区和特色商贸区。

4. 龙潭生态度假区

龙潭生态度假区用地规模56.29万平方米，充分发挥本区域连接西盟东西城区的交通区位优势与小龙潭区域的生态环境优势，整合现有的商业业态，以生态度假业态引进、生活服务业态整合与人居环境提升为目标，精致化利用区域片区空间布设度假酒店、商贸街区与生活社区等项目。通过对现有综合服务功能的提升、休闲商业业态的加载、景观风貌的提升与人居环境的改善，打造西盟佤部落特色小镇的特色生态度假区，提升西盟西城区的旅游度假功能与生活综合服务功能。在开发建设过程中应加强对小龙潭区域的生态环境保护，减少施工污染排放量，降低施工机器噪声，积极选用生态化的材料进行建设。

龙潭生态度假区将落实小龙潭度假酒店、西盟印象、西盟生活商贸街、东归公园、熙康云舍等项目，实现生态度假、生活服务、休闲餐饮、自驾服务、特色人居等功能。

5. 西盟行政服务区

西盟行政服务区地处西盟县东城门户区，用地规模51.16万平方米。考虑到西盟县西城区生态环境保护压力大，公共服务设施配套不足、已无可供开发建设用地，难以满足西盟县行政办公与生活配套的需求，亟须进行异地搬迁；该片区交通条件良好、地质结构稳定、适建条件优越且有较大面积的可开发建设用地，可建设成为西盟县新的行政办公中心，但需提高该片区绿地率，补充完善西城区公共服务设施，新建具有西盟本地民族文化特色的公共服务项目，打造西盟佤部落特色小镇的印象窗口区。

西盟行政服务区将通过窝朗房（小镇会客厅）、民族文化广场、民族公园、西盟行政服务中心、西盟党校、青少年活动中心、生活配套区等项目落实公共服务、行政办公、文化展示、配套居住功能。

### 三 文化特色打造

西盟佤族自治县是云南省佤族聚居边境县，少数民族约占全县人口的91.90%，其中68.87%为佤族，另有拉祜族、傣族等，多民族聚居环境形成了各民族共同生活、劳作，民族文化相互交融渗透、文化风貌各放异彩的格局，同时也形成了各自独特的历史文化系统。丰富的民族文化，多层次、多角度地折射出西盟原始古朴和别具风格的多元文化色彩，同时成为西盟旅游的核心吸引力，是打造西盟旅游产品体系的基础。

西盟佤族村寨逐渐形成了由神话传说、节庆活动、饮食、服饰、歌舞、建筑等文化形态组成的部落文化体系。佤族"万物有灵""人神平等、人神共享、人神共居"支撑着其精神世界与现实生活，使其达到简单而有效的心理平衡与社会平衡。通过"拉木鼓""接新水""送老火请新火""砍牛尾巴""剽牛"等祭祀活动与神灵沟通，并用歌舞使其愉悦而祈求佑护。时代的进步，原始的木鼓舞也由娱神继而娱人。佤族逢事必歌舞，歌舞必逢事，歌舞形式则感情充沛、内容丰富，独到一方。

阿佤山区多属亚热带和热带低纬度气候类型，药用资源丰富，佤药有1000多种，最常见常用药有300~400种。另外，在长期实践中，佤族医疗形成独具特色的理论、诊断和用药方式。佤医治疗法主要有：顺法、散法、润法、止法、清法、泻法、补法等。有包药、洗药、煮药、酒药、熏药。有煎剂、洗剂、酒剂和散剂。

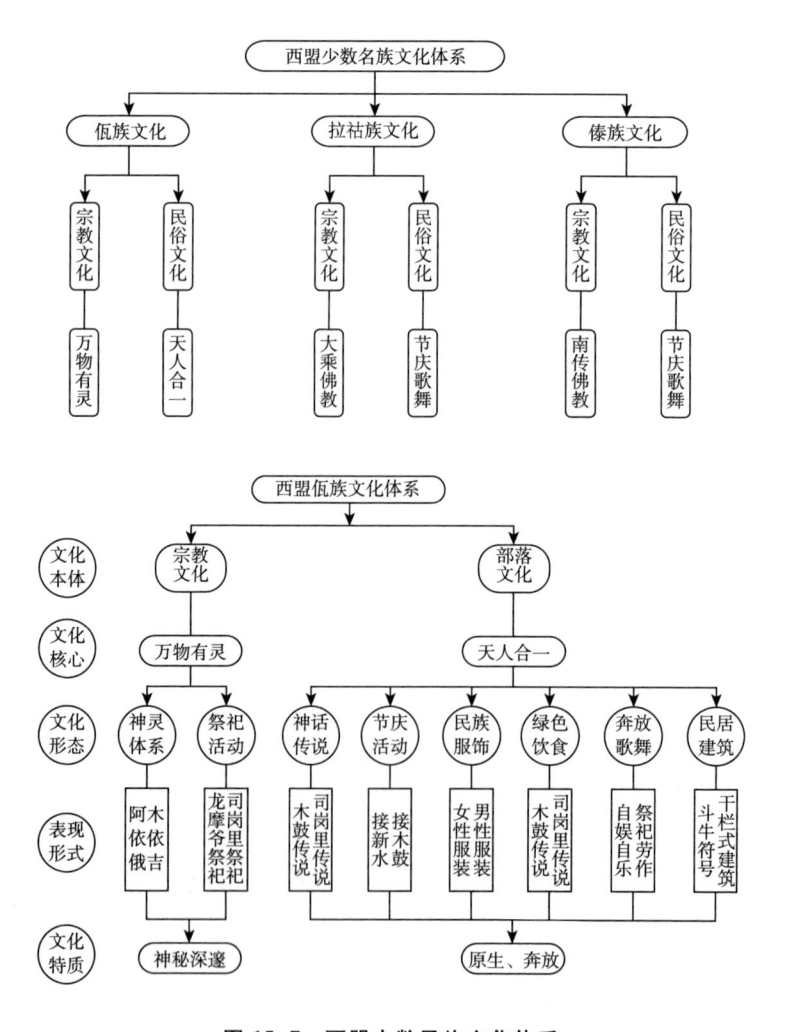

图 15-7 西盟少数民族文化体系

## 四 特色风貌打造

### (一) 小镇整体风貌控制

西盟佤部落特色小镇发展总体规划在充分研究西盟县历史人文特色与自然地理环境特征的基础上，结合西盟县城建设实际，对西盟佤部落特色小镇进行整体城镇设计，以形成一个完整、和谐的城镇空间景观体系，建立一个和谐统一、富有特色、舒适宜人的城镇形象与环境。规划将西盟佤部落特色小镇空间景观系统以集中体现"山、水、文、绿"为特色主题。

1. 山

西盟佤部落特色小镇周边除南部、东部为带状坝区用地外，其他区域均为山体。规划将山体景观引入特色小镇内部，通过视廊、轴线的控制，使西盟佤部落特色小镇建设组团融入山体景观之中，打破普通城镇"城市包围零星绿地"的模式，而形成"城镇建设融于山体自然环境"的生态模式。

2. 水

充分利用东朗河、东梭河的先天河道景观。着力打造沿河景观带，并注重沿河景观带中慢行交通系统，注重沿河建筑的立面塑造，形成西盟佤部落特色小镇建设开发与水系景观的互动，使西盟佤部落特色小镇因水而灵动，而有活力。

3. 文

西盟佤部落特色小镇城镇设计的外在物质形态应是西盟佤文化传统的载体。城镇设计中应通过极具地方民族特色的公园、广场打造空间节点；建筑风貌应符合西盟佤文化特征，具备佤文化传统建筑的符号、特色。

4. 绿

植物景观的打造，是西盟佤部落特色小镇生态建设的体现，也是西盟佤文化对自然崇拜的体现。西盟佤部落特色小镇城镇设计中采用对景、借景的手法将外围山体绿地引入小镇景观；重点打造滨河、公园、广场的集中式绿地，通过道路、河道的绿化将小镇节点与山体绿地连通，形成完善的绿地系统；对地块内部的绿化覆盖率提出要求，并于特色小镇建设中鼓励垂直绿化的打造，切实体现西盟县城的绿意盎然、生机勃勃。

## (二) 特色分区控制

规划提出，小镇风貌特色整体应统一协调，但因功能不同、用地性质不同亦应有所变化。规划将西盟佤部落特色小镇按特色分区进行导控，分为民族风貌区、生态居住区、文娱活动区、行政风貌区四种特色分区。其中民族风貌区主要为南归寨、勐梭大寨、勐梭小寨、勐梭上寨、勐梭下寨原有村落区域，西盟佤部落特色小镇内原有村庄均为傣族村落。民族风貌区应完善基础设施，增加旅游配套设施，引导鼓励居民通过改造原有民居，在符合环保、安全等相关要求的前提下，经营客栈、酒店等旅游相关产业；其建筑风貌、体量应与当地佤族传统风貌相结合，形成以缅寺为公共活动中心，以传统傣族建筑为特色的民族风貌区。生态居住区，新建居住小区的建筑风貌应延续西盟县城相对成熟的风貌特色。文娱活动区主要指旅游综合体区域、商务中心区域。文娱活动区是西盟佤部落特色小镇的空间焦点与标志性区域；规划要求该区域应在高度上高低错落、平面上灵活多变、颜色上鲜明而有活力。应避免单调、死板、平淡的布局形式。行政风貌区主要为特色小镇内行政办公用地、公园广场区域。该区域是西盟民族文化最典型的风貌展示区，建筑风貌应严格控制，其中公园与广场内的景观建筑建议采用原真、古朴的本地传统民居形式。

## (三) 建筑风格引导

西盟佤部落特色小镇城镇空间环境的规划设计应强调整体性和序列感，注重各个功能分区的整体和谐及景观结构的有机构成；通过对建筑群按空间构图原理的有序布置，形成地域标识和个性场所，通过特色小镇公共活动空间的着重塑造，体现以人为本的思想。充分利用现状的河湖水系、山体地势，结合用地布局形成景观轴线；结合建筑形式的打造，充分利用对景、借景、框景等多种景观造景形式，形成有序、丰富的城市空间感受。结合东梭河，提升澜西路为特色小镇主干道，沿路结合水系形成景观绿化带，西端结合商贸街区、山体形成对景，东端与文化设施用地、旅游综合体、山体景观形成对景，形成贯穿西盟佤部落特色小镇的空间轴线，打造特色小镇的景观与人文轴线。西盟佤部落特色小镇的"U"形建设用地空间中部山体，是特色小镇的绿核，也是特色小镇的视觉焦点，在城镇设计中充分利用该山体，通过绿廊营造开阔的视觉轴线，以营造舒心、放松的休闲情绪。此外，办公用地与市民公园、文化设施用地与旅游综合体、山体与商务中心又形成多条次级城镇景观轴线。最后从建筑屋顶、窗户、墙面、下层空间等维度进行建筑风格的控制。

**五  开发与运营规划**

规划制订了《西盟佤部落特色小镇运营专项规划》（以下简称《专项规划》），《专项规划》在回顾小镇总体规划主要内容的基础上，梳理了小镇的主要建设内容，重点是建设项目的开发时序、投资额等详细信息，提出了小镇的总体开发运营模式、运营规划、营销策划和投资测算，成为小镇开发运营的操作手册。

**（一）小镇开发模式**

首先是明确投资开发主体，西盟佤部落特色小镇的开发运营秉承"政府主导、企业主体、社会参与"的原则，由县委、县政府与投资旅游企业，共同组建旅游运营管理组织机构，即西盟旅游投资开发公司，作为一级投资开发主体。政府负责总体规划、宏观管理，提供小镇、土地等资源，并完善基础设施建设；企业负责项目具体的投资开发，按股分成。西盟佤部落特色小镇由多家企业共同合作开发建设，参与投资的企业有云南公投高速公路经营有限公司、云南农垦普洱云象橡胶有限公司、云南司岗里房地产开发集团有限责任公司、西盟龙潭旅游投资开发有限公司、云南鑫盟投资开发有限公司与大连东软控股有限公司等。

其次是落实小镇开发体系，包括土地一级开发、二级房产开发、产业项目开发、产业链整合开发以及城镇建设与公共服务开发在内的多级开发体系的基础上，明确小镇的盈利模式和市场出口。

**（二）小镇运营方案**

规划对产业类、公共服务类和基础设施类在内的三大类型项目的运营方案进行了详细策划。其中产业类项目的运营策划是规划重点，规划过程中对十大重点项目进行了详细的运营策划，策划内容包括项目的主题定位、空间选址、建设规模、建设内容、开发主体、运营模式、盈利模式等。

公共服务类项目运营项目有青少年活动中心、西盟中医院、西盟行政服务中心、民族文化广场、勐梭幼儿园、东梭河绿地公园、城市规划展览馆、西盟党校等。对每一个项目的主题、内容、开发主体、运营模式进行了详细的策划。

基础设施类项目主要包括17公里路面改造和17公里给水管网、12.78公里污水管网、15.66公里电力管和电信管以及东梭河、东朗河、王莫小河三条生态河道治理项目。运营模式采用"PPP+EPC"的模式，即采用PPP模式建设运营的项目，政府部门在选择社会投资人的同时确定项目的工程承包方（EPC），避免了工程建设"二次招标"。工程建设企业与金融企业组成联合体参加PPP项目社会投资人投标，其中工程建设企业作为共同的投资人，并作为PPP项目建设承包商与项目公司签订建设合同。

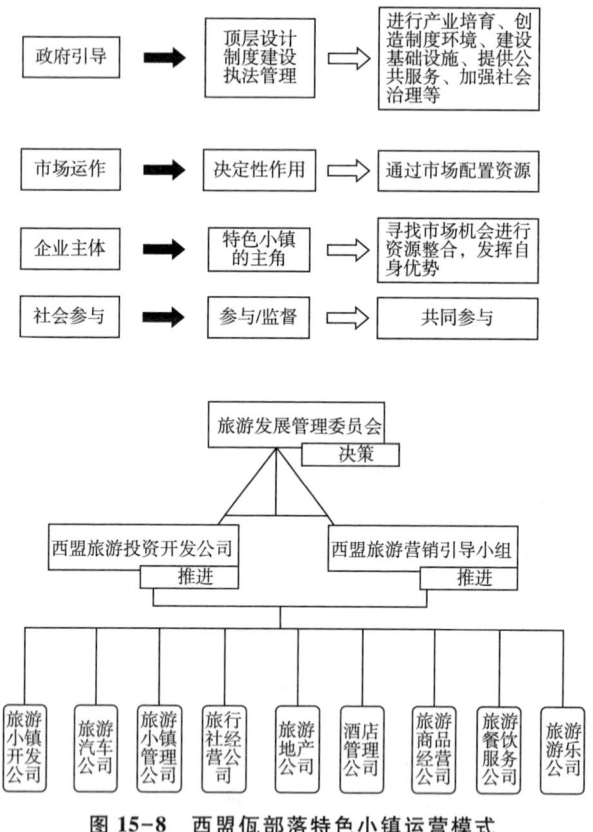

| 政府引导 | → | 顶层设计<br>制度建设<br>执法管理 | ⇒ | 进行产业培育、创造制度环境、建设基础设施、提供公共服务、加强社会治理等 |
| --- | --- | --- | --- | --- |
| 市场运作 | → | 决定性作用 | ⇒ | 通过市场配置资源 |
| 企业主体 | → | 特色小镇的主角 | ⇒ | 寻找市场机会进行资源整合，发挥自身优势 |
| 社会参与 | → | 参与/监督 | ⇒ | 共同参与 |

```
                    旅游发展管理委员会
                         决策
              ┌────────────┴────────────┐
       西盟旅游投资开发公司          西盟旅游营销引导小组
              推进                         推进
   ┌────┬────┬────┬────┼────┬────┬────┬────┐
  旅游  旅游  旅游  旅行  旅游  酒店  旅游  旅游  旅游
  小镇  汽车  小镇  社经  地产  管理  商品  餐饮  乐
  开发  公司  管理  营公  公司  公司  经营  服务  公司
  公司        公司  司                公司  公司
```

图15-8 西盟佤部落特色小镇运营模式

### （三）营销宣传策划

专项规划制定了"围绕一大品牌、聚焦两大市场、明确三大主线、实施三项举措"的"1233"营销总体思路，明确了小镇的营销目标、营销的路径和包括渠道建设、媒体推广和活动执行在内的营销的具体措施，并落实了详细的近期行动方案。

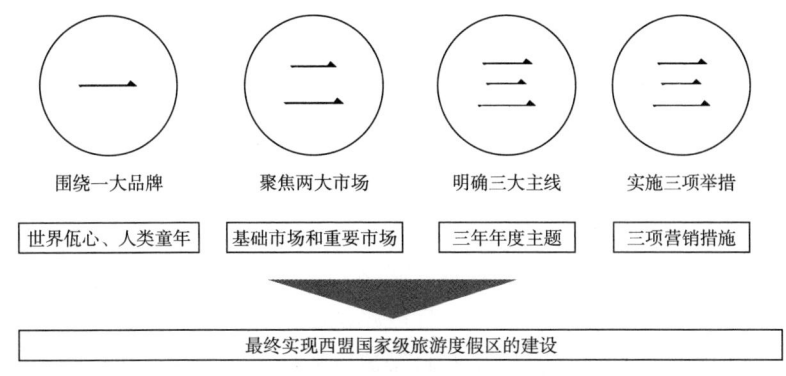

图 15-9　西盟佤部落特色小镇营销总体思路

## 第五节　规划效益

西盟佤部落特色小镇实行的是科学规划、统一管理、严格保护、永续利用的原则。通过以上减轻环境影响的对策措施，能够在开发建设小镇旅游服务设施的同时，通过小镇综合保护，使游客、居民直接感受到原有的人与自然环境的相互关系，享受保护环境带来的利益。

### 一　经济效益

从经济效益来看，西盟佤部落特色小镇的发展将直接体现在未来产业收入的增加以及旅游接待人数的增长等方面，保证小镇经济在西盟国民生产总值中的贡献率持续增长。西盟佤部落特色小镇的发展还将突出与周边地区的差异化发展，推动西盟县域经济的发展，有力带动交通运输、邮电通信、商贸餐饮等第三产业的发展，促进西盟乡镇发展，加快乡村致富步伐，振兴文化产业，促进工农业第三产业的发展，实现文旅双赢。

### 二　社会效益

从社会效益来看，加快特色小镇建设，增加就业机会，促进"三农"发展，加强对外交流，促进城乡居民的思想观念的更新，促进精神文明建设，保护并发展优秀文化，促进地方非物质文化遗产保护和传承，增加居民游憩空间，满足本地居民的生活休闲需求，提高居民生活水平和质量。促进西盟县商贸、旅游、文化的发展，加强内地与边疆的交流活动，改善山区经济的发展环境，促进当地产业结构的调整和优化，同时会带动第三产业的全面振兴。西盟佤部落特色小镇的规划实施会逐步改变当地山民的生产方式和生活方式，逐步调整当地的经济结构。生态旅游业的发展加快了信息的交流，加快了招商引资和对外开放的步伐，同时也增加了人们相互交流、了解、学习的机会，使本地区居民开阔了视野，有利于当地社区群众民族素质的提高和传统观念的转变，能丰富当地文化、体育、文艺活动，弘扬当地少数民族文化，促进当地社会和谐健康发展。并有利于提高当地人民的精神素质和文化素质。改善民族关系，保持边疆稳定具有重要意义。另外，规划的实施会提高当地的知名度，提高人们保护珍稀动植物的生态环保意识，这样也会有利于当地民俗文化的保存和发展。

### 三 生态效益

从生态效益来看，美化亮化西盟县域景观和城乡风貌，改善生态环境；可促进公共环保意识；促进产业结构从第一、二产业向第三产业转移，从而减轻自然生态系统压力；同时，小镇发展所带来的经济效益也会反哺生态环境建设。有利于提高环境质量和更新观念。大面积的绿化美化建设有利于净化空气、涵养水分、改善环境且能够促进西盟佤部落特色小镇工作人员与居民生态与环境保护观念更新。

### 四 文化效益

从文化效益来看，通过对民族文化、原生部落文化等地域文化的大力挖掘和充分演绎，构建区域文化品牌，增强西盟的文化竞争力。通过文化建设和文化传承，增强当地人民的文化自信心和自豪感，培育居民热爱文化的高尚情操，促进和谐社会建设。通过发展旅游，能有效促进文化资源保护和合理利用，特别是原始宗教文化与原生部落文化等，经过不懈发展，必将形成丰富的文化遗产，为后世造福。

# 第十六章

## 湖南锁石花之缘特色小镇规划*

### 第一节 规划背景

特色小镇要求产业"特而强"、功能"聚而合"、形态"小而美"、机制"新而活",如何在新常态下,借助国家制度助推之机遇,在充分挖掘和提炼锁石镇区位特色、环境特色、文化特色、产业特色的基础上,实现锁石镇特色化发展,是我们在锁石特色小镇规划中欲努力寻找的"诗和远方"。

基于特色小镇基本类型研究,锁石镇属于其中的生态旅游型小镇(C41)。关于生态旅游型特色小镇的规划文献可谓琳琅满目、规划方法举不胜举,值得学习和借鉴的地方甚多,但从中也可以发现一些存在的问题:第一,过度旅游化的包装——把特色小镇的建设单纯等同于旅游景区的开发,小镇特色内涵不足,不能准确把握旅游规划的"度"。第二,纯产业研究型规划——缺乏从空间营造的角度落实产业布局,太过写虚。第三,蓝图式的设计——未依据本土资源"量体裁衣",导致当地政府"纸上谈兵",在轰轰烈烈的特色小镇建设运动冷却之后,不知道能给地方真正留下什么有价值的规划影响。

针对以上问题,锁石花之缘小镇规划主要突出三点特色:第一,"双产业"联动发展——以泛旅游产业和特色花卉产业为主,通过联动效应机制相互带动发展,实现两者的融合,发展旅游项目的同时提升产业文化内涵。第二,产业与空间的互融互动——即产业布局通过项目策划落实于乡镇空间,空间布局通过功能安排完成"产、城、乡"融合,不仅仅是打造一个特色小

---

\* 编制单位:北京北达规划设计研究院湖南分院、双峰县城市规划勘察设计院;项目主要编制成员:周恺、温锋华、唐常春、李成、禹建农、成剑峰、肖雍、戴燕归、何兵、肖荣、肖海。案例整理与撰写人:戴燕归、周恺。项目编制时间:2017年12月。

镇，更是为小镇的特色化发展指明路径。第三，渐进式的动态开发——由于锁石本身现状发展基础较为薄弱，在开发时序上应注重近、远期发展，能够给予地方政府有效的引导，力求对地方有用，即便无法成功吸引到大量的外来投资，但是由特色小镇规划编制所奠定的发展思路和建设时序，应该能够长期影响小镇建设，使之向良性、可继续的人居方向，不断自我演进。基于以上规划思路，我们展开了在湖南省娄底市双峰县锁石镇的特色小镇规划实践。

## 一　政策背景

特色小镇从浙江起步走向全国，成为中央到地方都热衷填充概念并着力落实的新型城镇化模式。从2015年4月浙江省人民政府出台《关于加快特色小镇规划建设的指导意见》到2016年7月住房和城乡建设部、国家发展改革委、财政部下发《关于开展特色小镇培育工作的通知》，特色小镇处于全面发展期。研究成果与实践成果数量不断攀升、规划手法不断创新，这让锁石特色小镇的建设更具可能性、启发性。锁石特色小镇的建设可借"全国第二批特色小城镇"建设之机遇，凝练锁石发展特色，探索本地产业升级发展新格局；以对接国家"千镇千企融合工程"为目标，整合梳理产业发展资源和需求，探索新型锁石特色小镇创建模式，引导社会资本参与锁石特色小镇建设，促进镇企融合发展、共同成长；打造"全域旅游目的地"，以山水格局、农业资源、产业特色为基础，形成"双产业"联动的产业发展格局。近两年，特色小镇建设确实取得了一定成效，但部分特色小镇建设一开始就出现了不同程度的偏差。针对目前特色小镇建设披露的种种问题，2017年12月，国家发布《关于规范推进特色小镇和特色小城镇建设的若干意见》，提出特色小镇建设应准确定位，循序渐进。防止"新瓶装旧酒""穿新鞋走老路"。这为锁石特色小镇的发展研究规避了许多畸形思想和战略"套路"，让本次规划更加注重近、远期的动态开发模式，而非描绘一张小镇发展的静态蓝图。

地方政府紧跟特色小镇建设趋势。湖南省政府提出将于2018年着力打造23个特色小镇，形成湖南特色小镇体系；于2020年重点培育100个左右产业特色鲜明、环境和谐宜居、文化传承鲜活、设施便捷完善、体制机制灵活的特色小镇。娄底市顺势选择了具有高速公路交通优势的试点区域，计划建设包括锁石镇在内的8个产业特色鲜明、人文气息浓厚、生态环境优美、多种功能叠加的特色小镇。在此背景下，双峰县锁石镇组织开展特色小镇规划编制工作。

## 二 发展基础与条件

### （一）现状概况

锁石镇有着优越的地理位置、便捷的交通条件，是双峰县南部的重要城镇。区位方面，锁石镇位于双峰及衡阳的一级经济轴和长株潭一小时经济圈内，是双峰高速公路区域经济点之一。交通方面，娄衡高速公路贯穿锁石全境，并设有高速出入口直达镇区，同时S210线和大正线作为镇区南北向主要干道也贯穿其中。

### （二）特色基础

锁石特色小镇的发展除了需要初步地了解小镇区位与交通条件，还需要对基地现状特色要素进行识别，从山水特色、文化特色、产业特色多角度分析锁石镇本身现状的利与弊，以期为锁石特色小镇的发展方向和规划重点提供依据。

1. 山水特色

镇区内山水特色较为丰富，但未被有效利用。锁石拥有大大小小水库共12座，如丰稼的千岁塘、群力的万岁塘水库、和合的三角塘水库、祝甲的盘古塘水库、大街的大溢塘水库等，其中花门河、侧水河以及湄水河穿境而过。锁石东部黄龙大山坡坡岭岭、沟沟壑壑，山脉上有大大小小的山峰数十座，著名的有金紫峰和上仙峰。目前仅有花门河和金紫峰被部分开发。

2. 文化特色

锁石镇具有一定的历史文化底蕴，但缺乏整体性规划。镇区内以刘氏宗祠、王氏宗祠、彭氏宗祠为代表的宗祠文化和各氏族谱，具有一定的历史研究价值。另外，镇区中还有仙女殿、清峻亭、宋代陶器遗址、西汉陶器窑址、坪壤山抗日游击战场、古井、临近二百年的核桃古树及五百年历史的宝觉寺等历史遗存。虽然锁石的文化优势较为明显，但因没有相应规划保护措施，导致古迹修缮、维护工作始终无法开展。

3. 产业特色

镇区内特色产业初具规模，品牌效应有待提升。小镇地处湘中腹地，是传统的农业镇。据调研情况来看，锁石镇第一产业、第二产业、第三产业之比为1∶0.58∶0.16，第一产业发展较好，第二、三产业比较落后。

锁石镇利用耕地资源和农业优势建立了多个花卉基地，目前有油菜花基地、荷花基地、茶菊基地、向日葵基地，其中"万亩油菜基地"已发展成三冬生产核心基地，"千亩荷花基地"也初步成型。近年来，锁石镇围绕县委政府"四花一基地"旅游开发思路，全力开发建设较快的油菜花品牌，以开展油菜花文化旅游节为突破口，举办生态锁石观花海、魅力锁石看美景、和谐锁石绘蓝图以及大型文艺演出等各具特色、精彩纷呈的系列活动，并初见成效。但对进一步提升锁石的对外影响力和花卉知名度还需要通过更加全面深入地构建花卉产业链来实现。

（三）小镇选址

小镇选址需要有依托。经相关文献的研读，有学者将浙江特色小镇选址大体分为四类①，基于对锁石镇的现状要素分析，锁石镇选址属环境资源依托型。依托现有环境资源，选择内外交通便捷、特色产业凸显、生态资源丰富的地区作为花之缘小镇的研究范围，即锁石镇镇域东侧。依托现有镇政府、生态环境等要素，往南衔接镇中心，建设花之缘小镇核心区，其规划面积约0.80平方千米。

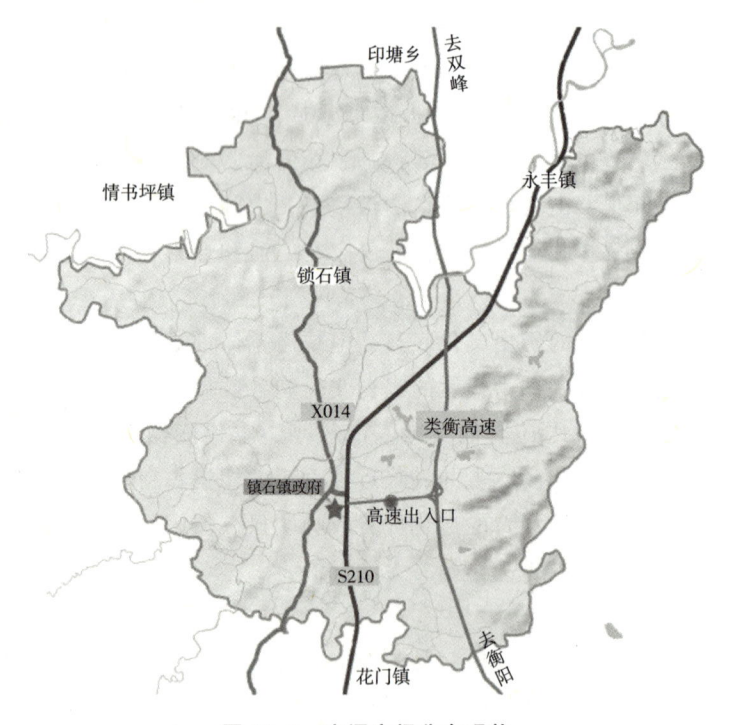

图 16-1 交通空间分布现状

---

① 汤海孺：《空间的创新与创新的空间——浙江特色小镇的背景与生成机理》，《2016 中国城市规划年会》，2016. 其中提到浙江特色小镇选址类型分为四类：环境资源依托型、历史资源依托型、产业集群依托型、创新资源依托型。

第十六章　湖南锁石花之缘特色小镇规划 | 259

图 16-2　山水空间分布现状

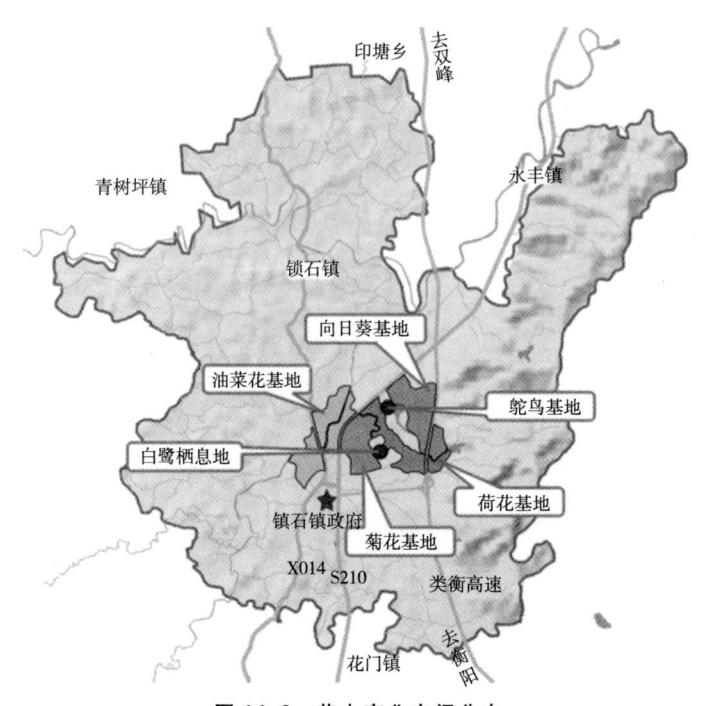

图 16-3　花卉产业空间分布

图16-4 特色小镇核心区选址范围

## 第二节 规划定位

### 一 总体定位

从既有经验看，各特色小镇拥有不同的资源禀赋，有着自身的嬗变与崛起的逻辑路径。未来发展应找准定位，因地制宜地明确各镇不同的培育重点和方向，部署好镇际发展这盘棋，形成差异化发展。

锁石镇属于农贸型城镇，以生态高效农业、农副产品加工、生态旅游休闲业、加工业为主导产业。锁石镇的主导产业与周边部分乡镇类似[1]，竞争优势不明显，自身发展受到如印塘乡、石牛乡等乡镇的冲击。但"特色主题的独特性体现在即便与周边地区主攻同一产业，也可以通过差异定位和细

---

[1] 《双峰县城总体规划（2012-2020年）》，2015年8月。

分领域来实现错位发展"[1]，通过对比发现，锁石镇花卉种植是周边乡镇所不具备的产业特色，并且花卉产业正处上升时期，花卉文化旅游节开展也初见成效，可培养为核心竞争力。

因此，规划确定锁石镇的特色主题为"花之缘"，即以花为媒，借花结缘，重点发展宜居宜业宜游功能，塑造"禅宗山林，风情田园，醉美花香"形象。产业上，选择具有地域特色和发展优势的花卉产业作为主培方向，力求"特而强"。空间上，根据小镇与区域的关系、交通条件、山水环境、地形地貌、生态人文特质、产业特色、场地特征等因势利导地明确小镇风格，打造"小而美"的空间形态。

表16-1　锁石镇与周边城镇职能类型对比

| 城镇名称 | 职能类型 | 主导产业 |
| --- | --- | --- |
| 锁石镇 | 农贸型 | 生态高效农业、农副产品加工、生态旅游休闲业、加工业 |
| 印塘乡 | 农贸型 | 生态高效农业、蔬菜基地、农产品加工 |
| 花门镇 | 工商型 | 生态高效农业、农副产品加工、加工业、商贸 |
| 石牛乡 | 农贸、旅游型 | 竹木加工业、旅游业、药材生产基地 |
| 青树坪镇 | 工商型 | 高效农业、加工业、建材、农机制造 |

资料来源：《双峰县总体规划（2012-2020）年》。

## 二　规划工作方法

基于对特色小镇内涵的理解和对特色小镇相关案例的研读，笔者认为，此次花之缘小镇规划方法主要以产业特色、空间特色作为落脚点分别进行设计。

产业特色规划架构：首先对现状产业进行分析，进行产业发展定位；其次构建产业培育思路（以特色产业和旅游产业为主，构建产业体系）；最后落实产业布局。空间特色规划架构：充分挖掘区位、基础设施、景观、文化等现状，结合优势劣势对小镇进行目标定位，提出相应空间规划策略，并提供有效保障机制保证规划落地。

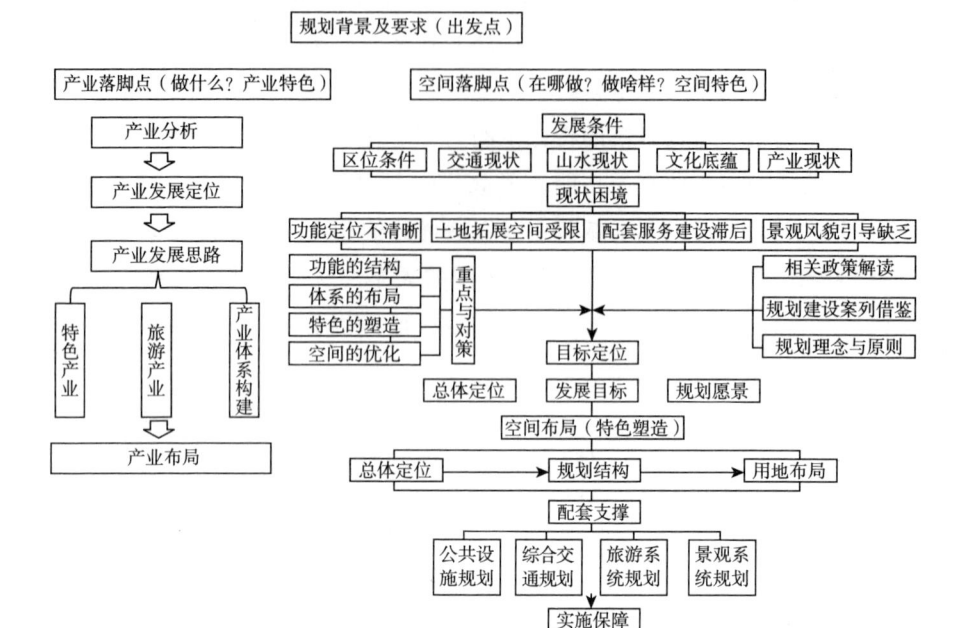

图 16-5 规划工作方法架构

## 第三节 规划目标

### 一 上位规划要求

娄底市、双峰县的相关规划对锁石镇提出了规划要求。规划锁石镇为双峰县西部经济区重点发展镇，同时作为翠峰秀岭山岳旅游区重点发展项目。性质上是双峰县城的城郊卫星镇和服务型城镇，空间发展上主要与 S210 高速互通口联系紧密、与双峰县城联系便利，并注重小镇生态环境保护，强化旅游开发和生态文明建设。

### 二 总体目标

根据上位规划要求，围绕"花之缘"主题，按照"产业+人文+旅游"的发展模式，以大规模观赏类花卉种植、山野户外休闲活动为主要人气引擎，推动旅游休闲产业，发展可食用花卉和衍生产品为主的加工产业，建立定位鲜明，文化和产业功能完备，具有较高旅游服务水平的特色小镇。着力实现以下三个层面的子目标。

### (一) "双产业"融合

"双产业"融合即特色产业与旅游产业的融合。花卉本身便有旅游观赏功能,在小镇某个特定区域种植相应的花卉作物,通过联动效应机制,依托旅游产业"行、游、住、食、购、娱"六大要素,从旅游的角度带动种植业的更新升级,与此同时,通过打造花卉研发、花卉种植体验、花卉展示、花卉加工、花卉交易等特色项目,又会带来旅游产业的升级,推动产业集群发展。最终实现产业内外互动、产业规模化目标。

### (二) 文化特色构建

依托小镇农耕文明优势,将其开发为集农庄休闲度假、农业观光体验、农耕文化展示为一体的"三农"旅游度假区,全域旅游重要节点。依托小镇宗祠文化,开展祭祖、追根溯源、修宗谱等文化活动;依托古陶遗址,建设"陶艺博物馆"和开展"陶器DIY"活动;依托金紫峰上的宝觉寺、仙女殿等寺庙,推出"禅堂体验、禅宗古今、禅心初悟、禅境减压"等不同主题的禅修活动,融合东方茶禅文化、素食文化等元素,开发自助素食、野外行脚、禅茶会、智慧讲座、心灵沙龙、写经会等项目,同时,联合周边老年社团充分挖掘传统文化精髓,开设国学堂,推行太极拳修炼、书法、中医、文物鉴赏等国粹学习,以成为面向省内外的禅修基地为目标。打造多元农耕文化、陶艺文化、禅宗主题文化示范点。

### (三) 社区宜居

"特色小镇发展的基础是人口集聚",而生态宜居社区建设作为留住当地居民、吸引外来人口的举措之一,为花之缘小镇活力持久有效地发展带来极大保障。

"本地居民第一居所,大城市与周末居住第二居所,养老与度假居住第三居所。"[1] 首要社区规划目标是满足本地居民的居住要求,其次是游客等外来人口的居住要求。当然,不是时间顺序上的完全先后顺序,而是相比第二、三居所而言,本地居民的"乡愁"情节塑造更为重要。最终实现水绿交融共生、人文特色和谐的国内宜居样板区。

---

[1] 绿维创景:《特色小镇的开发运营模式研究》,2017年11月5日。

### 三　不同发展阶段的目标确立

在发展规划中，按照总体目标的要求，并通过对子目标的内在关联性分析。围绕地域特征、产业特色、文化载体、空间功能，从时间部署上进一步将花之缘小镇整体发展划分为两个阶段：近期做特做优"花+"模式；远期做全做细"花+"模式。石楠提到："不可越俎代庖、拔苗助长""不能以官员的任期作为基本周期来衡量特色小镇的成长，要有历史的耐心"[①]。这两个阶段目标的划分则使得每一阶段都成为三年甚至五年行动计划的抓手，为下一阶段的发展夯实基础，以逐步实现花之缘小镇的整体发展目标。

#### （一）近期——做特做优"花之缘"

特色小镇是以"特"为名，而不是"何处觅乡愁"的千镇一面现象。花之缘小镇近期规划应在结合当前政策优势和充分挖掘小镇现状特色的基础上，通过制订科学的发展规划，凝练并强化小镇花卉特色，围绕"花"因地制宜地完成"游、购、娱"功能拓展，做特做优"花之缘"小镇。

在特色小镇初期，着力建设产业基础设施，打造具有竞争力的特色产业。利用已有的花卉基地，打造花卉节事、花卉婚庆、花卉产品、花卉美食、花卉住宿等项目，推动产业集群，为远期战略发展与升级奠定基础。

#### （二）远期——做全做细"花之缘"

花之缘小镇在完成近期发展目标之后，"花+"产业链已凸显其优势，远期功能升级应朝着产、学、研结合的方向，充分利用湖南省各高校资源，在锁石镇设立户外认知实习点，将科研、教育、生产在功能与资源优势上协同和集成化，创新经济发展模式。做全"花之缘"，对接全域旅游体系，完善其他配套服务功能，包括生活服务功能、生产服务功能、生态服务功能。做细"花之缘"，将"走马观花"上升为生态审美与花文化体验认知层次。

## 第四节　规划内容

"从特色小镇的内涵出发，将其发展水平评估体系分为4个维度：产业维度、功能维度、形态维度和制度维度。"本文根据规划定位与规划目标，从产业培育、功能策划与空间营造角度对花之缘小镇进行规划，再通过以上

---

① 特色小镇培育网：《石楠：特色小镇建设要有历史的耐心》，2016年12月10日。

规划内容有效地引导小镇制度的建立，如激励相应产业、资金和人才进驻，以实现小镇的可持续发展。

## 一 产业培育

特色小镇建设的关键在于对产业本身的挖掘及其衍生产业的培育。"中国特色小镇建设有四大忌。忌急功近利、忌有'特'无'市'、忌重'产'轻'文'、忌官热民冷"，其中"有特无市，重产轻文"正是我们在产业培育过程中需要避免的现象。产业培育应本着"双产业"融合和文化特色构建的发展目标，以花卉产业链构建和花文化体验为主题进行产业培育。

### （一）形成"花+"产业链，立足市场

产业培育应以"花"为核心，打造集"研花、种花、展花、提花、卖花"于一体的特色产业链。并通过线上、线下等开发运营手段全方位包装升级花卉产业、激活花卉产业要素、创新"花+"产业模式。

"研花"——通过对花卉产品的研发增加花卉产品附加值，研发花卉品种，改良种植技术，同时加大人才引进力度，为产品研发提供技术保障；"种花"——花卉种植园对外开放，创造亲子体验机会，一起加入花卉种植体验；"展花"——展示科研成果、花卉种子、插花艺术等，科普花卉知识。"提花"——采取花卉精油提取、天然色素提取、鲜花香皂制作等传统加工模式，并在传统花卉加工业的基础上，进行产业升级；"卖花"——以花卉旅游带动花卉产品销售，主要销售鲜切花、鲜花绿植、干花、精油、膏霜类护肤品、沐浴洗发类、手工艺品类及相关花卉文创产品。同时以花为媒介，打造花香餐馆、花间民宿等主题休闲区。

### （二）从"走马观花"到花文化产业

小镇不仅需要产业硬实力，还注重文化软实力的培育。凭借小镇浓厚的历史人文基础，在产业培育中植入文化元素，形成"花道艺术""花型艺术品""花与诗的故事"等以花为核心的特色文化，"以花为媒，以节会友"。再进一步提炼本土文化资源，成立诗作协会、国学讲堂等体验项目。构建小镇产业文化体系，最终根植于小镇本身。

## 二 功能策划与空间营造

### （一）总体策略：彰显小镇特色空间形态

根据小镇与区域的关系、交通条件、山水环境、地形地貌、生态人文特

质、产业特色、场地特征等因势利导地明确小镇风格，打破现今千篇一律的"现代"塑造手法，顺应山水田园格局，城乡空间有机集聚、弹性预留，打造花林中有镇、镇中显花林的特色小镇风貌。

同时，结合现状特色空间分析，形成"一心一轴，三区三片"的总体空间结构。"一心"指特色小镇核心区。该区主要以服务、休闲、娱乐为主，打造乐闲小城。"一轴"指沿S210省道形成的小镇旅游发展轴。将其与娄衡高速一起打造成通景公路，沿其两侧种植特色花卉、设置宣传名片和修建花形路灯。"三区"指三大花旅空间——傍水芸薹区，主要为春季游客提供花卉体验、休闲观赏、户外娱乐；夏荷秋菊区，主要为夏、秋游客提供花道体验、花田漫步、花田喜事、花间度假；慢享森林区，主要功能为禅修养生、休闲度假，建设金峰禅林、千岁古松、清俊茶亭三大空间板块。"三片"指被S210省道和原有乡镇组团分割的三片农田风貌景观片。

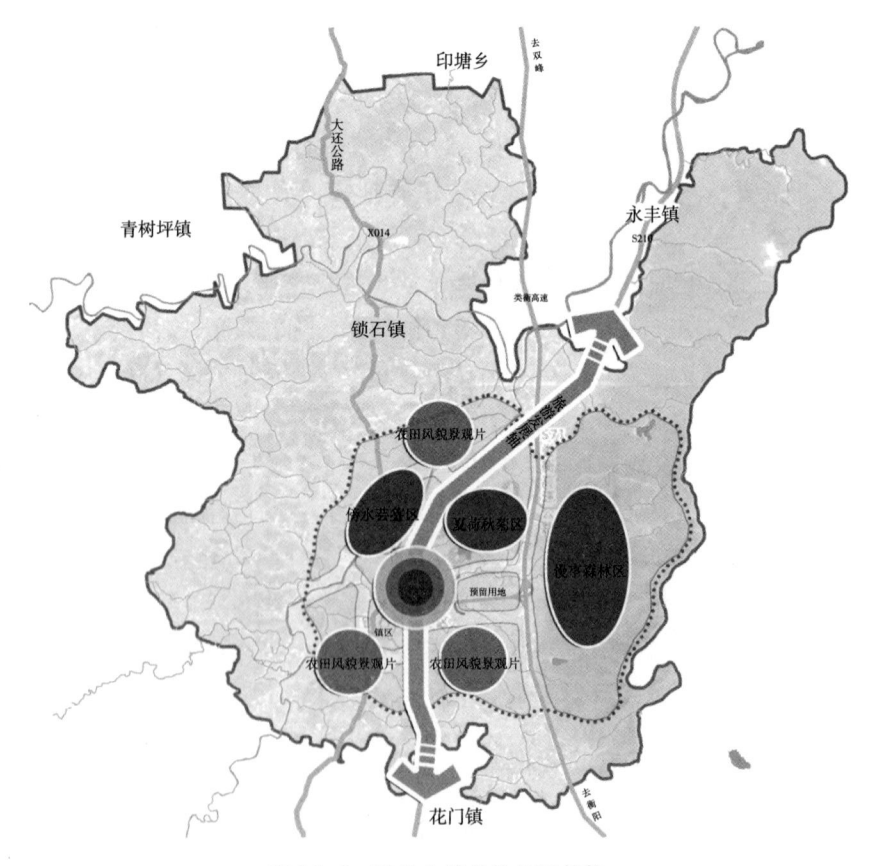

图16-6 特色小镇总体规划结构

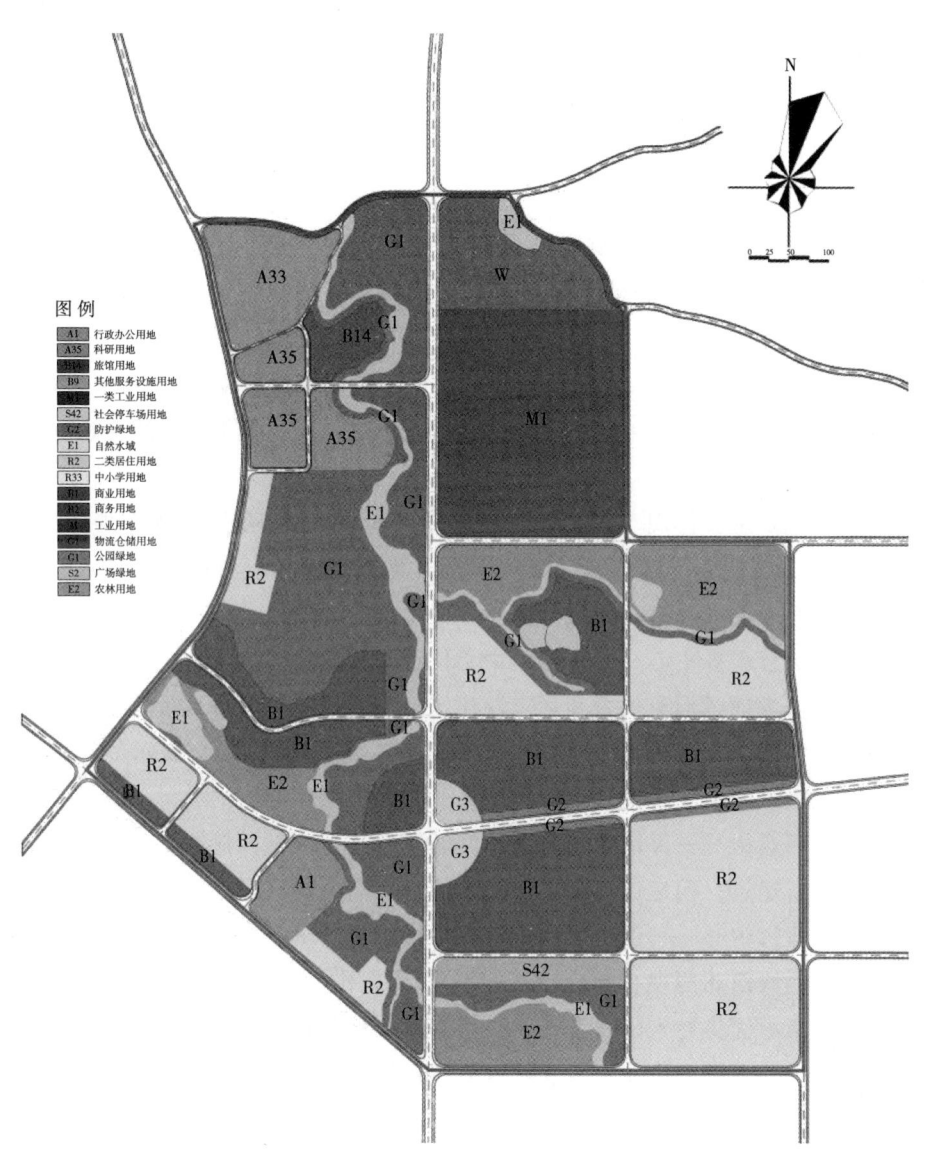

图 16-7　核心区土地利用规划

## （二）分区策划：紧扣"花之缘"主题

特色小镇不仅从产业上要体现"花之缘"核心理念，从空间上也要紧扣"花之缘"主题，根据空间的总体结构和资源的本底分析，通过分区策划，体现笔者想要表达的空间营造理念——花林中有镇、镇中显花林。

1. 乐闲小城，花花世界

规划注重从周边影响、自身人文底蕴、山水格局、场地微特征等方面入手，合理布局空间体系、优化空间秩序，实现发展过程的生态化、智慧化。打造乐闲小城，构建"花花世界"一片繁华景象，使游客享受贴心服务，使当地居民享受宜居生活。

空间规划原则：处理好主与次、疏与密、重与轻的关系，有的放矢地构筑城市人文与城市生态协调发展的空间秩序；"空间重合"，即基于用地兼容性评价，构建活力的小尺度混合街区，提升空间价值；结合S210省道打造快速通景入口，将广场、街道、滨水空间、丘陵生态空间、花田生态空间等串联成连续的慢行游览系统，构筑"快进慢游"① 的交通空间体系。

该区规划主要体现"多心并举、南北互通、绿脉相生"三大布局特征。

（1）多心并举：旅游综合服务中心、花旅商业街、科研教育中心、加工仓储中心、花间民宿、田园社区六心并举。

旅游综合服务中心——在该区中心位置拟建面向各地游客的旅游集散服务中心，作为地区形象代表和标志性建筑。主要以景区服务大厅、游客咨询中心、特色产品销售、特色餐饮、产品陈列、锁石历史人文展示等功能为主，并在入口附近集中设置生态停车场、车辆换乘中心。

花旅商业街——保留现有质量较好的建筑进行改造的同时，设计建筑风貌相近的新建筑，构建依丘陵、傍河水的特色商业街区。

科研教育中心——保留现状小学，并增配运动场地，提高小学体育教育质量。对地块西北侧现有质量较差的厂房，采用拆改结合的方法进行整顿，利用自然资源优势导入研发设计、技术中试等科研产业，为特色小镇工业生产提供持续动力，为企业、专业技术人才提供更加完善的研发基地和更加舒适的办公环境。

加工仓储中心——在该区交通主要出入口附近、主干道一侧规划工业仓储园区，主要发展一类工业。尽量做到既满足自身的交通需求，同时对环境的污染降到最低。同时在片区西南侧配套科研展示功能，仓储用地宜靠近工业用地布置。并鼓励、支持多企业入园集约发展。

---

① 国家旅游局：《关于促进交通运输与旅游融合发展的若干意见》（交规划发〔2017〕24号），2017年3月1日。

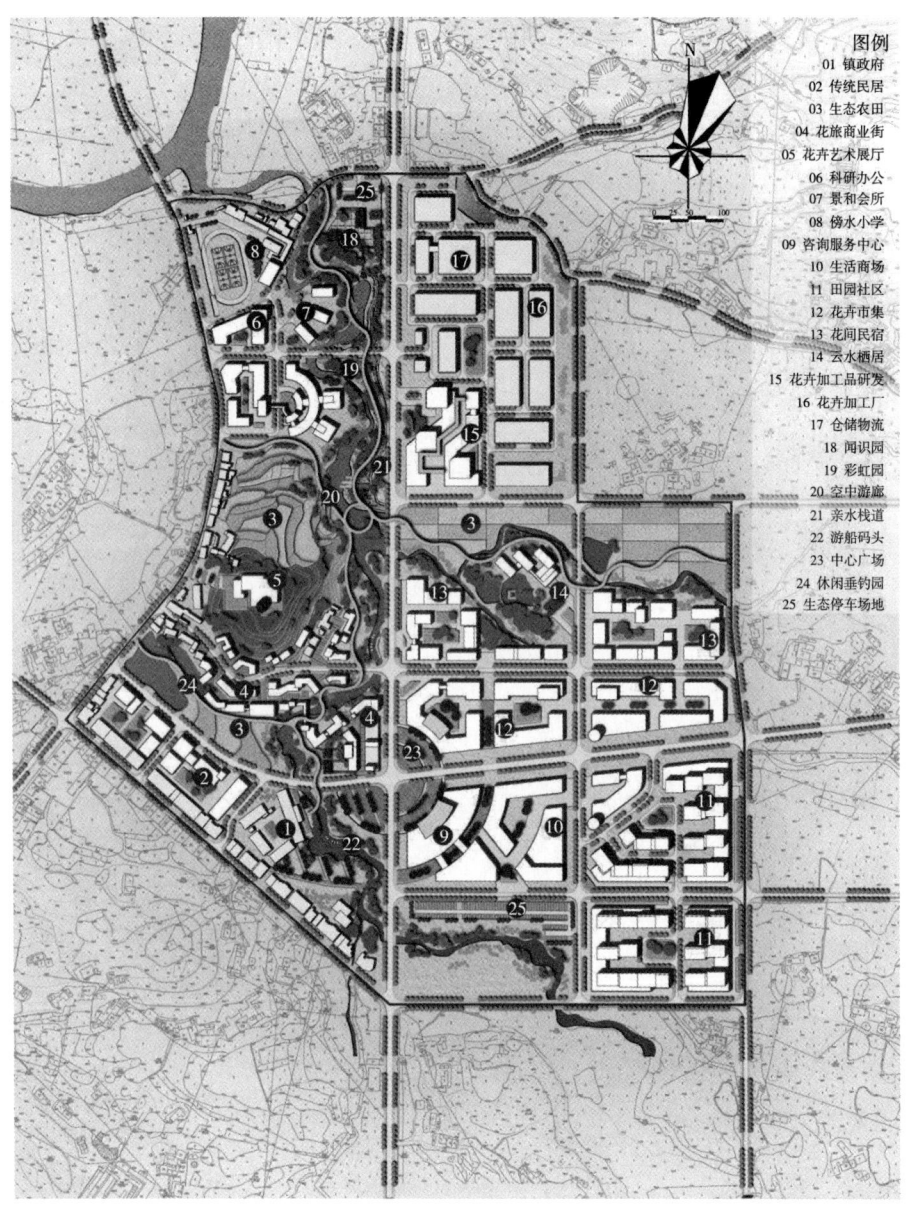

第十六章　湖南锁石花之缘特色小镇规划 | 269

图例
01 镇政府
02 传统民居
03 生态农田
04 花旅商业街
05 花卉艺术展厅
06 科研办公
07 景和会所
08 傍水小学
09 咨询服务中心
10 生活商场
11 田园社区
12 花卉市集
13 花间民宿
14 云水栖居
15 花卉加工品研发
16 花卉加工厂
17 仓储物流
18 闻识园
19 彩虹园
20 空中游廊
21 亲水栈道
22 游船码头
23 中心广场
24 休闲垂钓园
25 生态停车场地

图 16-8　核心区总平面规划

　　花间民宿——选择与镇区衔接紧密的地段，用花"美化"现有的部分村民房屋，进行风貌整治，在人气相对集中的地段形成繁华的花间民宿区。同时，依托滨水区现存的、可利用的建筑，进行再设计，加入花卉元素，并结合滨水区景观风貌，打造静谧、精美的花卉主题民宿区。

图 16-9　滨水景观节点设计

田园社区——依托综合游客服务中心东面而建，结合当地民俗和传统建筑风格样式，因地制宜提供安置住宅，满足不同居住需求；加强居住空间与景观环境的融合，提高居住环境品质，打造生态宜居的安置居住区；并集中配置公共服务设施，如底层商业、幼儿园等；培养社区养花习惯，既能陶冶居民情操，又能"美化"家家户户，提升该区的整体形象。

（2）南北互通：经GIS水文分析，水系顺应东南高西北低的地势，自南向北流经该区。因此，规划利用河流沿岸自然景观资源，顺应小溪南北贯通走势，对小溪进行景观风貌分段设计：结合现有农田打造闻识园、彩色梯田、云水栖居、休闲垂钓园、游船码头等景观节点；结合现有空间布局以及水系网络打造水路旅游路线，建设空中游廊。留出开敞空间，形成南北互通的楔形绿地。

（3）绿脉相生：保留该区西侧现有丘陵，打造彩色梯田，农田风貌景观曲折有韵；保留现有农田风貌和池塘水景，顺应小溪支流并衔接南北楔形绿地。城乡空间有机融合，形成东向、西向开敞空间，东望慢享森林公园，西接傍水芸薹景区。

2. 傍水芸薹，春暖花开

芸薹又称"油菜花"，油菜花基地内花门河穿流而过。依托现有的"万亩油菜基地"开展油菜花主题文化节，其南面依现有池塘建再力花景区。建立旅游服务站点，方便游客。重点沿花门河岸打造多处公共空间，如将现有王氏宗祠对外开放，增加元素并活化利用，使之既服务于村民原有活动，又能作为景点供外来游客参观；规划亲子活动场地，能野外聚餐、放风筝、做游戏，享受在花林中玩耍的乐趣；设计饱含花意的亲水平台、简易的吊脚木屋，供游客体验、休憩。顺春暖花开之景，营造轻松愉悦的氛围。

图 16-10　傍水芸薹布局规划

3. 夏荷秋菊，花好月圆

该区主要种植大街秋菊、上尧翠荷，还规划有佛祖葵花和山茶花等主题种植区。结合户外花田打造主题活动区，如花田漫步——构建花卉观赏路线；花田喜事——以户外婚纱摄影、彩田婚礼宴会等模式呈现，为新人提供多样化婚礼场景；花间度假——结合大溢塘打造生态庄园，利用该区内现有村宅打造不同主题的花间民宿，设计体验式花工、花食坊，提供住宿、餐饮、休闲娱乐等功能。应花好月圆之景，营造幸福温暖的氛围。

图 16-11　夏荷秋菊布局规划

4. 慢享森林，月夜花朝

黄龙山脉凭借得天独厚的生态环境，以其广袤的森林、良好的空气、大大小小的自然水库等基础资源为依托，以"慢"为切入点，以金峰禅林、千岁古松、清俊茶亭为空间载体，让游客回归绿色视界、感受月夜花朝之景，规划慢享森林公园。

（1）金峰禅林

"金峰万象标形胜，古寺斜阳暮鼓咚。众木低头含佛意，何须舍近去灵峰。"[①] 据记载，明朝时期太虚蒲禅师在此建宝觉寺，以修身侍佛。故此名"金峰禅林"。金峰禅林位于黄龙山脉东北侧，规划主要对遗存的宝觉寺、仙女殿进行修缮，传承历史文脉；同时进行林相美化，并建设盘古塘公园、读书台、梅花林等景点，规划户外禅修体验场所，使禅隐于林中。各景以点状

---

① 摘自卿地康咏锁石诗作——《金峰禅林》。

散布在金紫峰，一步一景一禅，营造室内、室外禅艺空间，打造禅修路线。

（2）千岁古松

"高山古树共秋霜，地远常心独自强。庙宇乏材应见取，人生直待斧斤良。"① 千岁塘水库盛产长寿之物，人也多高寿者；旁边的山冲还保留有100多棵130年龄的古松树。故此名"千岁古松"。千岁古松位于黄龙山脉西侧，紧邻娄衡高速，地势较为平缓。规划主要注重对千岁塘水库的利用和对现有一百余棵古松的保护，围绕该区域增加芳草园、户外拓展空间，满足儿童培训体验、青年人登山露营、中老年人垂钓栖居。各空间职能明确，相对集中布局。

（3）清峻茶亭

"江山自古千般好，好拟清亭一例空。历史风流多少事，诸付小息笑谈中。"② 清俊亭始建于清朝光绪年间，是湘中地区至今唯一保存较好的古茶亭，曾用于供行人歇脚。墙上刻有清朝举人邹志霖的《清峻亭记》碑文，故此名"清峻茶亭"。规划以《清峻亭记》作为空间设计意向，主要对遗存的清峻亭进行修缮，周围种桃花林，茶叶以花茶为主，营造清茶淡话氛围。

图 16-12 慢享森林规划布局

---

① 摘自卿地康咏锁石八景诗作——《千岁古松》。
② 摘自卿地康咏锁石八景诗作——《清峻茶亭》。

## 第五节　规划特色

锁石花之缘小镇的建设首先应充分挖掘锁石镇的区位优势、山水特色、文化特色、产业特色。其次基于差异化路径发展原则找准小镇定位，明确小镇近、远期发展目标，紧扣主题。再次从产业培育、功能策划与空间营造角度对小镇进行规划。构建"双产业"联动发展机制，形成小镇特色空间形态，实现产业与空间的互融互动。最后将小镇塑造成系统化的"花+"产业业态和花林中有镇、镇中显花林的城乡融合空间。

表 16-2　产业与空间的关系

| 产业培育 | 近期 | 中期 | 远期 | 空间落实 |
| --- | --- | --- | --- | --- |
| "研花" | | 花卉研发中心、种子培育基地、产业培训中心 | | ■乐闲小城 |
| "种花" | 种子播种体验园、花果采摘体验园 | | | 傍水芸薹<br>■夏荷秋菊 |
| "展花" | | 鲜花临时展棚、温室花展基地、花卉艺术展览馆、花卉科研展览馆 | | ■乐闲小城 |
| "捏花" | | 工业园、民间加工坊、花趣工艺坊、DIY体验馆 | | 乐闲小城<br>■夏荷秋菊 |
| "卖花" | | 花旅商业街、花卉集市、花香餐馆、花间民宿、花茶馆 | | 乐闲小城<br>■慢享森林 |

规划以产业和空间规划作为落脚点，以突出"双产业"的联动发展、产业与空间的互融互动、渐进式的动态开发三大特色为宗旨，探讨锁石花之缘小镇的规划建设。总体看来，本规划的特色和影响主要体现在以下几个方面。

一是产业文化的培养优先于旅游项目的打造，由于锁石本身现状发展基础较为薄弱，渐进式的动态开发模式有利于引导当地政府有序地开展锁石花之缘小镇的建设工作。围绕"花之缘"主题，近期当地政府已通过协商取得现状大部分花卉产业空间的使用权，并积极开展了一系列项目打造，而本次规划的一个主要工作就是将零散的项目设计凝练成产业文化，赋予小镇以旅游为目标的策划方案特色化发展的灵魂。

二是设计镇的空间形态，延续城、乡、产业的空间特质，镇作为城—乡之间的过渡形态,需要兼具乡村的自然与城市的现代。特色小镇更加需要在保留乡村特质的基础上,满足现代化城市生活的品质需求。本规划中产业的谋划与特色环境设计是重点,在努力设计现代化小镇的同时,希望能够留住美好的乡愁,方案景观轴带、滨水环境的打造都是为了实现这一愿景。我们相信,这是此规划给锁石镇未来发展保留的最有价值的规划遗产。

三是对接地方政府,凝聚共识,指明方向,本规划的编制受到了当地政府的高度认可,在规划过程中也按照"共同缔造"的原则和理念,融合了当地领导班子成员的诸多思想。另外,规划成果也受到了同行专家的认可,一致认为花之缘特色小镇规划为锁石镇未来能够健康发展指出了一个清晰的方向,同时也为其他特色小镇规划提供了参考借鉴。

# 附件一

# 国家特色小镇的相关政策及政策核心目标

| 编号 | 颁发时间 | 颁发部门 | 政策名称 | 文件号 | 核心目标 |
|---|---|---|---|---|---|
| 1 | 2016年7月 | 住房和城乡建设部、国家发展改革委、财政部 | 《关于开展特色小镇培育工作的通知》 | 建村〔2016〕147号 | 启动特色小镇培育工作 |
| 2 | 2016年8月 | 住房城乡建设部 | 《关于做好2016年特色小镇推荐工作的通知》 | 建村建函〔2016〕71号 | 推动特色小镇示范甄选 |
| 3 | 2016年10月 | 国家发展改革委 | 《关于加快美丽特色小（城）镇建设的指导意见》 | 发改规划〔2016〕2125号 | 明确特色小镇的两种形态，规范特色小（城）镇建设的总体思路 |
| 4 | 2017年1月 | 国家发展改革委、国家开发银行 | 《关于开发性金融支持特色小（城）镇建设促进脱贫攻坚的意见》 | 发改规划〔2017〕102号 | 明确开发性金融对特色小镇的支持 |
| 5 | 2017年1月 | 住房城乡建设部、国家开发银行 | 《关于推进开发性金融支持小城镇建设的通知》 | 建村〔2017〕27号 | 支持农村基础设施、产业发展的配套设施建设 |
| 6 | 2017年4月 | 住房城乡建设部、中国建设银行 | 《关于推进商业金融支持小城镇建设的通知》 | 建村〔2017〕81号 | 商业金融支持特色小镇建设 |

续表

| 编号 | 颁发时间 | 颁发部门 | 政策名称 | 文件号 | 核心目标 |
|---|---|---|---|---|---|
| 7 | 2017年5月 | 住房和城乡建设部、中国光大集团 | 《共同推进特色小镇建设战略合作框架协议》 | 无 | 探索政府与国有金融控股集团合作的投融资模式，引导商业金融支持特色小镇建设 |
| 8 | 2017年7月 | 住房和城乡建设部 | 《关于保持和彰显特色小镇特色若干问题的通知》 | 建村〔2017〕144号 | 保持和彰显特色小镇特色 |
| 9 | 2017年12月 | 国家发展改革委 国土资源部 环境保护部 住房和城乡建设部 | 《关于规范推进特色小镇与特色小城镇建设的若干意见》 | 无 | 防止千镇一面和房地产化 |

资料来源：根据网络公开资料整理。

# 附件二

# 国家第一批特色小镇主要特色

| 省份 | 小镇名称 | 小镇主要特色 |
| --- | --- | --- |
| 北京 | 房山区长沟镇 | 京南水乡,镇域内上万眼清泉,(泉水)湿地公园,打造基金小镇 |
| | 昌平区小汤山镇 | 中国温泉之乡,留存着乾隆御笔"九华兮秀"和慈禧沐浴的浴池遗址 |
| | 密云区古北口镇 | 司马台长城以"险、密、奇、巧、全"闻名于世,引进"古北水镇"国际休闲旅游度假区 |
| 天津 | 武清区崔黄口镇 | 市级示范园区—电子商务产业园,园区累计引进京东商城、去哪网等众多优质电商及配套企业320余家 |
| | 滨海新区中塘镇 | 汽车橡塑产业,全镇共拥有汽车橡塑、配件企业70余家 |
| 河北 | 秦皇岛市卢龙县石门镇 | 核桃基地,食用葡萄基地,养殖基地,甘薯种植基地 |
| | 邢台市隆尧县莲子镇 | 全国知名的优质小麦主产区之一 |
| | 保定市高阳县庞口镇 | 中国农机配件之都,镇域内有汽车农机配件生产企业摊点423家,加工专业村15个 |
| | 衡水市武强县周窝镇 | 依托良好的乐器产业基础,小镇形成了萨克斯公社、吉他体验馆、小提琴体验馆等多个旅游景点 |
| 山西 | 晋城市阳城县润城镇 | 镇内历史建筑遗存丰富,最为出名的是国家重点文物保护单位东岳庙和砥洎城 |
| | 晋中市昔阳县大寨镇 | 大寨工贸园区、大寨生态农业科技示范区、国家星火计划密集区三个园区以及虎头山森林公园 |
| | 吕梁市汾阳市杏花村镇 | 举世闻名的汾酒之乡,酒文化源远流长,汾酒集团坐落于此 |

续表

| 省份 | 小镇名称 | 小镇主要特色 |
| --- | --- | --- |
| 内蒙古 | 赤峰市宁城县八里罕镇 | 八里罕是远近闻名的酒乡,八里罕人民创造出深厚的八里罕酒乡文化 |
| | 通辽市科尔沁左翼中旗舍伯吐镇 | 哈民考古遗址是迄今为止在内蒙古乃至东北地区面积最大的一处大型史前聚落遗址 |
| | 呼伦贝尔市额尔古纳市莫尔道嘎镇 | 莫尔道嘎国家森林公园是1999年经国家林业局批准建立的内蒙古大兴安岭首家国家级森林公园 |
| 辽宁 | 大连市瓦房店市谢屯镇 | 采摘、温泉、海滨浴场闻名遐迩 |
| | 丹东市东港市孤山镇 | 海淡水资源丰富,拥有硕大的梭子蟹、鲜活的贝类等百余种水产品 |
| | 辽阳市弓长岭区汤河镇 | 冷热"姊妹泉"闻名省内外 |
| | 盘锦市大洼区赵圈河镇 | 双台子河口国家级自然保护区,是多种水禽的繁殖地、越冬地,观赏"红海滩"的绝佳地 |
| 吉林 | 辽源市东辽县辽河源镇 | 东辽河发源地,原始森林植被、湿地等保护良好,境内有大架山、八卦顶子、金凤岭等 |
| | 通化市辉南县金川镇 | 境内有三角龙湾国家级森林公园、龙湾国家级自然保护区、吊水湖等景区 |
| | 延边朝鲜族自治州龙井市东盛涌镇 | 中国朝鲜族民俗文化城,延边州"8·15"老人节的发源地,发展民族文化旅游 |
| 黑龙江 | 齐齐哈尔市甘南县兴十四镇 | 多个农业生态旅游景区,甘南兴十四村、齐齐哈尔铁农园艺园及梅里斯区哈拉新村已成为国家农业旅游示范点 |
| | 牡丹江市宁安市渤海镇 | 稻米产业,渤海国上京龙泉府遗址 |
| | 大兴安岭地区漠河县北极镇 | 国家AAAAA级旅游景区,拥有中国最北、神奇天象、极地冰雪等国内独特的资源景观 |
| 上海 | 金山区枫泾镇 | 具有千年历史的吴越古镇,是上海地区现存规模较大保存完好的水乡古镇 |
| | 松江区车墩镇 | 大都市世外桃源——西上海高尔夫乡村俱乐部,国家级旅游度假区——上海影视乐园 |
| | 青浦区朱家角镇 | 典型的江南水乡古镇,素有"东方威尼斯"之称,古镇九条老街依水傍河,千余栋民宅临河而建,著名的北大街是上海市郊保存最完整的明清建筑第一街 |

续表

| 省份 | 小镇名称 | 小镇主要特色 |
| --- | --- | --- |
| 江苏 | 南京市高淳区桠溪镇 | 中国首个"国际慢城" |
| | 无锡市宜兴市丁蜀镇 | 蜀是中国陶文化的发源地,宜兴紫砂陶以丁蜀所产最为著名 |
| | 徐州市邳州市碾庄镇 | 素有"五金之乡"之称,镇域内形成五金电器工具、板材、食品制造、棉纺织业四大支柱产业 |
| | 苏州市吴中区甪直镇 | 古镇区保留了古宅老街、粉墙黛瓦、小桥流水等具有水乡特色和民俗风情的建筑物 |
| | 苏州市吴江区震泽镇 | 中国蚕丝之乡,年产蚕丝被近300万条 |
| | 盐城市东台市安丰镇 | 安丰古街是"七里长街"南段保留较为完好的一部分,全长约600米 |
| | 泰州市姜堰区溱潼镇 | 江苏省的千年古镇,镇区本身是4A级景区,境内的另一5A级景区——溱湖国家湿地公园是麋鹿之乡以及里下河原生湿地 |
| 浙江 | 杭州市桐庐县分水镇 | 制笔是分水的重要产业,被誉为"中国制笔之乡" |
| | 温州市乐清市柳市镇 | 中国电器之都,拥有以高低压电器、电子、机械、仪表、船舶修造等为主导行业的较为完整的工业产业体系和便捷的物流体系,生产的工业电器占据国内市场的半壁江山 |
| | 嘉兴市桐乡市濮院镇 | 中国羊毛衫名镇,商品销售至全国30多个省份的140多个大中城市,并进入俄罗斯、日本及中东、东南亚诸国 |
| | 湖州市德清县莫干山镇 | 中国国际乡村度假旅游目的地,镇内留存的人文景观和历史文化遗址有黄郛故居、葛岭仙境、始建于南宋时期的高峰禅寺、东周的冶铜遗址、后晋时期的铜山寺遗址等 |
| | 绍兴市诸暨市大唐镇 | 中国袜业之都,全镇拥有工业企业4273家,其中织袜企业3289家 |
| | 金华市东阳市横店镇 | 国家AAAAA级景区和全球规模最大的影视拍摄基地,是中国首个"国家级影视产业实验区" |
| | 丽水市莲都区大港头镇 | 境内有古堰画乡,有省内外著名的"丽水巴比松画派",建有丽水巴比松陈列馆、古堰画乡展览馆等 |
| | 丽水市龙泉市上垟镇 | 境内有百年青瓷古龙窑,有源底古民居建筑群,有省级十大"非遗"经典旅游景点之一的披云青瓷山庄,素有"青瓷之都"和"毛竹之乡"美称 |
| 安徽 | 铜陵市郊区大通镇 | 有著名的九华山头天门,澜溪、和悦两条古街保存完好,是省级历史文化保护区 |
| | 安庆市岳西县温泉镇 | 有中共安徽省委首任书记王步文故居、千年古寺朝阳寺、宋代资寿寺和罗源古茶厂遗址等旅游景点以及久负盛名的汤池温泉 |
| | 黄山市黟县宏村镇 | 宏村现存明清古民居137幢,2000年被联合国教科文组织列入世界文化遗产名录,卢村有由志诚堂、思齐堂等木雕楼群,屏山有光裕堂、成道堂等7座祠堂 |

续表

| 省份 | 小镇名称 | 小镇主要特色 |
|---|---|---|
| 安徽 | 六安市裕安区独山镇 | 安徽省最佳旅游乡镇，境内有独山革命旧址群、龙井沟风景区2个国家AAAA级景区 |
| | 宣城市旌德县白地镇 | 村内历史文化底蕴深厚，古牌坊、古祠堂、古民居融为一体，是徽文化研究和旅游观光的胜地，2005年被国家评为"历史文化名村"和"4A级风景区" |
| 福建 | 福州市永泰县嵩口镇 | 目前境内保留完好的古民居多达100余座，拥有嵩阳八景，另月洲村的金鸡岩、蛰龙潭、钓台及圣君坪和寒光阁故地亦深为人所景仰 |
| | 厦门市同安区汀溪镇 | 辖区内有厦门市最高峰云顶峰海拔1175米，有高山出平湖的汀溪水库，宋代行销日本的珠光瓷古窑址，朱熹遗迹文山石刻，明代抗倭古堡，畲族八卦古楼 |
| | 泉州市安溪县湖头镇 | 有以国家重点文物保护单位李光地宅与祠（新衙、旧衙、贤良祠和问房大厝等4处）为代表，保存较为完好的明清古民居建筑群60多座。 |
| | 南平市邵武市和平镇 | 拥有全国罕见的城堡式大村镇，保留至今的一套完整古街巷，堪称"福建第一街" |
| | 龙岩市上杭县古田镇 | 古田镇是著名的"古田会议"会址所在地，又是梅花山AAAA级自然保护区所在地 |
| 江西 | 南昌市进贤县文港镇 | 闻名遐迩的毛笔之乡，被誉为"华夏笔都"，全镇制笔业总产值11.5亿元，占工农业总产值的90.7% |
| | 鹰潭市龙虎山风景名胜区上清镇 | 上清镇不仅以道教文化著称，还以其"虚受一切，涵容万物"的道教理念宽大地接受了多元文化并存的格局，佛、儒、基督教在上清的活动极大地丰富了上清的文化内涵 |
| | 宜春市明月山温泉风景名胜区温汤镇 | 温汤温泉富含以硒为主的27种人体不可或缺的微量元素，是目前全世界发现的唯一一处可饮可浴的富硒温泉 |
| | 上饶市婺源县江湾镇 | 婺源四大著名古建，江湾独有其二。一是江湾祠堂即萧江宗祠，二是汪口"曲尺堰"，清代著名学者江永设计 |
| 山东 | 青岛市胶州市李哥庄镇 | 中国制帽之乡，全镇形成毛发制品、建材、木制品、食品加工等四大主导产业。限额以下工业企业426家，外资企业128家 |
| | 淄博市淄川区昆仑镇 | 全国陶瓷名镇、山东省陶瓷工艺产业基地，形成以机械加工制造、日用陶瓷为主导产业，建材、煤炭、化工、冶金（耐火材料）、包装印刷等产业竞相发展的格局 |
| | 烟台市蓬莱市刘家沟镇 | 形成以葡萄和葡萄酒、汽车及零部件两大支柱产业以及食品、木制品、彩印包装等特色产业体系，是胶东最具发展潜力的地区之一 |

续表

| 省份 | 小镇名称 | 小镇主要特色 |
| --- | --- | --- |
| 山东 | 潍坊市寿光市羊口镇 | 盐田星罗棋布,是全国重要的原盐产区。北部有国家二级港口羊口港 |
| | 泰安市新泰市西张庄镇 | 以煤炭、纺织、服装为主导产业的工业经济基础雄厚,骨干企业韩庄煤矿效益突出,年可实现利税6000多万元 |
| | 威海市经济技术开发区崮山镇 | 初步建立了以客车制造、纺纱、呢绒、木工机械、民用爆破、渔具、饮食加工、水产品加工、建筑设计、轮船修造等为龙头的门类齐全、结构合理的工业体系 |
| | 临沂市费县探沂镇 | 探沂镇已成为临沂木材加工产业集群的核心区,目前,共有各类木业家具加工企业3000余家,各类制板企业295家,其中规模以上企业72家 |
| 河南 | 焦作市温县赵堡镇 | 太极文化村建设,陈式太极拳和赵堡太极拳已列入国家非物质文化遗产 |
| | 许昌市禹州市神垕镇 | 中国钧瓷之都,全镇共有陶瓷企业460多家,生产钧瓷、炻瓷、高白细瓷等六大系列千余品种产品,年产量达7亿件,产值18亿元,成为河南省重要的陶瓷出口基地 |
| | 南阳市西峡县太平镇 | 拥有国家级5A级景区——老界岭景区,境内遍布香菇、木耳、鹿茸等食用菌和猕猴桃、核桃、板栗等林果以及山茱萸、天麻、杜仲、柴胡、连翘、五味子等中药材 |
| | 驻马店市确山县竹沟镇 | 竹沟革命纪念馆和竹沟烈士陵园是竹沟红色旅游的重量级景点 |
| 湖北 | 宜昌市夷陵区龙泉镇 | 以"稻花香"牌系列白酒和绿色食品"金银岗"牌柑橘而享负盛名,是名酒之乡、柑橘之乡 |
| | 襄阳市枣阳市吴店镇 | 镇内名胜古迹甚多,东有光武旧宅——皇村刘秀遗迹陈列馆和战国楚墓九连墩,西有千年古刹白水寺,南有刘秀聚兵计伐王莽的巍巍磨剑山,北有西汉古城遗址春陵城 |
| | 荆门市东宝区漳河镇 | 漳河风景名胜区位于荆门市郊漳河镇,以闻名全国的特大型水库——漳河水库为主体,漳河风景名胜区面积2212平方公里,是湖北省唯一的国家水利风景区 |
| | 黄冈市红安县七里坪镇 | 七里坪镇旅游景点现存国家级重点保护文物37处,被列为全国红色旅游12条精品线路之一,境内有著名的天台山国家森林公园、香山湖、长胜街、双城塔等主要景点 |
| | 随州市长岗镇 | 大洪山又名绿林山,素有"楚北第一峰"之称,现已列为全国重点风景名胜区之一,主要旅游景点有灵峰寺(又称洪山寺)和850多年树龄的古银杏 |

续表

| 省份 | 小镇名称 | 小镇主要特色 |
|---|---|---|
| 湖南 | 长沙市浏阳市大瑶镇 | 全镇经济以花炮产业为主导，是世界上最大的花炮及材料集散中心，同时也是花炮文化的发祥地——花炮始祖李畋诞生于此 |
| | 邵阳市邵东县廉桥镇 | 拥有全国十大药市之一排名第四的大型中药材市场，素有"南国药都"之美誉。目前，该市场拥有各类中药材专业药材经营店、栈1000余家，经营场地4万多平方米，经营中药材2000余种（其中本地产药材200余种），集全国各地中药材之大成 |
| | 郴州市汝城县热水镇 | 国家4A级旅游景区，著名景点有汝城温泉福泉山庄、热水河漂流、蜗牛塔等 |
| | 娄底市双峰县荷叶镇 | 境内有百年候府富厚堂，曾国藩出生地白玉堂等曾氏九处十堂，是娄底市有名的旅游大镇 |
| | 湘西土家族苗族自治州花垣县边城镇 | 边城镇是一个典型的土家族、苗族、汉族杂居的乡镇，这里有浓郁的民族风情、厚重的历史文化和秀丽的山水风光 |
| 广东 | 佛山市顺德区北滘镇 | 支柱产业主要包括家电、金属材料以及机械设备制造等，拥有美的、碧桂园等一大批中外知名的企业 |
| | 江门市开平市赤坎镇 | 保留有大量中西合璧的华侨建筑，包括骑楼建筑680多座 |
| | 肇庆市高要区回龙镇 | 已开发步步高工业集聚基地1000多亩，落户企业有40多家，现又规划建设总面积为1000亩的澄湖工业集聚基地 |
| | 梅州市梅县区雁洋镇 | 坐拥国家5A级旅游景区雁南飞、千年古刹灵光寺、广东省文物保护单位桥溪村等优质旅游资源 |
| | 河源市江东新区古竹镇 | 基本建成南越王文化主题园、佛文化养生度假区、"商旅古埠"滨水文化创意街区、古竹美丽乡村世界等 |
| | 中山市古镇 | 中国灯饰之都，全镇拥有灯饰及其配件工商企业2.6万家，其中灯饰商户8960家。有中国驰名商标2个，广东省名牌产品7个，广东省著名商标16个 |
| 广西 | 柳州市鹿寨县中渡镇 | 境内有以香桥岩国家地质公园为中心的九龙洞、响水瀑布、鹰山、洛江古榕等自然风光，以一方保障、香桥石刻、武庙等为代表的洛江文化，在区内外享有盛名 |
| | 桂林市恭城瑶族自治县莲花镇 | 水果和农产品集散地，享有中国"月柿之乡"的美誉 |
| | 北海市铁山港区南康镇 | 南康镇经历数百年的风雨沧桑和时代的变革，文物古迹众多，有文物保护单位16处，文物点93处 |
| | 贺州市八步区贺街镇 | 贺街镇山水秀丽、历史悠久、文化古迹众多。2001年7月，古建筑群——临贺古城被列为全国重点文物保护单位 |
| 海南 | 海口市云龙镇 | 境内保留的名胜较多，其中有全国百家爱国主义教育基地——琼崖红军云龙改编旧址，被周恩来总理喻为琼崖人民一面旗帜的冯白驹将军的故居，有道教典籍记载的七十二福地之一的"陶公山"，有省级文物保护单位"唐胄墓"等 |

续表

| 省份 | 小镇名称 | 小镇主要特色 |
| --- | --- | --- |
| 海南 | 琼海市潭门镇 | 拥有著名景点国家南海博物馆，国家水下文化遗产保护南海基地 |
| 重庆 | 万州区武陵镇 | 境内遗址众多，"武陵遗址群"为市级文物保护单位，共出土文物达2万余件，其中汉阙、龟钮錞于王等为国宝级文物，拥有石桥水乡湿地公园，四方山休闲度假区，木枥仙山，贵妃故城龙眼园等景点 |
| | 涪陵区蔺市镇 | 蔺市镇内拥有丰富的旅游资源，奇特的自然景观和丰富的人文景观，有风景秀美的梨香溪、中西合璧的红酒小镇、100多平方公里的坪上田园自然风光，流传至今的龙舞、评书、戏曲以及特醋、油醪糟等民俗民风传统工艺，小吃33种 |
| | 黔江区濯水镇 | 古镇文化积淀丰厚，码头文化、商贾文化、场镇文化以及丰富多彩的文化艺术遗存相互交织。非物质文化遗产后河古戏与西兰卡普、雕刻等民间工艺交相辉映，形成了濯水独特的地方文化 |
| | 潼南区双江镇 | 双江镇拥有重庆市十大精品旅游工程、重庆市红色旅游线、杨尚昆主席故里等众多品牌 |
| 四川 | 成都市郫县德源镇 | 德源镇大力发展绿色大蒜基地化建设，已建成以东林村、义林村、平城村等为主的大蒜标准化生产基地，大蒜常年规范种植在10000亩以上，年产蒜薹350万公斤、蒜籽550万公斤 |
| | 成都市大邑县安仁镇 | 安仁镇有保存较完好的川西风格的明清古典建筑，全国重点文物保护单位——大邑刘氏地主庄园也位于此 |
| | 攀枝花市盐边县红格镇 | 红格风景区以温泉闻名于国内外，红格温泉被人称之为"川西名泉"，红格风景区拥有三大旅游特色，其一是红格温泉疗养区，其二是翠泉别墅疗养中心，其三是热带植物场游览区 |
| | 泸州市纳溪区大渡口镇 | 拥有"清溪映月"景区、国家AA级风景区凤凰湖、烟子洞瀑布、十里黄桷子长廊等风景区 |
| | 南充市西充县多扶镇 | 境内有凤凰山公园、振威将军徐占彪故居、多福古镇 |
| | 宜宾市翠屏区李庄镇 | 李庄距今已有1460年建镇史，是长江边上的千年古镇，依长江繁衍生息，形成了"江导岷山，流通楚泽，峰排桂岭，秀流仙源"的自然景观 |
| | 达州市宣汉县南坝镇 | 全镇拥有"牛、果、蔬"等特色产业，蜀宣花牛、生猪、家禽养殖大户达300户以上，以圣墩青脆李、东阳柑橘为代表的产业示范带初步形成，莴笋、莲藕等时令蔬菜种植达1000亩以上 |
| 贵州 | 贵阳市花溪区青岩镇 | 拥有石牌坊、青岩民居、状元府、文昌阁、北城门、定广门等景点 |
| | 六盘水市六枝特区郎岱镇 | 明清古庙宇多达16座，现居住的少数民族有苗族、布依族、仡佬族、彝族等，且在婚嫁、祭祀、劳动、饮食、居住、服饰、头饰等方面都有其独有的夜郎文化特色 |

续表

| 省份 | 小镇名称 | 小镇主要特色 |
|---|---|---|
| 贵州 | 遵义市仁怀市茅台镇 | 茅台集团，有机高粱，盛产美酒。"三大文化"（酒文化、古盐文化、长征文化） |
| | 安顺市西秀区旧州镇 | 镇内有远近闻名的旧州珍珠牌大米，有远销各地的山药、折耳根等特色产品，有美味可口的旧州辣子鸡 |
| | 黔东南州雷山县西江镇 | 西江千户苗寨是世界最大的苗寨，这里曾是苗族第五次大迁徙的主要聚集地，现西江已成为苗族聚集的核心区中国苗族文化的中心 |
| 云南 | 红河州建水县西庄镇 | 有黄龙寺（省级重点文物保护单位）、双龙桥、团山民居，纪念地有乡会桥起义旧址等名胜古迹 |
| | 大理州大理市喜洲镇 | 喜洲是大理文化的发祥地之一，早在六诏与河蛮并存时就已是白族聚居之地，是电影"五朵金花"的故乡，云南省著名的历史文化名镇和重点侨乡之一 |
| | 德宏州瑞丽市畹町镇 | 畹町是一座袖珍的历史名镇，居住着汉、傣、德昂、景颇等民族，是一个多民族聚居乡镇 |
| 西藏 | 拉萨市尼木县吞巴乡 | 景区所在地是藏文字创始人、藏香创始人吞弥·桑布扎的故乡，景区内至今仍完整地保存了吞弥·桑布扎故居、经堂、吞巴庄园等古建筑 |
| | 山南市扎囊县桑耶镇 | 境内有全藏著名的桑耶寺，寺内珍藏着吐蕃王朝以来西藏各个时期的历史、宗教、建筑、壁画、雕塑多方面的遗产，它是藏族古老而独特的早期文化宝库之一 |
| 陕西 | 西安市蓝田县汤峪镇 | 西安乃至西北地区著名的温泉疗养胜地 |
| | 铜川市耀州区照金镇 | 照金是全国百名红色经典旅游景区之一，主要有薛家寨、陈家坡会议旧址、芋园游击队大本营、中共陕西省委坟滩旧址、陕甘边照金革命根据地纪念馆等 |
| | 宝鸡市眉县汤峪镇 | 境内有始建于周代的汤峪温泉、钟吕坪，西周遗址，东坡新石器时期，三国名臣法正故里等著名胜古迹 |
| | 汉中市宁强县青木川镇 | 国家4A级旅游景区，拥有全国重点文物保护单位青木川老街建筑群和青木川魏氏庄园以及青木川国家级自然保护区，内有大片的原始森林，并有金丝猴、羚羊等国家重点保护动物，被动植物专家誉为"天然动植物基因库" |
| | 杨陵区五泉镇 | 大力发展高效农业、特色农业和科技产业，培育发展了以小麦良种繁育、奶肉牛畜牧养殖、大棚蔬菜、杂果种植、苗木及花卉栽培的五大支柱产业 |
| 甘肃 | 兰州市榆中县青城镇 | 兰州市唯一的省级历史文化名镇和全国民间艺术之乡，景区内主要是古建筑、古民居群，对研究西北民居、西北风情有一定历史价值 |

续表

| 省份 | 小镇名称 | 小镇主要特色 |
|---|---|---|
| 甘肃 | 武威市凉州区清源镇 | 该镇制种业发展迅速，建立以酿酒葡萄、蔬菜种植为主的产业化经营区 |
| | 临夏州和政县松鸣镇 | 拥有松鸣岩国家森林公园、闻涛亭、拜英亭、太子亭、百花亭、观景塔、跑马场、人工湖、水帘洞等景点 |
| 青海 | 海东市化隆回族自治县群科镇 | 西瓜种植，在日兰村建成以西农八号、郑杂2号为主的地膜西瓜生产基地660亩 |
| | 海西蒙古族藏族自治州乌兰县茶卡镇 | 茶卡盐湖面积105平方千米，为典型的氯化物型盐湖，是柴达木盆地有名的天然结晶盐湖 |
| 宁夏 | 银川市西夏区镇北堡镇 | 镇域及周边地区旅游资源得天独厚。不仅有驰名中外的镇北堡西部影视城、苏峪口国家森林公园、贺兰山岩画、滚钟口森林景区、拜寺口双塔等风景旅游景区，镇域大部分用地为贺兰山自然保护区，是银川西线旅游长廊的中心 |
| | 固原市泾源县泾河源镇 | 风景名胜有老龙潭、秋千架、凉天峡、香水峡、荷花苑、二龙河等，古迹有宋代石窟（古称延龄寺，相传是南宋名僧济公和尚修习之地）等 |
| 新疆 | 喀什地区巴楚县色力布亚镇 | 古代"丝绸之路"的北路要道，商贸流通业繁荣，是闻名遐迩的南疆四大农村集市之一 |
| | 塔城地区沙湾县乌兰乌苏镇 | 康仁农业发展富硒产业，结合"公司+农户"的经营模式在乌兰乌苏镇建立富硒食品基地 |
| | 阿勒泰地区富蕴县可可托海镇 | 世界著名的"三号"矿脉，被世界公认为是稀有金属"天然陈列馆"，有钽、铌、铍等86种矿产品，可可托海镇还盛产海蓝、碧玺、石榴石、芙蓉石、玉石、水晶等多种宝玉石 |
| | 第八师石河子市北泉镇 | 周总理纪念碑是北泉镇人民引以为荣的标志性景观 |

资料来源：根据网络公开资料整理。

# 附件三

# 国家第二批特色小镇主要特色

| 省份 | 小镇名称 | 小镇主要特色 |
| --- | --- | --- |
| 北京 | 怀柔区雁栖镇 | 林木覆盖率达80%以上，有山泉水源上百眼，培育了北京市首条经济沟——雁栖不夜谷，APEC会议、"一带一路"高峰论坛举办地 |
| | 大兴区魏善庄镇 | 全市最大人造森林的半壁店森林公园，有"京南第一湖"之称的星明湖度假村，钓天坊古琴技和以徽州祠堂为核心的坦博艺苑等 |
| | 顺义区龙湾屯镇 | 焦庄户地道战遗址就坐落于此，林木覆盖率达72%，负氧离子含量高，生态环境优良 |
| | 延庆区康庄镇 | 北京规模最大的养马地区，马营城堡遗址是现存唯一养马古堡，现已连续举办七届国际马球公开赛 |
| 天津 | 津南区葛沽镇 | 具有漕海民俗文化特色的历史名镇，被誉为华北"八大古镇"之一，"北方妈祖文化之乡" |
| | 蓟州区下营镇 | 天津市最高峰九山顶，完整的阔叶次森林区，黄崖关长城、中上元古界地质公园等风景名胜 |
| | 武清区大王古庄镇 | 林木、果树、苗木资源丰富，林木覆盖率达28.1%，以电子信息、智能制造和现代服务为主导产业 |
| 河北 | 衡水市枣强县大营镇 | 以裘皮加工为传统特色产业，是中国皮毛业和裘皮文化的发源地 |
| | 石家庄市鹿泉区铜冶镇 | 绿树成荫、奇峰怪石的省级森林公园封龙山和古代江北四大书院之一的封龙书院 |
| | 保定市曲阳县羊平镇 | 镇内有一座黄山，产优质汉白玉，其质地细腻，适宜雕刻，自古多能工巧匠，是雕刻的发源地 |
| | 邢台市柏乡县龙华镇 | 中国最古老的牡丹观赏地，柏乡汉牡丹园是世界上牡丹、芍药品种最多、最精华的专业化园林 |
| | 承德市宽城满族自治县化皮溜子镇 | 落地建设重点旅游项目花溪城生态康养文化体验园项目 |

续表

| 省份 | 小镇名称 | 小镇主要特色 |
|---|---|---|
| 河北 | 邢台市清河县王官庄镇 | 打虎英雄武松的故乡，张氏文化发源地，我国北方最大的汽车摩托车配件生产销售基地 |
| | 邯郸市肥乡区天台山镇 | 主营种植、养殖，该镇以能人创企业为重点，建设以生态宜居、休闲养生为特色小镇 |
| | 保定市徐水区大王店镇 | 山地石灰岩等矿产资源丰富，绿化面积达80%，以盛产磨盘柿、核桃、黑枣而闻名 |
| 山西 | 运城市稷山县翟店镇 | 自古就是晋、豫、陕交接地带的商贸重镇，现今是全国较有名气的商品集散地 |
| | 晋中市灵石县静升镇 | 晋商发祥地之一，依山傍水，一条大街横贯东西，九沟、八堡、十八街巷散布于北山之麓 |
| | 晋城市高平市神农镇 | 因神农故里而命名，境内羊头山是炎帝神农氏开创中华农耕文明的发祥地、国家级风景名胜区 |
| | 晋城市泽州县巴公镇 | 因春秋时期晋文公西伐巴蜀迁巴子于此而得名，素有太行第一镇之称 |
| | 朔州市怀仁县金沙滩镇 | 有着丰富的高岭土资源，我国北方最主要的瓷区 |
| | 朔州市右玉县右卫镇 | 以建筑、古城、丘陵风貌，加上四季变幻的不同景色，形成了天然的优质写生资源，建设油画写生基地 |
| | 吕梁市汾阳市贾家庄镇 | 以种植养殖、农产品加工、农耕文化、生态旅游、休闲娱乐、创意文化为产业链的"特色农业+文化创意"绿色产业体系 |
| | 临汾市曲沃县曲村镇 | 晋侯墓地群、大悲院等国家级文物保护单位，印刷包装产业起始于20世纪80年代末，被誉为"中国纸箱城" |
| | 吕梁市离石区信义镇 | 宝峰山景区、千年古树、瀑布等自然资源，集生态、文化、养生、休闲于一体 |
| 内蒙古 | 赤峰市敖汉旗下洼镇 | 历史上商贾云集、文化繁荣，林业以大果榛子为主，盛产谷子、荞麦等绿色杂粮 |
| | 鄂尔多斯市东胜区罕台镇 | 典型的丘陵沟壑地貌，绒纺、酒业、煤炭、食品加工、制药、健康养老、休闲旅游等产业多元发展 |
| | 乌兰察布市凉城县岱海镇 | 有蔬菜大棚753个，同时发展奶牛、肉羊、能繁母猪等高效畜牧业 |
| | 鄂尔多斯市鄂托克前旗城川镇 | 境内盐、陶土、方佛石、煤炭、石油、天然气等自然资源储量丰富，依靠区位优势，建成具有活力和影响力的贸易物流中心 |
| | 兴安盟阿尔山市白狼镇 | 山高林密，森林覆盖率高达86%；野生动植物资源丰富，矿泉密集，冰雪资源得天独厚 |

续表

| 省份 | 小镇名称 | 小镇主要特色 |
| --- | --- | --- |
| 内蒙古 | 呼伦贝尔市扎兰屯市柴河镇 | 阿尔山柴河旅游景区、阿尔山国家森林公园和国家地质公园的重要组成部分 |
|  | 乌兰察布市察哈尔右翼后旗土牧尔台镇 | 成立皮毛绒肉加工园区，实现皮毛绒肉的初级加工一条龙服务 |
|  | 通辽市开鲁县东风镇 | 农贸集散地，盛产小杂粮、益都椒的重镇 |
|  | 赤峰市林西县新城子镇 | 林西县南部政治、经济、文化中心地，周边地区商贸中心和农副产品集散地 |
| 辽宁 | 沈阳市法库县十间房镇 | 拥有20余平方公里水面的财湖，建设了财湖机场，已形成集科技研发、组装制造、运营培训于一体的通航产业链条 |
|  | 营口市鲅鱼圈区熊岳镇 | 交通物流发达，旅游资源丰富，有驰名中外的敬母圣地望儿山和熊岳温泉等特色旅游景点 |
|  | 阜新市阜蒙县十家子镇 | 中国著名的玛瑙之乡，拥有众多的能工巧匠和雄厚的技术实力，全国唯一的玛瑙交易市场和玛瑙加工专业园区 |
|  | 辽阳市灯塔市佟二堡镇 | 灯塔市西部"鱼米之乡"，国内重要的皮装集散地 |
|  | 锦州市北镇市沟帮子镇 | 沟帮子铁路中学的旧址是中国共产党在东北第一个党支部的诞生地，小镇集农业、工业、集市贸易为一体 |
|  | 大连市庄河市王家镇 | 由9个岛屿和6个大型明礁组成，大量的珍稀鸟类迁徙至此定居，宗教文化、民俗文化、军事文化与美食文化独具特色 |
|  | 盘锦市盘山县胡家镇 | 围绕"蟹"和"田"两大资源优势，打造从田间地头到百姓餐桌上的全产业链发展模式 |
|  | 本溪市桓仁县二棚甸子镇 | 地处长白山余脉，山林资源、水资源丰富，四季气候分明，是野生人参生长的最佳区域，更是发展林下人参产业的黄金宝地 |
|  | 鞍山市海城市西柳镇 | 种植、养殖业独具特色，成立了两个省级农业现代示范区，西柳服装市场被列为"全国百强大市场"中的第四位 |
| 吉林 | 延边州安图县二道白河镇 | 地处长白山的脚下，森林资源丰富，享有"神山、圣水、奇林、仙果"的盛誉 |
|  | 长春市绿园区合心镇 | 重点发展棚室蔬菜生产和加工、机械制造业为骨干的综合性工业园区以及饮食服务业、交通运输业、电子商务中心第三产业综合区 |
|  | 白山市抚松县松江河镇 | 长白山国家自然保护区在辖区东部，是避暑、疗养、度假和观光的旅游胜地 |
|  | 四平市铁东区叶赫满族镇 | 是满族主要的发祥地之一，素以"皇后故里"闻名中外，地处半山区，山川秀美 |
|  | 吉林市龙潭区乌拉街满族镇 | 满族民俗风情浓郁，建筑和生活习俗带有浓郁的民族色彩，以萨满教仪式和婚礼最具代表性 |

续表

| 省份 | 小镇名称 | 小镇主要特色 |
|---|---|---|
| 吉林 | 通化市集安市清河镇 | 境内四周皆山,水源充足,自然资源十分丰富,是集安市岭北五镇的政治、经济、文化、信息和商贸中心 |
| 黑龙江 | 绥芬河市阜宁镇 | 位于中国哈尔滨—俄罗斯海参崴—日本新潟国际大通道上的要塞,是天然大氧吧、避暑胜地 |
| | 黑河市五大连池市五大连池镇 | 五大连池风景区范围内分布着药泉湖、南北月牙泡、八卦湖、温泊等湖泊,矿泉旅游名城、休闲养生之都 |
| | 牡丹江市穆棱市下城子镇 | 地处对俄贸易的"黄金通道",有优质矿泉水资源,铁矿石、石灰石、铜、花岗岩等矿产资源,是全国闻名的"大豆之乡"和"名晒烟基地" |
| | 佳木斯市汤原县香兰镇 | 以农业生产为主,盛产水稻、玉米、大豆等粮食作物,水旱兼作的鱼米之乡 |
| | 哈尔滨市尚志市一面坡镇 | 三面环山,一面傍水,山清水秀,有国家级森林公园、哈一漂游乐园以及普照寺等旅游景区 |
| | 鹤岗市萝北县名山镇 | "水、草、田、油"四分天下,地处肇源—长春—大庆这一金三角中心地带 |
| | 大庆市肇源县新站镇 | 有22个少数民族,商贸物流特色明显,粮食集散功能较强 |
| | 黑河市北安市赵光镇 | 有"大豆之乡"的美誉,种植经济价值较高的红松、樟子松、落叶松等 |
| 上海 | 浦东新区新场镇 | 中国民间文化艺术之乡,浦东地区规模最大、历史遗存最丰富的历史文化风貌区,形成"古镇+文创+旅游+乡村"的特色 |
| | 闵行区吴泾镇 | 紫竹科学园区坐落境内,"科技"和"时尚"为两大产业核心 |
| | 崇明区东平镇 | 镇内有四个农场,东平国家森林公园是国家4A级旅游景点,建有紫海鹭缘浪漫庄园、上海奶牛科普馆、崇明长江现代农业基地等 |
| | 嘉定区安亭镇 | 国内唯一可承办世界三大顶级汽车赛事的标准赛车场——上海赛车场、国内唯一的电动汽车国际示范区、上海汽车博览公园等 |
| | 宝山区罗泾镇 | 有始建于南北朝的萧泾古寺,上海非物质文化遗产"十字挑花"的诞生地,绿色生态宜居,镇域内水资源、基本农田等各类保护区面积占全镇面积的近50% |
| | 奉贤区庄行镇 | 有花有米有农有艺,是全市唯一的整建制粮食高产创建示范镇,已形成如花米庄行为品牌的各类乡村休闲旅游项目 |
| 江苏 | 无锡市江阴市新桥镇 | 新桥是全球最大的毛纺产业基地,拥有一个世界名牌、三家境内上市公司,四个中国名牌 |
| | 徐州市邳州市铁富镇 | 依托得天独厚的银杏资源,铁富镇精心打造"时光隧道""银杏林海"等特色旅游景点 |

续表

| 省份 | 小镇名称 | 小镇主要特色 |
| --- | --- | --- |
| 江苏 | 扬州市广陵区杭集镇 | 传统手工业历史悠久，其中雕版印刷和牙刷制造最为出名，被誉为"中国牙刷之都"和"中国酒店日用品之都" |
| | 苏州市昆山市陆家镇 | 主产水稻、三麦和油菜，形成了电子、轻工、机械、化工四大支柱产业 |
| | 镇江市扬中市新坝镇 | 主导产业工程电气产业规模达到550亿元，占据全国中低压电气产业20%的市场份额 |
| | 盐城市盐都区大纵湖镇 | 境内的大纵湖是苏中里下河地区最大最深的湖泊，素有"水乡泽国""鱼米之乡"的美誉 |
| | 苏州市常熟市海虞镇 | 中国苏作红木家具名镇，"2016年中国产学研合作创新示范镇"，是产学研合作创新的典型 |
| | 无锡市惠山区阳山镇 | "中国水蜜桃之乡"，初步形成种桃、卖桃及桃产品深加工一体化经营 |
| | 南通市如东县栟茶镇 | 沿海滩涂资源丰富，淡海水养殖业十分发达，竹蛏、文蛤、泥螺、鳗鱼、条斑紫菜等海产品名扬全国 |
| | 泰州市兴化市戴南镇 | 中国著名的不锈钢强镇、国家园林城镇，不锈钢产量在江苏省名列前茅 |
| | 泰州市泰兴市黄桥镇 | 处于长江三角洲北翼，素有"北分淮委，南接江潮"的水上枢纽之称，黄桥乐器产业至今已有近50年的历史，被誉为"中国提琴产业之都" |
| | 常州市新北区孟河镇 | 北枕长江和小黄山的万亩森林公园，西接镇江丹阳市的高桥和小黄山山脉的栖凤山，全国汽摩配名镇，目前该镇已集聚了900家汽摩配企业 |
| | 南通市如皋市搬经镇 | 自古就有"如皋西门户、秀美金搬经"的美誉，主攻汽车零部件、电子新材料、长寿养生食品三大产业 |
| | 无锡市锡山区东港镇 | 交通便捷，距无锡机场仅20公里，主打高新技术产业，累计申请发明专利280件 |
| | 苏州市吴江区七都镇 | 建设国家水利风景区、国家音乐产业基地和海峡两岸交流基地，开展太湖国学讲坛、太湖迷笛音乐节等品牌活动，发展文化旅游产业 |
| 浙江 | 嘉兴市嘉善县西塘镇 | 古代吴越文化的发祥地之一，被誉为"生活着的千年古镇"，国家AAAAA级景区，"中国纽扣之乡"，中国影视拍摄基地之一 |
| | 宁波市江北区慈城镇 | 江南地区唯一保存较为完整的古县城，享有"江南第一古县城"的美誉 |
| | 湖州市安吉县孝丰镇 | 民风淳朴，孝文化源远流长，浙北最大的土特产集散地，浙江省竹木制品专业区 |

续表

| 省份 | 小镇名称 | 小镇主要特色 |
| --- | --- | --- |
| 浙江 | 绍兴市越城区东浦镇 | 拥有泗龙桥、古南木桥、热诚学堂、徐锡麟故居等特色建筑，黄酒和绍兴腐乳等特产 |
| | 宁波市宁海县西店镇 | 宁波南部三县的交通要塞，中国最大的手电筒生产基地，也是著名的牡蛎之乡、鸭蛋之乡、香鱼之乡 |
| | 宁波市余姚市梁弄镇 | 以四明湖、白水冲瀑布为代表的山水风光与浙东抗日根据地旧址群等一批人文景观交相辉映，是中国绿茶之源、"中国灯具之乡" |
| | 金华市义乌市佛堂镇 | 佛堂因佛而名，是昔日的佛门圣地，因水而商，因商而盛，底蕴浓厚，素有"小兰溪"之称，浙江四大古镇之一 |
| | 衢州市衢江区莲花镇 | 粮食、生猪、柑橘、家禽四大传统支柱产业，花卉、苗木等新兴产业和建材、电子、服装、蔺草加工等工业支柱产业发展迅猛 |
| | 杭州市桐庐县富春江镇 | 有国家级风景名胜区富春江，是桐庐县发展效益农业的典范 |
| | 嘉兴市秀洲区王店镇 | 集成装饰产业是支柱产业之一，智慧物流产业逐渐在此兴起，"中国挂锁基地"，发展工业特色旅游 |
| | 金华市浦江县郑宅镇 | 拥有国家重点文物保护单位和国家4A级风景区，是浦江工业重镇 |
| | 杭州市建德市寿昌镇 | 浙江省西部千年古镇，拥有铁路、公路、航空三位一体交通网络体系，毛竹、楠木等林业资源及碳酸钙等矿产资源十分丰富 |
| | 台州市仙居县白塔镇 | 以休闲度假产业为重点，培育旅游风景区、休闲度假区、农业生态区、工业集聚区等四大功能区块 |
| | 衢州市江山市廿八都镇 | 素有"浙西南锁钥"之称，2007年被公布为中国历史文化名镇 |
| | 台州市三门县健跳镇 | 山川雄奇、物产丰富，文化底蕴深厚，拥有独特的滨海资源、丰富的山川资源和靓丽的城镇风貌 |
| 安徽 | 六安市金安区毛坦厂镇 | 东石笋风景区是国家AAAA级风景区；长1321米的明清老街保存完好，张家店战役纪念馆是省红色旅游精品线路景点 |
| | 芜湖市繁昌县孙村镇 | 大米、油脂、鱼虾、莲藕等农副产品畅销大江南北，林业主产毛竹、松树等 |
| | 合肥市肥西县三河镇 | 是中国历史文化名镇、江南四大古镇之一，国家AAAAA级旅游景区，是庐剧的发源地 |
| | 马鞍山市当涂县黄池镇 | 素有"安徽食品第一镇"美称，以食品加工而著称 |
| | 安庆市怀宁县石牌镇 | 有着千余年历史的商贸古镇，石牌文化积淀深厚，素有"戏曲之乡"的美誉 |

续表

| 省份 | 小镇名称 | 小镇主要特色 |
| --- | --- | --- |
| 安徽 | 滁州市来安县汊河镇 | 处于南京"1小时"经济圈,立足于"大旅游、大建设、大发展",增强旅游集聚辐射功能,实施旅游提升工程 |
| | 铜陵市义安区钟鸣镇 | 自然神秀、山水旖旎,旅游文化独树一帜,有国家地理标志产品凤丹 |
| | 阜阳市界首市光武镇 | 是全国唯一用皇帝谥号命名的城镇,现有新阳城、皇家庙、四门八古堆等重点文物遗址和刘秀庙、象鼻井、千年古槐等八大人文景观 |
| | 宣城市宁国市港口镇 | 自然资源丰富,境内拥有石灰石、煤炭、陶土、黏土、膨润土、石英砂岩矿等优质矿产资源和著名景点山门洞 |
| | 黄山市休宁县齐云山镇 | 古山、古水、古桥、古村落等众多的人文古迹,自古就以"环境清幽、风景优美"而自居 |
| 福建 | 泉州市石狮市蚶江镇 | 泉州市现代化商贸港口、先进制造业基地,石狮高新技术产业开发区获评"国家知识产权试点园区" |
| | 福州市福清市龙田镇 | 历来是福清龙高半岛的商贸中心、经济强镇和商贸重镇 |
| | 泉州市晋江市金井镇 | 福建省著名的侨乡,有围头万吨级港口,是皮革、纺织重镇 |
| | 莆田市涵江区三江口镇 | 傍海靠港,水陆交通十分便捷,是莆田市最大货物集散港之一 |
| | 龙岩市永定区湖坑镇 | 世界文化遗产——福建土楼的核心所在地,是全国特色景观旅游名镇、中国历史文化名镇 |
| | 宁德市福鼎市点头镇 | 气候温和湿润,山海资源丰富,素有"茶花鱼米之乡"的美誉,茶叶、水产是支柱产业,景点有莲山古民居、玉佛寺、妈祖天后宫等 |
| | 漳州市南靖县书洋镇 | 方圆土楼400多座,田螺坑自然村、塔下村被评为全国15个、全省仅有的两个"中国景观村落" |
| | 南平市武夷山市五夫镇 | 盛产白莲、红菇、田螺,远近闻名,是武夷山市重要的农副产品区之一。五夫镇自古就有"邹鲁渊源"之称,是理学宗师朱熹的故乡,朱子理学的形成地 |
| | 宁德市福安市穆阳镇 | 盛产茶叶、穆阳烤肉、水蜜桃、线面、纸伞等;汇集中西文化;徽派建筑风格突出 |
| 江西 | 赣州市全南县南迳镇 | 境内风景优美,资源丰富,拥有国家级自然保护区、古韵梅园、千亩桂园、香韵兰园、南迳温泉、十里桃江等一批芳香产业基地和景点 |
| | 吉安市吉安县永和镇 | 拥有吉州窑景区,相继建成考古遗址公园、博物馆、游客接待中心等一批旅游景点 |
| | 抚州市广昌县驿前镇 | 是保存较完整的古建筑群之一,2014年被评为"国家级历史文化名镇(村)" |

续表

| 省份 | 小镇名称 | 小镇主要特色 |
| --- | --- | --- |
| 江西 | 景德镇市浮梁县瑶里镇 | 因生产的瓷器美白如玉而得名,素有"瓷之源、茶之乡、林之海"的美称,是一个有着千年历史文化、生态风光秀美、环境美丽宜居的小镇 |
| | 赣州市宁都县小布镇 | 拥有18处红色旧址、始建于清朝嘉庆十八年的万寿宫 |
| | 九江市庐山市海会镇 | 东临烟波浩渺的鄱阳湖,西靠风景秀丽的五老峰,是著名的旅游乡镇,素有"赣北旅游第一镇"的美誉,有庐山东门、三叠泉、国家森林公园、碧龙潭、海会寺、白鹿洞书院等著名景区 |
| | 南昌市湾里区太平镇 | 地处于梅岭国家森林公园和梅岭国家重点风景名胜区的腹地,先后获得了国家级生态镇、全国文明村镇、全国特色旅游景观名镇等荣誉称号 |
| | 宜春市樟树市阁山镇 | 境内有国家森林公园——阁皂山、江西省乡村旅游示范点三层楼、大万寿崇真宫、照门松、紫阳书院、百草园等旅游文化胜迹、江西现代农业科技示范园区 |
| 山东 | 聊城市东阿县陈集镇 | 有3个特色经济林种植片区,分别出产有地理标志特色的农产品 |
| | 滨州市博兴县吕艺镇 | 高渡村革命历史悠久,是"红色堡垒村";吕剧作为中国八大地方剧种之一,是中国重要的非物质文化遗产 |
| | 菏泽市郓城县张营镇 | 有丰富的煤炭、木材、畜禽、棉花、粮食等资源 |
| | 烟台市招远市玲珑镇 | 是招远市的黄金生产重镇,被称为"中国金都" |
| | 济宁市曲阜市尼山镇 | 拥有宫像区、尼山孔庙(书院——夫子洞)、耕读书院、尼山孔庙、尼山书院、四基山观音庙等国家重点文物保护单位和尼山世界文明论坛等国际文化品牌 |
| | 泰安市岱岳区满庄镇 | 邻近泰山,拥有天颐湖等优质生态资源 |
| | 济南市商河县玉皇庙镇 | 玉皇庙镇是全国最大的药用玻璃智造小镇、全国首个中硼硅玻璃生产小镇 |
| | 青岛市平度市南村镇 | 以白色家电为特色产业;拥有大沽河文化 |
| | 德州市庆云县尚堂镇 | 盛产石斛,从智能温室、田间大棚、实验组培,到驯化推广,逐一进行技术攻关,培育出适合北方种植的高品质石斛 |
| | 淄博市桓台县起凤镇 | 拥有马踏湖生态资源与历史文化资源;中医整骨技术百年传承 |
| | 日照市岚山区巨峰镇 | 依靠得天独厚的地域、气候、文化,盛产绿茶 |
| | 威海市荣成市虎山镇 | 拥有传统与现代相结合的海参产业特色形态 |
| | 莱芜市莱城区雪野镇 | 历史资源丰富,部分古齐长城在镇内,旅游潜力巨大 |
| | 临沂市蒙阴县岱崮镇 | 拥有"岱崮地貌"地质奇观,军工红色文化浓厚 |
| | 枣庄市滕州市西岗镇 | 以蔬菜、林木、药材种植特色农业为主导产业 |

续表

| 省份 | 小镇名称 | 小镇主要特色 |
| --- | --- | --- |
| 河南 | 汝州市蟒川镇 | 以汝瓷闻名；历史文化厚重，不可移动文物达43处，搜集整理非物质文化遗产80多项，蒋姑山景观秀丽，蒋姑山地质公园的罗圈古冰川遗迹是世界四大古冰川遗迹之一；工业基础雄厚，境内矿产资源丰富，享有"煤海铝山"之称 |
| | 南阳市镇平县石佛寺镇 | 是南阳玉雕的发源地，河南省唯一的玉雕产销重镇，以玉文化为特色产业 |
| | 洛阳市孟津县朝阳镇 | 中外文明的洛阳唐三彩发源地 |
| | 濮阳市华龙区岳村镇 | 杂技文化悠久，中国杂技之乡、国家级非物质文化遗产、中国民间文化艺术之乡、河南省杂技文化特色旅游村 |
| | 周口市商水县邓城镇 | 历史悠久，境内古迹较多，著名的有饮马台、千年白果树、叶氏庄园等 |
| | 巩义市竹林镇 | 长寿山有地热温泉项目和国际汽车营地项目；民俗演艺丰富，古朴气息浓郁，获国家、联合国人居环境范例奖 |
| | 长垣县恼里镇 | 已建成5万亩优质麦农业园，2万亩生态旅游示范园，2万亩速生丰产林，8000亩优质水稻和2600亩转基因棉 |
| | 安阳市林州市石板岩镇 | 拥有得天独厚的山水资源禀赋，独具特色的石板民居和深厚的人文历史文化底蕴 |
| | 永城市芒山镇 | 刘邦斩蛇起义之地，有"汉兴之地"之称；境内有芒砀山，依托建立的芒砀山汉文化旅游区是国家4A级旅游区 |
| | 三门峡市灵宝市函谷关镇 | 老子道家文化的发祥地，同时因其古老的文化历史渊源拥有景点20余处 |
| | 邓州市穰东镇 | 以服装加工业为主导产业，打造"穰东制造"名片 |
| 湖北 | 荆州市松滋市洈水镇 | 现辖洈水旅游风景区和洈水国家森林公园，生态资源丰富；拥有汽车营地项目 |
| | 宜昌市兴山县昭君镇 | "一江两山"旅游带上的重要节点及休闲驿站，有5A级景区昭君文化园及绿色幸福村落昭君别院 |
| | 潜江市熊口镇 | 龙虾产业突出，有江南合院式建筑风格，同时具有江汉平原古建民居文化遗产的特点 |
| | 仙桃市彭场镇 | 中国非织造布制品名镇，是全国最大的无纺布制品加工及出口基地，市场份额占全国的1/3 |
| | 襄阳市老河口市仙人渡镇 | 首个发展乡镇企业的镇；区位优势明显，借助河谷组群发展、试点小城市建设的利好政策和深厚积淀的工业基础以及新兴发展的循环经济 |
| | 十堰市竹溪县汇湾镇 | 素有"贡茶之乡"的美誉，已有2000多年种茶史。梅子贡茶起源于春秋，驰名于盛唐。梅子垭村现仍保存唐宋朝时代的古茶树37苑 |

续表

| 省份 | 小镇名称 | 小镇主要特色 |
|---|---|---|
| 湖北 | 咸宁市嘉鱼县官桥镇 | 自然生态景观优质，区位优势明显，新材料和制造产业稳定发展 |
| | 神农架林区红坪镇 | 适宜发展养殖业和中药材生产。红坪镇被誉为华中屋脊、天然动物园、植物王国、金丝猴的故乡、野人的避难所、白化动物的乐园 |
| | 武汉市蔡甸区玉贤镇 | 自然环境优美，交通方便，区位有优势，邻近中法生态新城、柏林生态小镇 |
| | 天门市岳口镇 | 以地方特色美食闻名；地处江汉要冲，有"小汉口"的美称 |
| | 恩施州利川市谋道镇 | 素有湖北"西大门"之称，有"水杉之乡"的美誉 |
| 湖南 | 常德市临澧县新安镇 | 历史悠久；创造出优质葡萄、洞坪红萝卜、莲藕等品牌产品，建起了五圈一线双季稻种植示范片区 |
| | 邵阳市邵阳县下花桥镇 | 区位优势明显，历史文化底蕴深厚，是4A级红色旅游城镇，下花桥镇是革命老区，自然风光独好，文化源远流长 |
| | 娄底市冷水江市禾青镇 | 工业集群特色突出 |
| | 长沙市望城区乔口镇 | 秀美的水乡古镇，繁荣的商贸名镇 |
| | 湘西土家族苗族自治州龙山县里耶镇 | 土家族的发祥地之一，历史古迹悠久，文化底蕴厚重，民族风情浓郁，尤其因出土3.7万余枚秦简而闻名于世珍贵的文物与遗址资源，彰显"龙山文化" |
| | 永州市宁远县湾井镇 | 中国粮食生产比照县、生猪调出大县、优质油茶林基地示范县、现代烟草农业整县推进试点县等，农业为主导产业 |
| | 株洲市攸县皇图岭镇 | 以特色农产品扬名海外——"皇椒""皇姜""皇猪" |
| | 湘潭市湘潭县花石镇 | 历史名城，千年古镇，以莲产业为特色产业 |
| | 岳阳市华容县东山镇 | 历史底蕴丰富，三国关羽义释曹操的华容古道即在东山境内；是华容县沿江开发主战场 |
| | 长沙市宁乡县灰汤镇 | 有著名的灰汤温泉，是我国三大著名高温复合温泉之一，历来被誉为"神水""圣泉""国汤" |
| | 衡阳市珠晖区茶山坳镇 | 有较好的区位优势和资源优势，是工业重镇、湖南现代都市休闲农业示范镇 |
| 广东 | 佛山市南海区西樵镇 | 拥有以听音湖为核心的生态资源片区、西樵山浓厚的理学文化、武术龙狮文化、观音文化、樵山文化、桑基鱼塘文化等岭南历史文化资源 |
| | 广州市番禺区沙湾镇 | 位于粤港澳大湾区的腹地中心，地理位置优越，作为800多年历史的岭南文化名镇，具备8000亩滴水岩森林公园是沙湾的绿肺 |
| | 佛山市顺德区乐从镇 | 地处珠三角腹地和广佛都市圈核心区域，人口密集，工商业发达，是全国有名的商贸强镇。家具、钢材、塑料三大专业市场早已闻名遐迩 |

续表

| 省份 | 小镇名称 | 小镇主要特色 |
| --- | --- | --- |
| 广东 | 珠海市斗门区斗门镇 | 有金台寺、御温泉、斗门古街、南门村接霞庄等重要旅游景点,建设了以乡村休闲为重点的粤港澳旅游目的地 |
| | 江门市蓬江区棠下镇 | 既是一个鱼米之乡,又是一个年产值超千亿元的工业小镇,更是一个有着深厚历史文化底蕴和优美自然风光的人文重镇 |
| | 梅州市丰顺县留隍镇 | 农业经济发达,拥有东留鹿湖天然温泉,森林覆盖率高,盛产枇杷、杨梅、龙眼、荔枝、青榄等水果,历史悠久 |
| | 揭阳市揭东区埔田镇 | 竹笋、香蕉及各种水果久负盛名,是一个纯农镇,素有"水果之乡"美称,埔田竹笋远近驰名,是"中国竹笋之乡" |
| | 中山市大涌镇 | 工业强镇,以"红木家具"与"牛仔服装"为主要产业 |
| | 茂名市电白区沙琅镇 | 中心镇、重要的交通枢纽,也是农业大镇,南药、红辣椒、萝卜、龟鳖以及鼓油、小耳花猪等享誉省内外 |
| | 汕头市潮阳区海门镇 | 拥有得天独厚的海洋区位优势,是潮阳在海上和陆路对外的主要通道。有国家中心渔港,是潮阳唯一的临海城镇,海洋渔业资源丰富,具有无法比拟的资源优势 |
| | 湛江市廉江市安铺镇 | 历史悠久,文化底蕴深厚,美食文化闻名省内外,曾入选中国十大最具影响力美食名镇,有"广东省体育之乡"的美誉 |
| | 肇庆市鼎湖区凤凰镇 | 拥有丰富的旅游、林业、矿产资源,盛产木材、香粉、肉桂、水晶梨等优质水果和高值农作物;地下蕴藏着大量矿产 |
| | 潮州市湘桥区意溪镇 | 潮州木雕技艺重要传承地与重要产地,村内有众多木雕作坊,集聚了潮州知名的国家级木雕工艺大师 |
| | 清远市英德市连江口镇 | 历史文化资源丰富,有众多历史文化遗址,自然景观独特秀丽、风景如画 |
| 广西 | 河池市宜州市刘三姐镇 | 历史悠久、人文景观众多,为壮族歌仙刘三姐的故乡,民族风情浓郁 |
| | 贵港市港南区桥圩镇 | "中国羽绒之乡",农产品加工、工业贸易、中药材三大产业为主导产业 |
| | 贵港市桂平市木乐镇 | 地下资源丰富;手工业十分发达,是远近闻名的"服装之乡" |
| | 南宁市横县校椅镇 | 被称为"茉莉之乡" |
| | 北海市银海区侨港镇 | 是中国最大的越南归侨集中安置点,以"侨越风情"和"滨海风情"为主题的旅游资源丰富 |
| | 桂林市兴安县溶江镇 | 历史悠久,盛产葡萄、竹木、罗汉果、柑橘,是华南最大的葡萄生产基地,有"南方吐鲁番"之美誉 |
| | 崇左市江州区新和镇 | 以蔗糖产业为特色;黑水河穿镇而过 |
| | 贺州市昭平县黄姚镇 | 历史古镇,拥有众多文物;盛产豆豉、黄精、枸杞、酸梅等,其中黄姚豆豉在清朝被列为宫廷贡品 |

续表

| 省份 | 小镇名称 | 小镇主要特色 |
|---|---|---|
| 广西 | 梧州市苍梧县六堡镇 | 六堡茶产业是主导产业；六堡茶传统制作技艺已被列入国家级"非遗"传承保护项目 |
| | 钦州市灵山县陆屋镇 | 以蔗糖为支柱产业，机电产业园发展良好 |
| 海南 | 澄迈县福山镇 | 原始森林生态保护好，盛产热带瓜果，是"福山咖啡"的原产地 |
| | 琼海市博鳌镇 | 是海南著名的"十大文化名镇"之一，是国际会议组织——博鳌亚洲论坛永久性会址所在地 |
| | 海口市石山镇 | 旅游资源丰富，雷琼世界地质公园坐落于此，拥有火山文化 |
| | 琼海市中原镇 | 20世纪50年代此地曾是乐会县政府所在地，素有"琼海南部商埠""华侨之乡"之称，中原风情浓郁 |
| | 文昌市会文镇 | 以佛珠为特色产业，第二个试水"互联网+"建设的地方试点 |
| 重庆 | 铜梁区安居镇 | 古城文物古迹众多，龙文化与乡愁文化融合，自然风光秀美 |
| | 江津区白沙镇 | 抗战文化四坝之一，形成独特的白沙抗战文化 |
| | 合川区涞滩镇 | 重庆市级风景名胜区涞滩——双龙湖风景区的重要组成部分；佛教禅宗文化闻名 |
| | 南川区大观镇 | 盛产蓝莓、香草、薰衣草、荷花、中药材、百合等农产品；自然风景优美 |
| | 长寿区长寿湖镇 | 长寿自然和人文资源禀赋得天独厚，文化与生态资源交相辉映 |
| | 永川区朱沱镇 | 拥有长江上游川、渝、黔交界河段唯一可停靠千吨级船舶的港口，是重点商贸示范集镇；盛产龙眼 |
| | 垫江县高安镇 | 位于垫江东部咽喉地带，素有"垫江东大门"之称 |
| | 酉阳县龙潭镇 | 砖木结构的居民房屋鳞次栉比，历史文化悠久，民族文化丰富多彩 |
| | 大足区龙水镇 | 古有"昌州"之誉，今有"五金之乡""中国西部五金之都"美名，是工业中心、经济重镇 |
| 四川 | 成都市郫都区三道堰镇 | 一座具有一千多年历史的川西古老小镇，历史上是有名的水陆码头和商贸之地 |
| | 自贡市自流井区仲权镇 | 红色文化色彩浓郁，卢德铭红色旅游区正在建设中，曾获"四川最美乡镇"称号 |
| | 广元市昭化区昭化镇 | 历史文化名镇、中国历史文化名镇；以农业为主，以蔬菜、粮食为主要农产品 |
| | 成都市龙泉驿区洛带镇 | 成都"东山五场"之一，是四川省打造"两湖一山"旅游区的重点景区。洛带被世人称之为"世界的洛带、永远的客家"，客家文化浓郁 |
| | 眉山市洪雅县柳江镇 | 历史上称为"明月镇"，有川西风情吊脚楼、中西合璧曾家园、圣母山碑林、世界第一大睡观音、108棵千年古树等特色景观 |

续表

| 省份 | 小镇名称 | 小镇主要特色 |
|---|---|---|
| 四川 | 甘孜州稻城县香格里拉镇 | 扼守亚丁国家级自然保护区门户，具有浓郁的"藏区特色、稻城特点"，有"国际精品旅游小镇，雪域高原璀璨明珠"之称 |
| | 绵阳市江油市青莲镇 | 我国唐代伟大浪漫主义诗人李白的出生地，是绵阳市重点打造的"国际诗歌小镇" |
| | 雅安市雨城区多营镇 | "黑茶鼻祖"藏茶的发源地和千年川藏茶马古道的起始地 |
| | 阿坝州汶川县水磨镇 | 水磨镇距世界文化遗产古迹都江堰市34公里，是一个农业大镇，以种、养殖业为主。大面积种植经济林果木，培育名、优、特农产品，运用积极的招商引资策略，大量择优引进企业，大力发展旅游业 |
| | 遂宁市安居区拦江镇 | 主要农副产品种类较多，其中棉花生产已成为一大支柱，拦江镇已被四川省政府列为棉花生产基地，在全川享有盛名 |
| | 德阳市罗江县金山镇 | 地处成德绵经济带核心发展区，生态环境宜居、文化底蕴丰富 |
| | 资阳市安岳县龙台镇 | 中国柠檬发源地和主产区，有"中国柠檬之乡"美誉 |
| | 巴中市平昌县驷马镇 | 是江口水乡国家水利风景区的重要组成部分，景区内湿地公园、最美人工湖、二十四孝道牌坊、龙神潭、肖洞沟、九龟石、夹牛石等景观 |
| 贵州 | 黔西南州贞丰县者相镇 | 美丽的喀斯特地貌，属岩溶盆地。镇内流过北盘江，2010年建成董箐水电站。有著名的中国十大避暑名山、5A级风景区——双乳峰、有国家级水利风景名胜区——三岔河 |
| | 黔东南州黎平县肇兴镇 | 全国最大的侗族自然村寨，有"千户侗寨""侗乡第一寨"之称 |
| | 贵安新区高峰镇 | 地势平坦、交通发达、水源丰沛、河流纵横、林木茂盛、山若星辰、丰产稻米、民族多样，乡村依山傍水，乡民多服饰、多风俗、热情好客 |
| | 六盘水市水城县玉舍镇 | 有"凉都翡翠"之称的玉舍国家级森林公园、彝族建筑风格与西方建筑艺术相结合的历史建筑钱家雕，以及"高峡出平湖"雄伟壮观的玉源水库 |
| | 安顺市镇宁县黄果树镇 | 有中外著名的黄果树风景名胜旅游区、远销东南亚各国的民族民间蜡染制品，丰富多彩的名胜旅游景点和石头寨民俗风情景点 |
| | 铜仁市万山区万山镇 | 以朱砂产业为特色产业，拥有以朱砂文化为核心的古镇景区 |
| | 贵阳市开阳县龙岗镇 | 土壤富含硒元素，是开阳县富硒农产品的主要生产地之一；资源丰富，有煤、重晶石、硫铁矿等 |
| | 遵义市播州区鸭溪镇 | 播州区是西部的经济、文化、商业、教育中心，以及煤电、汽车制造、酿酒和包装产业基地，更是闻名全省的"黔北四大名镇"之一 |
| | 遵义市湄潭县永兴镇 | 以茶产业为主导产业；位于湄潭县东部，交通区位优势凸显 |
| | 黔南州瓮安县猴场镇 | "猴场会议"召开地，草塘大戏楼获"大上海吉尼斯世界纪录"、猴场镇民间耍龙舞狮习俗源远流长，被文化部命名为"全国民间艺术龙狮之乡" |

续表

| 省份 | 小镇名称 | 小镇主要特色 |
|---|---|---|
| 云南 | 楚雄州姚安县光禄镇 | 坐落于群山环抱的盆地之中,地势平坦,交通便利;历史悠久,文化底蕴深厚,田园风光秀丽,具有发展特色旅游业的资源优势 |
| | 大理州剑川县沙溪镇 | 文化与旅游资源并存,保持着最原始的建筑特色,有古寺庙、古戏台、古商铺、马店、古老的红砂石板街道、百年古树、古巷道、古寨门 |
| | 玉溪市新平县戛洒镇 | 拥有以花腰傣为主的区域内多民族文化以及特色鲜明的自然生态景观 |
| | 西双版纳州勐腊县勐仑镇 | 气候资源、旅游资源丰厚,民俗整体风貌较好,"雨林特色"彰显 |
| | 保山市隆阳区潞江镇 | 独特的地理位置,众多民族杂居,拥有丰富的人文旅游资源和自然旅游资源 |
| | 临沧市双江县勐库镇 | 历史悠久,文化底蕴深厚,为古西南丝绸之路必经之地,历史上曾被誉为"文献名邦" |
| | 昭通市彝良县小草坝镇 | 自然生态资源丰富,物种多样,其中野生天麻享誉国际,被誉为"世界天麻之乡" |
| | 保山市腾冲市和顺镇 | 是火山环抱的休闲胜地,是大马帮驮来的翡翠之乡,是汉文化与南亚文化、西方文化交融的窗口 |
| | 昆明市嵩明县杨林镇 | 明代医学家、音韵学家兰茂的故乡,是驰名中外的杨林肥酒的产地,素有"滇东古镇""鱼米之乡"的美称 |
| | 普洱市孟连县勐马镇 | 区位优势明显,高原特色农业形成规模,红茶"娜允红珍"销往省内外、出口欧盟,民族文化传承别具特色 |
| 西藏 | 阿里地区普兰县巴嘎乡 | 依托"神山圣湖"的特殊地理位置,以旅游与农牧业为主导产业;宗教活动丰富,自然景观秀美、神圣 |
| | 昌都市芒康县曲孜卡乡 | 坐落于澜沧江边,是芒康县建设藏东旅游经济文化强县战略中旅游业发展的重点之一 |
| | 日喀则市吉隆县吉隆镇 | 自古就是西藏与尼泊尔交往通商要道,镇内有尼泊尔建筑风格的千年古寺——帕巴寺 |
| | 拉萨市当雄县羊八井镇 | 自然生态资源丰富,高耸入云的皑皑雪山、冰川、原始森林,中间盆地则为碧绿如茵的草甸,山清水秀,风景迷人;以当地的地热矿井闻名 |
| | 山南市贡嘎县杰德秀镇 | 杰德秀是闻名的"围裙之乡",也是"八大古镇"之一 |
| 陕西 | 汉中市勉县武侯镇 | 独特的地理位置和厚重的"两汉三国"历史文化底蕴 |
| | 安康市平利县长安镇 | 陕南徽派民居建筑风格,旅游资源丰富,有秦楚遗址古长城,道教圣地西岱顶等50余处自然、人文景观点;以茶饮产业为主 |

续表

| 省份 | 小镇名称 | 小镇主要特色 |
| --- | --- | --- |
| 陕西 | 商洛市山阳县漫川关镇 | 有"靳金交汇"和"太极环流"两大奇观；云盖寺镇文物众多，儒、释、道、伊斯兰宗教文化融合共生，有汉剧二黄、花鼓、渔鼓等非物质文化遗产 |
| | 咸阳市长武县亭口镇 | 古代"丝绸之路"上一个重要的驿站，留下了很有特色的车辙印，有"乌金重镇、山水亭口"之誉 |
| | 宝鸡市扶风县法门镇 | 有著名的皇家佛教寺院——法门寺、周原遗址和周原历史博物馆，辣椒之乡、青铜器之乡 |
| | 宝鸡市凤翔县柳林镇 | 古丝绸之路的重要驿站、关天经济区的重要节点，秦汉文化、酒文化、民俗文化、佛教文化交融，柳林酒文化悠久，酿酒工艺独特 |
| | 商洛市镇安县云盖寺镇 | 因地貌广大、水域宽衍而得名，形成"靳金交汇"和"太极环流"两大奇观，集观光休闲和度假养生为一体 |
| | 延安市黄陵县店头镇 | 以煤炭资源综合开发、循环利用为主导，是陕北能源化工基地之一，也是黄陵国家森林的重要组成部分 |
| | 延安市延川县文安驿镇 | 史迹遗址较多，历史悠久，旅游资源丰富，古文化遗址有文州书院、古驿站、烽火台、奎星阁、文安驿石像以及剪纸大师高凤莲等 |
| 甘肃 | 庆阳市华池县南梁镇 | 以建设全国红色旅游小镇为目标，深入挖掘"两点一存"红色旅游资源，打造"红色南梁" |
| | 天水市麦积区甘泉镇 | 境内有春晓泉、双玉兰堂、杜甫草堂、赞公土室、龟凤山、云雾山诸多景点 |
| | 兰州市永登县苦水镇 | 盛产于苦水镇的玫瑰，是兰州市市花，历经200多年的栽培，形成了闻名遐迩的"苦水玫瑰"品牌 |
| | 嘉峪关市峪泉镇 | 有天下第一雄关——嘉峪关关城文化旅游景区、悬壁长城——黑山峡旅游景区、万里长城第一墩旅游景区，农家观光、民俗风俗等人文旅游资源丰富 |
| | 定西市陇西县首阳镇 | 西北最大的中药材种植、初级加工基地和交易、信息中心，是全国"道地药材"的重要产区之一 |
| 青海 | 海西州德令哈市柯鲁柯镇 | 为海西第二大镇，柯鲁柯为蒙古语，意为"美丽而富饶的地方"，是德令哈西部和G315线上的一个重镇 |
| | 海南州共和县龙羊峡镇 | 黄河上游第一个梯级水利枢纽工程——龙羊峡水电站所在地 |
| | 西宁市湟源县日月乡 | 水资源十分丰富，河流密布，是远近闻名的药水河的发源地，动植物资源相对丰富，有日月山和藏传佛教寺院——东科寺 |
| | 海东市民和县官亭镇 | 世界上最长的狂欢节土族纳顿的诞生地，东方庞贝古城的喇家遗址 |

续表

| 省份 | 小镇名称 | 小镇主要特色 |
|---|---|---|
| 宁夏 | 银川市兴庆区掌政镇 | 以新兴服务业、旅游度假、生态宜居三大职能为主的银川市域东部重点城镇 |
| | 银川市永宁县闽宁镇 | 初步形成了"种葡萄、养黄牛、抓劳务、建园区"的特色产业发展路径 |
| | 吴忠市利通区金银滩镇 | 镇域内沟渠纵横,盛产水稻、小麦、玉米等多种粮食作物及苹果、梨、蔬菜等经济作物,具有塞上江南特色,为利通区商品粮食基地之一 |
| | 石嘴山市惠农区红果子镇 | 惠农区南片中心城镇和工业重镇 |
| | 吴忠市同心县韦州镇 | 煤炭资源丰富,有丰富的大理石、石灰岩资源,是中外驰名的滩羊二毛皮和甘草产地 |
| 新疆 | 克拉玛依市乌尔禾区乌尔禾镇 | 世界魔鬼城、金丝玉、摄影书画小镇是乌尔禾区重要的三张名片,有着世界著名定雅丹地貌、千年不死的胡杨等旅游资源 |
| | 吐鲁番市高昌区亚尔镇 | 全国著名的沙疗中心,夏季平均每天五六千人在此埋沙治疗风湿关节炎等疾病 |
| | 伊犁州新源县那拉提镇 | 风景秀美,是旅游、避暑、观光的胜地,著名的国家AAAAA级风景区那拉提风景区,是全疆最大的土豆淀粉生产基地 |
| | 博州精河县托里镇 | "中国枸杞之乡",当地的棉花以棉绒长、洁白度高、弹性强等特点闻名全国,现已成为重要的优质棉出口基地 |
| | 巴州焉耆县七个星镇 | 有七个星佛寺遗址,曾是佛教文化东传的一个重要枢纽,还是全国有机农业(酿酒葡萄)示范基地,有3万亩酿酒葡萄得到有机认证 |
| | 昌吉州吉木萨尔县北庭镇 | 以北庭历史文化的展示和体验为核心,兼具丝路商旅、异域风情、民俗体验、园林湿地等功能 |
| | 阿克苏地区沙雅县古勒巴格镇 | 世界四大文明汇集地之一,是保存最完好的、世界最大的胡杨林国家自然保护区 |
| | 阿拉尔市沙河镇 | 建设新疆兵团生态农业示范基地、南疆地区农产品交易结算中心、五团民族风情田园综合体 |
| | 图木舒克市草湖镇 | 草湖镇拥有广东最大援疆项目——兵团草湖广东纺织服装产业园 |
| | 铁门关市博古其镇 | 因盛产驰名中外的"2+8香梨"闻名,又称"梨镇",建设以梨文化为特色的主题产业链,致力于打造梨文化旅游休闲观光为一体化的特色小城镇 |

资料来源:根据网络公开资料整理。

# 附件四

# 国家体育总局首批运动休闲特色小镇试点名单

| 省份 | 小镇名称 |
| --- | --- |
| 北京（6） | 延庆区旧县镇运动休闲特色小镇 |
|  | 门头沟区王平镇运动休闲特色小镇 |
|  | 海淀区苏家坨镇运动休闲特色小镇 |
|  | 门头沟区清水镇运动休闲特色小镇 |
|  | 顺义区张镇运动休闲特色小镇 |
|  | 房山区张坊镇生态运动休闲特色小镇 |
| 河北（6） | 廊坊市安次区北田曼城国际小镇 |
|  | 张家口市蔚县运动休闲特色小镇 |
|  | 张家口市阳原县井儿沟运动休闲特色小镇 |
|  | 承德市宽城满族自治县都山运动休闲特色小镇 |
|  | 承德市丰宁满族自治县运动休闲特色小镇 |
|  | 保定市高碑店市中新健康城京南体育小镇 |
| 湖北（6） | 荆门市漳河镇爱飞客航空运动休闲特色小镇 |
|  | 宜昌市兴山县高岚户外运动休闲特色小镇 |
|  | 孝感市孝昌县小悟乡运动休闲特色小镇 |
|  | 孝感市大悟县新城镇运动休闲特色小镇 |
|  | 荆州松滋市洈水运动休闲小镇 |
|  | 荆门市京山县网球特色小镇 |
| 广东（5） | 汕尾市陆河县联安村运动休闲特色小镇 |
|  | 佛山市高明区东洲鹿鸣体育特色小镇 |
|  | 湛江市坡头区南三镇运动休闲特色小镇 |
|  | 梅州市五华县横陂镇运动休闲特色小镇 |
|  | 中山市国际棒球小镇 |

续表

| 省份 | 小镇名称 |
| --- | --- |
| 山东<br>(5) | 临沂市费县许家崖航空运动小镇<br>烟台南山运动休闲小镇<br>潍坊国际运动休闲小镇<br>日照奥林匹克水上运动小镇<br>即墨市温泉田横运动休闲特色小镇 |
| 湖南<br>(5) | 益阳市东部新区鱼形湖体育小镇<br>长沙市望城区千龙湖国际休闲体育小镇<br>长沙市浏阳市沙市镇湖湘第一休闲体育小镇<br>常德市安乡县体育运动休闲特色小镇<br>郴州市北湖区小埠运动休闲特色小镇 |
| 江苏<br>(4) | 仪征市枣林湾运动休闲特色小镇<br>徐州市贾汪区大泉街道体育健康小镇<br>太仓市太仓天镜湖电竞小镇<br>南通市通州区开沙岛旅游度假区运动休闲特色小镇 |
| 四川<br>(4) | 达州市渠县龙潭乡賨人谷运动休闲特色小镇<br>广元市朝天区运动休闲特色小镇<br>德阳市罗江县白马关运动休闲特色小镇<br>内江市市中区永安镇尚腾新村运动休闲特色小镇 |
| 上海<br>(4) | 崇明区陈家镇体育旅游特色小镇<br>奉贤区海湾镇运动休闲特色小镇<br>青浦区金泽帆船运动休闲特色小镇<br>崇明区绿化镇国际马拉松特色小镇 |
| 广西<br>(4) | 河池市南丹县歌娅思谷运动休闲特色小镇<br>防城港市防城区"皇帝岭—欢乐海"滨海体育小镇<br>南宁市马山县攀岩特色体育小镇<br>北海市银海区海上新丝路体育小镇 |
| 重庆<br>(4) | 彭水苗族土家族自治县—万足水上运动休闲特色小镇<br>渝北区际华园体育温泉小镇<br>南川区太平场镇运动休闲特色小镇<br>万盛经开区凉风"梦乡村"关坝垂钓运动休闲特色小镇 |

续表

| 省份 | 小镇名称 |
|---|---|
| 云南(4) | 迪庆州香格里拉市建塘体育休闲小镇 |
| | 红河州弥勒市可邑运动休闲特色小镇 |
| | 曲靖市马龙县高原运动休闲特色小镇 |
| | 安宁市温泉国际生态运动小镇 |
| 浙江(3) | 衢州市柯城区森林运动小镇 |
| | 杭州市淳安县石林港湾运动小镇 |
| | 金华市经开区苏孟乡汽车运动休闲特色小镇 |
| 河南(3) | 信阳市鸡公山户外运动休闲小镇 |
| | 郑州市新郑市新郑龙西体育小镇 |
| | 驻马店市确山县老乐山北泉运动休闲特色小镇 |
| 辽宁(3) | 营口市鲅鱼圈区红旗镇何家沟体育运动特色小镇 |
| | 丹东市凤城市大梨树定向运动特色体育小镇 |
| | 大连市瓦房店市将军石运动休闲特色小镇 |
| 福建(3) | 泉州市安溪县龙门镇运动休闲特色小镇 |
| | 南平市建瓯市运动休闲特色小镇 |
| | 漳州市长泰县林墩乐动谷体育特色小镇 |
| 安徽(3) | 六安悠然南山运动休闲特色小镇 |
| | 九华山运动休闲特色小镇 |
| | 天堂寨大象传统运动养生小镇 |
| 陕西(3) | 宝鸡市金台区运动休闲特色小镇 |
| | 商洛市柞水县营盘运动休闲特色小镇 |
| | 渭南市大荔沙苑运动休闲特色小镇 |
| 江西(3) | 上饶市婺源县珍珠山乡运动休闲特色小镇 |
| | 九江市庐山西海射击温泉康养运动休闲小镇 |
| | 大余县丫山运动休闲特色小镇 |
| 山西(3) | 运城市芮城县陌南圣天湖运动休闲特色小镇 |
| | 大同市南郊区御河运动休闲特色小镇 |
| | 晋中市榆社县云竹镇运动休闲特色小镇 |
| 内蒙古(2) | 赤峰市宁城县黑里河水上运动休闲特色小镇 |
| | 呼和浩特市新城区保合少镇水磨运动休闲小镇 |

续表

| 省份 | 小镇名称 |
|---|---|
| 吉林（2） | 延边州安图县明月镇九龙社区运动休闲特色小镇 |
| | 梅河口市进化镇中医药健康旅游特色小镇 |
| 贵州（2） | 遵义市正安县户外体育运动休闲特色小镇 |
| | 黔西南州贞丰县三岔河运动休闲特色小镇 |
| 海南（2） | 海口市观澜湖体育健康特色小镇 |
| | 三亚潜水及水上运动特色小镇 |
| 天津（1） | 蓟州区下营镇运动休闲特色小镇 |
| 甘肃（1） | 兰州市皋兰县什川镇运动休闲特色小镇 |
| 黑龙江（1） | 齐齐哈尔市碾子山区运动休闲特色小镇 |
| 宁夏（1） | 银川市西夏区苏峪口滑雪场小镇 |
| 青海（1） | 海南藏族自治州共和县龙羊峡运动休闲特色小镇 |
| 西藏（1） | 林芝市鲁朗运动休闲特色小镇 |
| 新疆（1） | 乌鲁木齐县水西沟镇体育运动休闲小镇 |

资料来源：国家体育总局官网。

# 参考文献

[1] Boudevil le J. R. *Problems of Regional Development*, Edinburgh University Press, 1996.

[2] Christatller, W. *Die Zentralen Orte in Suddeutschland*, Jena: Gustav Fischer, 1933.

[3] Lsch. A. *The economies of location*, New haven, Cornn: Yale University Press., 1954.

[4] T. R. 威利姆斯、张文合：《中心地理论》，《地理科学进展》1988 年第 3 期。

[5] 安虎森、朱妍：《产业集群理论及其进展》，《南开经济研究》2003 年第 3 期。

[6] 安虎森：《增长极理论评述》，《南开经济研究》1997 年第 1 期。

[7] 白景坤、张双喜：《专业镇的内涵及中国专业镇的类型分析》，《农业经济问题》2003 年第 12 期。

[8] 蔡健、刘维超、张凌：《智能模具特色小镇规划编制探索》，《规划师》2016 年第 7 期。

[9] 曾江、慈锋：《新型城镇化背景下特色小镇建设》，《宏观经济管理》2016 年第 12 期。

[10] 曾树鑫：《产业新城、特色小镇开发运营模式》，《城市开发》2016 年第 12 期。

[11] 常青：《发展小城镇应成为中国经济进步的大战略》，《经济与管理评论》2000 年第 3 期。

[12] 陈剑锋、唐振鹏：《国外产业集群研究综述》，《外国经济与管理》2002 年第 8 期。

[13] 陈津：《探索存量与增量空间相融合的城市有机更新路径——以余杭梦想小镇为例》，《小城镇建设》2016 年第 3 期。

［14］陈磊、陈元欣、张强：《国内外体育特色小镇建设启示——以湖北省为例》，《体育成人教育学刊》2017年第3期。

［15］陈理飞、史安娜、夏建伟：《复杂适应系统理论在管理领域的应用》，《科技管理研究》2007年第8期。

［16］陈立旭：《论特色小镇建设的文化支撑》，《中共浙江省委党校学报》2016年第5期。

［17］陈卫国、邵长奇：《互联网时代下的文旅小镇开发运营模式创新——基于"乌镇"的案例研究》，《城市开发》2015年第6期。

［18］陈曦、吕斌：《中小城市服务业集聚区发展模式研究》，《经济地理》2014年第4期。

［19］陈炎兵：《特色小镇建设与城乡发展一体化》，《中国经贸导刊》2016年第19期。

［20］陈宇峰、黄冠：《以特色小镇布局供给侧结构性改革的浙江实践》，《中共浙江省委党校学报》2016年第8期。

［21］陈禹：《复杂适应系统（CAS）理论及其应用——由来、内容与启示》，《系统科学学报》2001年第4期。

［22］成思危等：《复杂性科学探索》，民主与建设出版社，1999。

［23］仇保兴：《复杂适应理论与特色小镇》，《住宅产业》2017年第3期。

［24］仇保兴：《健康城镇化五类底线和特色小镇》，《中州建设》2017年第13期。

［25］仇保兴：《特色小镇的"特色"要有广度与深度》，《现代城市》2017第1期。

［26］褚淑贞、孙春梅：《增长极理论及其应用研究综述》，《现代经济：现代物业中旬刊》2011年第1期。

［27］大林：《中国特色小镇发展报告（2017）》，中国发展出版社，2017。

［28］邓爱民：《旅游特色小镇开发与运营管理》，中国旅游出版社，2017。

［29］邓丽娟：《"特色小镇+PPP"模式探索》，《中国联合商报》2016年12月26日。

［30］丁伯康：《如何从金融角度推动特色小镇建设》，《中国建设报》2016年11月24日。

［31］范佳、陈玮：《山东公布17个服务业特色小镇名单》，《齐鲁晚报》2017年6月20日。

[32] 方明：《特色小镇规划设计的内容和重点》，《乡村建设公众号》2017年5月5日。

[33] 费孝通、杜润生、艾丰等：《小城镇建设的深入及西部开发——第二届"小城镇大战略高级研讨会"小辑》，《小城镇建设》2000年第5期。

[34] 费孝通：《论中国小城镇的发展》，《小城镇建设》1996年第3期。

[35] 费孝通：《小城镇 大问题》，《江海学刊》1984年第1期。

[36] 冯健：《1980年代以来我国小城镇研究的新进展》，《城市规划学刊》2001年第3期。

[37] 高平：《加快培养现代职业农民》，《光明日报》2016年3月15日。

[38] 哈肯著，郭治安译：《高等协同学》，科学出版社，1989。

[39] 韩纪江、郭熙保：《扩散—回波效应的研究脉络及其新进展》，《经济学动态》2014年第2期。

[40] 郝杰：《特色小镇：PPP的新战场》，《中国经济信息》2017年第7期。

[41] 贺炜、李露、许兰：《中国特色小镇之特色产业思考——杭州梦想小镇和云栖小镇规划设计的启发》，《园林》2017年第1期。

[42] 黄军：《特色小镇治理与发展的分析与对策》，《北大纵横》2017年4月12日。

[43] 姜凌：《产业特色小镇治理与发展的趋势探析》，《集团经济研究》2007年第1期。

[44] 姜鑫、罗佳：《从增长极理论到产业集群理论的发展述评》，《山东工商学院学报》2008年第6期。

[45] 蒋萍：《用文化为特色小镇塑"魂"》，《文汇报》2016年12月12日。

[46] 柯敏：《边缘城市视角下的区位导向型特色小镇建设路径——以嘉善上海人才创业小镇为例》，《小城镇建设》2016年第3期。

[47] 兰建平：《建设工业特色小镇加快转型升级发展》，《浙江经济》2015年第19期。

[48] 李兵弟：《关于城乡统筹发展方面的认识与思考》，《城市规划》2004年第6期。

[49] 李冬冬：《增长极模式选择的比较研究》，首都经济贸易大学硕士学位

[50] 李茂：《准确把握特色小镇的内涵与外延》，《河北日报》2016年9月2日。

[51] 李强：《特色小镇是浙江创新发展的战略选择》，《小城镇建设》2016年第3期。

[52] 李侠广：《广东专业镇转型升级研究》，华南理工大学硕士学位论文，2014。

[53] 李新春：《专业镇与企业创新网络》，《广东社会科学》2000年第6期。

[54] 厉华笑、杨飞、裘国平：《基于目标导向的特色小镇规划创新思考——结合浙江省特色小镇规划实践》，《小城镇建设》2016年第3期。

[55] 梁永福、宋耘、张展生等：《专业镇、产业结构与新型城镇化建设关系》，《科技管理研究》2016年第21期。

[56] 廖颖宁：《广东专业镇产业集群的形成和发展》，《科技管理研究》2013年第4期。

[57] 林德明：《适应性Agent图及其在复杂系统脆性分析中的应用》，哈尔滨工程大学博士学位论文，2007。

[58] 林峰：《特色小镇孵化器：特色小镇全产业链全程服务解决方案》，中国旅游出版社，2016。

[59] 林峰：《操盘特色小镇投融资模式率先"探路"》，《中国文化报》2017年5月20日。

[60] 刘欢：《日本、意大利产业集群竞争优势分析》，吉林大学硕士学位论文，2004。

[61] 刘楠：《产业集群理论视角下的盘锦市绿色蔬菜产业发展研究》，延边大学硕士学位论文，2015。

[62] 刘锡宾：《特色小镇有序建设应当怎么"推"》，《浙江经济》2015年第12期。

[63] 楼继伟：《央地管理责任及支出责任划分与财税改革》，《中国发展观察》2014年第4期。

[64] 陆玉麒、袁林旺、钟业喜：《中心地等级体系的演化模型》，《中国科学：地球科学》2011年第8期。

[65] 罗柏宇：《基于自主体（Agent）的中心地空间结构演化模拟研究》，北京大学，2009。

[66] 吕斌、吕心迪：《传统村落文化景观保护与可持续再生途径——以北京爨底下村和云南马坪关村为例》，《住区》2016年第5期。

[67] 吕斌：《和谐宜居城市建设的理论与实践》，《地理学报》2016年第8期。

[68] 吕斌：《美丽中国呼唤景观风貌管理立法》，《城市规划》2016年第1期。

[69] 马志和、马志强、戴健等：《"中心地理论"与城市体育设施的空间布局研究》，《北京体育大学学报》2004年第4期。

[70] 闵学勤：《德国名镇哥廷根的建设对中国特色小镇创建的启示》，《中国名城》2017年第1期。

[71] 闵学勤：《精准治理视角下的特色小镇及其创建路径》，《同济大学学报》（社会科学版）2016年第5期。

[72] 胡卫卫、于水：《探索建设特色小镇 破解城乡环保难题》，《中国环境报》2017年5月24日。

[73] 普里戈金、斯唐热：《从混沌到有序》，上海译文出版社，1987。

[74] 桼石：《废弃工厂变身中国"格林尼治"》，《中国房地产》2017年第11期。

[75] 齐建国、王红、彭绪庶等：《中国经济新常态的内涵和形成机制》，《经济纵横》2015年第3期。

[76] 钱巧鲜：《特色小镇体育生态建设研究——以浙江诸暨大唐袜艺小镇为例》，《浙江体育科学》2016年第3期。

[77] 乔海燕：《基于地域文化特征的嘉兴旅游特色小镇建设》，《城市学刊》2016年第3期。

[78] 秦富、钟钰、张敏、王茜：《我国"一村一品"发展的若干思考》，《农业经济问题》2009年第8期。

[79] 秦冠军：《旅游小镇商业街核心吸引力体系的构建》，成都理工大学硕士学位论文，2013。

[80] 邱世明：《复杂适应系统协同理论、方法与应用研究》，天津大学硕士学位论文，2003。

[81] 屈凌燕：《特而强 聚而合 小而美 新而活——浙江特色小镇成区

域经济社会创新发展领头羊》,《湖州日报》,2017年2月12日。
[82] 任清尧:《关于乡村集镇化和集镇建设的探讨》,《经济地理》1985年第2期。
[83] 沈克印、杨毅然:《体育特色小镇:供给侧改革背景下体育产业跨界融合的实践探索》,《武汉体育学院学报》2017年第6期。
[84] 盛世豪、张伟明:《特色小镇:一种产业空间组织形式》,《浙江社会科学》2016年第3期。
[85] 施宝宏:《上海市信息服务企业集群初步研究》,华东师范大学硕士学位论文,2011。
[86] 石忆邵:《专业镇:中国小城镇发展的特色之路》,《城市规划》2003年第7期。
[87] 石云龙:《基于CAS理论的地震紧急救援系统模型构建与模拟仿真》,中国地质大学(北京)博士学位论文,2010。
[88] 舒抒:《专家把脉特色小镇建设:环境和文化有特色,体制机制创新还不足》,《上观新闻》2017年5月27日。
[89] 宋家宁、杨璇、叶剑平:《金融资本介入特色小镇运营路径分析》,《宅产业》2016年第11期。
[90] 宋维尔、汤欢、应婵莉:《浙江特色小镇规划的编制思路与方法初探》,《小城镇建设》2016年第3期。
[91] 苏斯彬、张旭亮:《浙江特色小镇在新型城镇化中的实践模式探析》,《宏观经济管理》2016年第10期。
[92] 谭跃进、邓宏钟:《复杂适应系统理论及其应用研究》,《系统工程》2001年第5期。
[93] 汤海孺:《空间的创新与创新的空间——浙江特色小镇的背景与生成机理》,《2016中国城市规划年会》,2016。
[94] 汪千郡:《产城融合视角下特色小镇规划策略探讨——以青神苏镇为例》,《住宅与房地产》2016年第27期。
[95] 王波:《规划视角下特色小镇的编制思路与方法研究——以无锡禅意小镇规划为例》,《城乡规划:城市地理学术版》2016年第6期。
[96] 王缉慈:《超越集群:中国产业集群的理论探索》,科学出版社,2010。
[97] 王缉慈:《增长极概念、理论及战略探究》,《经济科学》1989年第

3 期。

[98] 王缉慈：《创新的空间：企业集群与区域发展》，北京大学出版社，2001。

[99] 王珺：《论专业镇经济的发展》，《广东科技》2000 年第 11 期。

[100] 王坤：《基于"钻石体系的"资源型产业集群成长的分析》，《北方经济》2006 年第 13 期。

[101] 王梦飞：《区域文化与特色小镇建设的协同发展研究》，《山西建筑》2017 年第 1 期。

[102] 王小章：《特色小镇的"特色"与"一般"》，《浙江社会科学》2016 年第 3 期。

[103] 王晓雅：《从英国的田园风光到美国的特色小镇》，《决策探索月刊》2013 年第 3 期。

[104] 王新汉、金秀芳：《关于民营金融机构参与特色小镇建设发展的思考》，《小城镇建设》2016 年第 11 期。

[105] 王耀中、贺辉：《基于中心地理论的服务业空间布局研究新进展》，《湖南财政经济学院学报》2014 年第 4 期。

[106] 王永昌：《玉皇山里何以飞出金凤凰——走访杭州上城山南基金小镇》，《浙江经济》2016 年第 3 期。

[107] 王振坡、薛珂、张颖、宋顺锋：《我国特色小镇发展进路探析》，《学习与实践》2017 年第 4 期。

[108] 王祖强、孙雪芬：《玉皇山南私募（对冲）基金小镇的实践》，《浙江经济》2015 年第 6 期。

[109] 卫龙宝、史新杰：《特色小镇建设与产业转型升级：浙江特色小镇建设的若干思考与建议》，《浙江社会科学》2016 年第 3 期。

[110] 魏守华、王缉慈、赵雅沁：《产业集群：新型区域经济发展理论》，《经济经纬》2002 年第 2 期。

[111] 温锋华、吕迪：《转型期中国养老产业基地系统规划框架初探》，《中国人口·资源与环境》2013 年第 2 期。

[112] 温锋华、沈体雁：《系统规划视角下的产业园区规划模式研究》，《规划师》2011 年第 8 期。

[113] 温锋华：《中国村庄规划理论与实践》，社会科学文献出版社，2017。

[114] 吴可人：《特色小镇增强转型升级活力》，《浙江经济》2015 年第

6 期。

[115] 吴一洲、陈前虎、郑晓虹：《特色小镇发展水平指标体系与评估方法》，《规划师》2016 年第 7 期。

[116] 伍喜良、陆小左：《对中医舌色之复杂适应系统的探讨》，《中华现代中西医杂志》，2005。

[117] 向敏：《建造回波效应阻抗　缩小东西部地区差异》，《探索》1994 年第 6 期。

[118] 谢文武、朱志刚：《特色小镇创建的制度与政策创新——以玉皇山南基金小镇为例》，《浙江金融》2016 年第 9 期。

[119] 徐剑锋：《特色小镇要聚集"创新"功能》，《浙江社会科学》2016 年第 3 期。

[120] 徐康宁：《开放经济中的产业集群与竞争力》，《中国工业经济》2001 年第 11 期。

[121] 徐萍、卫新、王美青、孙永朋：《探索特色农业小镇建设新路径》，《浙江经济》2016 年第 5 期。

[122] 徐玉华、谢承蓉：《基于复杂系统的企业家激励分析》，《集团经济研究》2006 年第 8 期。

[123] 徐祖贤：《玉皇山南基金小镇：浙江新金融产业的战略高地》，《中国经济时报》2016 年 11 月 4 日。

[124] 薛红星：《中国特色镇概论》，中国城市出版社，2013。

[125] 薛江：《特色小镇的文化生命力——以艺术小镇为例》，《建筑与文化》2017 年第 1 期。

[126] 薛领：《商业中心地的微观机理与动态模拟：基于 agent 的探索》，《中国地理学会 2011 年学术年会》，2011。

[127] 薛艳杰：《增长极理论及其应用》，《地理教学》2004 年第 10 期。

[128] 颜公平：《对 1984 年以前社队企业发展的历史考察与反思》，《当代中国史研究》2007 年第 2 期。

[129] 颜鹏飞：《经济增长极理论述评》，载《西方经济学与世界经济的发展》，中国经济出版社，2003。

[130] 晏群：《关于"中心镇"的认识》，《中国城市规划学会 2002 年年会论文集》，2002。

[131] 杨凤、陶斯文：《中国城镇化发展的历程、特点与趋势》，《兰州学

刊》2010 年第 6 期。

[132] 杨艳涛、张敏、杨根全、秦富：《我国"一村一品"发展现状与趋势研究》，《中国集体经济》2010 年第 13 期。

[133] 佚名：《中国的"达沃斯"：杭州梦想小镇启航》，《领导决策信息》2015 年第 13 期。

[134] 尹怡诚、张敏建、陈晓明、等：《安化县冷市镇特色小镇城市设计鉴析》，《规划师》2017 年第 1 期。

[135] 于新东：《以产业链思维运作特色小镇》，《浙江经济》2015 年第 11 期。

[136] 余国扬：《专业镇发展研究——以狮岭镇为例》，《热带地理》2003 年第 4 期。

[137] 约翰·霍兰著，周晓牧、韩晖译：《隐秩序——适应性造就复杂性》，上海科技教育出版社，2000。

[138] 岳鹏：《江西产业集群研究》，江西财经大学硕士学位论文，2004。

[139] 张鸿雁：《论特色小镇建设的理论与实践创新》，《中国名城》2017 年第 1 期。

[140] 张立：《户籍制度与中国城镇化：1949—2009——户籍改革方向刍议》，《中国城市规划年会》，2011。

[141] 张连起：《推广 PPP 发展特色小镇》，《财会信报》2017 年 3 月 13 日。

[142] 张天浩、丁伯康：《PPP 模式助力特色小镇战略落地》，《经济》2017 年第 1 期。

[143] 张蔚文：《政府与创建特色小镇：定位、到位与补位》，《浙江社会科学》2016 年第 3 期。

[144] 张贞冰、陈银蓉、赵亮等：《基于中心地理论的中国城市群空间自组织演化解析》，《经济地理》2014 年第 7 期。

[145] 赵建军：《克里斯泰勒理论和廖什理论的对比研究》，《山东高等教育》1997 年第 2 期。

[146] 赵建军：《中心地理论在实践中的应用》，《山东高等教育》2001 年第 2 期。

[147] 赵佩佩、丁元：《浙江省特色小镇创建及其规划设计特点剖析》，《规划师》2016 年第 12 期。

［148］赵燕菁：《制度变迁·小城镇发展·中国城市化》，《城市规划》2001年第8期。

［149］郑佳丽：《浅析中心地理论在中国都市圈布局中的实现》，《经济研究导刊》2010年第10期。

［150］郑新立：《特色小镇可有效解决城市化弊病》，《中国经济信息》2017年第7期。

［151］周红：《特色小镇投融资模式与实务》，中信出版社，2017。

［152］周鲁耀、周功满：《开发区到特色小镇：区域开发模式的新变化》，《城市发展研究》2017年第1期。

［153］周旭霞：《特色小镇的建构路径》，《浙江经济》2015年第6期。

［154］周艺、戚智勇：《基于中心地理论的乡村聚落发展模式及规划探析》，《华中建筑》2016年第5期。

［155］朱莹莹：《浙江省特色小镇建设的现状与对策研究——以嘉兴市为例》，《嘉兴学院学报》2016年第2期。

［156］卓勇良：《创新政府公共政策供给的重大举措——基于特色小镇规划建设的理论分析》，《浙江社会科学》2016年第3期。

［157］卓勇良：《特色小镇的内涵与外延》，《今日浙江》2015年第13期。

## 图书在版编目(CIP)数据

中国特色小镇规划理论与实践 / 温锋华著. -- 北京：社会科学文献出版社, 2018.2
（北京大学城乡规划与治理研究丛书）
ISBN 978-7-5201-2320-4

Ⅰ.①中… Ⅱ.①温… Ⅲ.①小城镇-城市规划-研究-中国 Ⅳ.①TU984.2

中国版本图书馆CIP数据核字（2018）第034671号

---

北京大学城乡规划与治理研究丛书
## 中国特色小镇规划理论与实践

主　　编 / 沈体雁
著　　者 / 温锋华

出 版 人 / 谢寿光
项目统筹 / 恽　薇　王玉山
责任编辑 / 王玉山

出　　版 / 社会科学文献出版社·经济与管理分社（010）59367226
　　　　　 地址：北京市北三环中路甲29号院华龙大厦　邮编：100029
　　　　　 网址：www.ssap.com.cn
发　　行 / 市场营销中心（010）59367081　59367018
印　　装 / 三河市东方印刷有限公司
规　　格 / 开　本：787mm×1092mm　1/16
　　　　　 印　张：21.25　字　数：363千字
版　　次 / 2018年2月第1版　2018年2月第1次印刷
书　　号 / ISBN 978-7-5201-2320-4
定　　价 / 75.00元

本书如有印装质量问题，请与读者服务中心（010-59367028）联系

▲ 版权所有 翻印必究